U0203423

上海优秀勘察设计2012—2013

上海市勘察设计行业协会　编
秦　云　邢国伟　主编

中国建筑工业出版社

图书在版编目（CIP）数据

上海优秀勘察设计 2012—2013 / 秦云，邢国伟主编 .—北京：中国建筑工业出版社，2014.8
ISBN 978-7-112-16563-6

Ⅰ.①上… Ⅱ.①秦…②邢… Ⅲ.①建筑设计－作品集－上海市－2012～2013 Ⅳ.①TU206

中国版本图书馆CIP数据核字（2014）第047004号

责任编辑：邓　卫
责任设计：陈　旭
责任校对：张　颖　刘　钰

上海优秀勘察设计2012—2013

上海市勘察设计行业协会　编
秦　云　邢国伟　主编

*

中国建筑工业出版社出版、发行（北京西郊百万庄）
各地新华书店、建筑书店经销
北京京点图文设计有限公司制版
北京盛通印刷股份有限公司印刷

*

开本：880×1230 毫米　1/16　印张：20　字数：616 千字
2014 年 10 月第一版　2014 年 10 月第一次印刷
定价：210.00 元

ISBN 978-7-112-16563-6
(25412)

2012—2013年度上海市优秀勘察设计评委会

主　　任：秦　云

副 主 任：郑时龄　江欢成　魏敦山　林元培

常务副主任：邢国伟

顾　　问：沈　恭

委　　员：曾　明　汪大绥　唐玉恩　杨富强　张　辰　顾国荣　赵　俊　潘延平　吴之光　高晖鸣　张俊杰　刘恩芳　朱祥明　周国鸣　冯旭东　寿炜炜　邵民杰

评审专家：2012—2013年度

张俊杰　陈云琪　姜世峰　周建峰　车学娅　姜秀清　刘恩芳　汪孝安　高晖鸣
赵　颖　黄秋平　林　钧　刘志勇　姚　敏　张洛先　袁建平　翁　皓　赵　晨
刘泽明　孙　晔　丁　纯　陈　炎　沈克文　陆湘桥　马新华　唐玉恩　钟永钧
赵天佐　章　明　周国鸣　周建龙　蔡兹红　李韶平　强国平　巢　斯　张凤新
霍维捷　顾嗣淳　戴冠民　李亚明　瞿　革　汪　崖　郑毅敏　黄　良　王　辉
冯旭东　徐　凤　徐　扬　徐惠良　归谈纯　寿炜炜　朱伟民　徐　恒　邓良和
马伟骏　邵民杰　高小平　陈众励　夏　林　周惠黎　徐　健　陈　鸿　周　良
钱寅泉　马　骉　陈文艳　周质炎　王树华　赵召胜　边晓春　孙　巍　张　辰
卢永金　沈裘昌　羊寿生　严伟达　张善发　陆忠民　郭志清　王家华　袁雅康
顾国荣　徐四一　梁志荣　季善标　钱　达　胡立明　朱祥明　金云峰　王　云
钟　律　杨富强　李嘉军　钱玉奇　桂业昆

初审专家：2012—2013年度

茅红年　朱隽倩　章明芳　黄　良　蒋坚华　冯旭东　徐　凤　邵民杰
夏　林　寿炜炜　马伟骏

评优办公室：

主　任：龚　渊

成　员：徐为嘉　祁乐风　朱　奕　李治国　杨　喆　曹利华

（以上排名不分先后）

序

《上海优秀勘察设计 2012—2013》和大家见面了。勘察设计行业是国民经济建设的晴雨表，反映着国家经济的兴衰，展现着城市建设的风貌。上海优秀勘察设计评选工作，长期以来坚持科技创新、技术进步、绿色低碳、节能环保、以人为本，落实资源节约型和环保友好型社会的要求，评选出一大批具有时代特征，科技含量高的优秀作品。

当前，信息化浪潮正在让整个工程勘察设计行业发生着革命化的变化。从数字建模到建筑全生命周期的运用，信息化技术手段已成为勘察设计企业拓展视野，提高设计品质,保证设计质量的重要保证。在这本专辑中,更多地反映了上海勘察设计各企业，在新科技、新技术的运用方面，展现了一批具有低碳、节能、绿色环保的代表作。我想，此举也是为更多地推动上海勘察设计行业的创新发展，鼓励勘察设计企业的科技创新能力。我希望，在今后的评选工作中，随着国家城镇化建设技术步伐的加快，信息化技术手段的深入运用，上海勘察设计行业企业推出更多的优秀作品，培养出更多的优秀人才。

感谢为此书出版付出辛勤劳动的各位专家！

目 录

序

2012—2013 上海优秀勘察设计一等奖

2012—2013 上海优秀勘察设计二等奖

2012—2013 上海优秀勘察设计三等奖

2012—2013上海优秀勘察设计

一等奖

上海东方体育中心综合体育馆游泳馆

设计单位：上海建筑设计研究院有限公司
合作设计单位：德国 GMP 国际建筑设计公司

主要设计人员：赵晨、杨凯、唐壬、潘海迅、徐晓明、周晓峰、周宇庆、李剑峰、包虹、陈志堂、孙刚、乐照林、于鹏、苏超、刘勇

本项目位于黄浦江沿岸，是以水上竞技为主题的场所，力图成为浦东新区居民业余生活的亮点。

总体规划是建设一个滨江体育文化公园，覆盖面积为 167.7hm^2，其中包括 39.4 hm^2 的上海东方体育中心核心场馆区，一个连续性的水体公园将核心场馆区的体育馆建筑群与滨江体育公园联系在一起；同时水体作为主导性主题，不仅仅局限于环境景观的构成设计，各建筑单体的设计都是水与波纹、沙滩与桥这些元素的抽象性表达及反复出现。

各体育场馆根据其大小和几何形体要求，通过一致的材料及几何形态构成原则将建筑群体构建为一个统一的组群。每个建筑单体的形体是根据综合体育馆、游泳馆和室外跳水池举办比赛的标准以及特殊的空间形体需求而发展衍生出的各自不同的形态与体量；具有大跨度需求的建筑将在大跨度的方面以拱的形式予以表现，造型独特，由此综合体育馆的形态是一层层向上抛起的波浪；游泳馆则由一个个拱形形体的排列构成，犹如层层波浪冲刷在平缓的沙滩上。拱形构件以排列的形式构成，在它们排列之间的立面空间由透明的玻璃元素构成，使这些动感而简洁的拱形构件尽显它的优雅。新闻媒体中心采用双层透明玻璃幕墙系统，幕墙的外层印有水波纹主题，构建了一个湖面波纹运动反射的画面。

综合体育馆地下 2 层，地上 4 层；综合体育馆最大容量为 18000 座，由三层看台组成；综合体育馆内场尺寸为 40m × 70m，可综合利用，满足多种比赛的需求；游泳赛时，综合体育馆内场搭建 50m × 25m 的临时钢胆泳池进行游泳比赛；赛后临时泳池拆除后，综合体育馆的内场可布置篮球场、冰球场、手球场以及体操搭台等等，通过调整活动看台的伸出排数可以确保内场看台与比赛场地变换的呼应关系。

游泳馆地下 1 层，地上 2 层。一层主要为比赛和

休闲区域，共有 2945 个固定座席和 2289 个临时座席，22 个贵宾座席；跳水池和比赛泳池遵照国际泳联要求设置，可进行跳水、游泳和水球等水上项目比赛。

综合馆和游泳馆的基础采用桩筏基础，桩基选用 φ800 和 φ600 的钻孔灌注桩，筏板厚度为 1500mm，一层地下室。建筑物计算沉降值控制在 50mm 以内，相对沉降控制在 0.002 ~ 0.004。上部主体结构采用现浇钢筋混凝土框架结构体系，主体结构不设缝，外侧大平台、大楼梯、大坡道与主体结构间采用沉降缝完全脱离。综合馆屋盖钢结构采用 10 榀横向倒三角截面主桁架（含桁架柱）、屋面纵向联系杆件、立面上纵向联系桁架和 6 榀双人字形抗侧力框架共同组成的空间钢管桁架体系。游泳馆的屋盖钢结构采用 13 榀横向倒三角截面主桁架拱、屋面纵向联系杆件、立面 8 榀人字形抗侧力框架共同组成的空间钢管桁架体系。自大平台标高以上，综合馆和游泳馆主体混凝土结构与屋盖钢结构完全分离，互不干扰。

综合体育馆的屋盖钢结构，由于主桁架弦杆线型为曲线，其在荷载作用下，对下部混凝土结构有相当大的水平推力。设计考虑利用绝对标高 6.5m 和 11m 处的混凝土楼板布置大型混凝土环梁，结合外墙板，共同组成有效的水平力平衡体系。

一层以下用水点利用市政给水管网水压直接供水，夏季和过渡季节生活热水水源经空调热回收设备预热后再进行系统加热，游泳池池水处理的核心技术为采用硅藻土过滤介质。

本项目设置一套智能化电网管理系统，对降压站及各变电所进行集中监控；综合馆及游泳馆南北各设一 10kV 变电所，有效控制配电线路的压降。采用智能照明控制系统，选用高效节能光源及灯具，金卤灯均采用单灯就地补偿，荧光灯采用电子镇流器或带电容补偿的节能型电感镇流器。

上海同济科技园 A2 楼

设计单位：同济大学建筑设计研究院（集团）有限公司

主要设计人员：丁洁民、曾群、文小琴、吴敏、张鸿武、万月荣、陈曦、许晓梁、杜文华、姚思浩、刘毅、张华、蔡玲妹、唐平、武攀

本项目为同济大学科技园的一部分，改建前既有建筑为典型的停车库，改建后功能为设计、办公和相应的附属设施等，建筑平面呈矩形，南北向 155m，东西向 103m；总建筑面积 $65237m^2$，地上 5 层，高度 23.95m。

尊重原有建筑的体量特点，把握复杂的功能要求，协调组织各种功能及交通流线，营造多层次的景观环境，绿化空间，创造出人性化的办公科研环境，形象上既具识别性又有一定的视觉丰富性，呈现出高校知识园建筑的活力、张力和创造力。其设计构思：改建部分以精致现代的材料与原有建筑形成一定的对比，新老建筑相得益彰；拆除局部楼板形成内院，利用内院绿化、退台绿化、屋顶绿化、园区绿化，组织多层次的景观环境，实现自然通风，空间布局上达到宜居、节能、生态的效果；在一层公共区域和四层平台层进行了个性化的设计，一方面体现出设计企业、高校建筑的活力和创造力，另一方面在各办公单元中利用导光井等灵活趣味元素，创造出趣味性的空间；加建部分悬浮于老建筑上方，立面采用玻璃和金属幕墙系统，

轻盈的体量与原停车场稳定厚重的形体形成对比，体现出现代建筑的精致和高技。

改建后仅保留南北向对称轴处变形缝兼抗震缝，将建筑分为南北两个基本对称的单体，单体内其余变形缝合并；新增的中庭、电梯及楼梯等需对原结构楼面进行开洞，去除部分楼面梁板并重新布置梁板结构；改造后需增加两层，并在底层局部增设夹层，加建部分采用自重较轻的钢结构。同时克服了加建后结构荷载增加，基础加固作业面狭小；新增两层钢结构柱网与下部混凝土结构不一致，将引起结构二次受力和二次变形；混合框架扭转效应明显且位移角不满足规范要求等问题，采用新型的混合框架－阻尼支撑结构体系，为结构加固改造提供了一条新思路。解决了结构扭转不规则和下部混凝土框架刚度不足等问题，显著改善了结构在中震和大震下的抗震性能。通过阻尼支撑有效耗散了地震输入能量，减小了结构所承受的地震作用，从而减小了结构加固量。本项目原有基础采用柱下集中布置抗压桩＋承台的形式，对局部桩基承载力不够的区域采用的锚杆静压桩进行了加固。

本项目设置给水排水系统、热水系统、管道直饮水系统、雨水收集与回用系统、消火栓系统、喷淋系统、防火分隔水幕及灭火器配置。公共区域，采用闭式两管制水系统、全空气低速风管系统；大空间采用了“直接蒸发式变冷媒热泵机组＋新风系统”。

本项目由供电局提供二路 10kV 电源同时供电；大空间办公室照明，按时间段采取半开、全开及全关，由物业根据小业主需求进行调整；按下全关键，走廊、前台长命灯也始终处于点亮状态，以满足监控照度需求。室外照明设有光感器，根据自然光感应自动电亮。

上海陆家嘴金融贸易区 X2 地块

设计单位：华东建筑设计研究院有限公司
合作设计单位：Pelli Clarke Pelli Architects、巴马丹拿国际公司、茂盛结构顾问有限公司、柏诚（亚洲）有限公司

主要设计人员：车季良、陈瑜、陈世昌、项玉珍、施建平、徐扬、彭素华、夏崴、梁永乐、张富林、曹承属、李元佩、周健、陆燕、张耀康

本项目位于小陆家嘴地区，与周围的东方明珠、金茂大厦、环球金融中心等地标建筑组成上海浦东陆家嘴金融区的日夜天际线；地块面积 64406 m^2，四周环路，交通便利，并与两条地铁线衔接。

基地西北部设超高层南、北双塔楼，建筑高度分别为 250m 及 260m。南塔楼共 56 层，主要为酒店及办公功能；北塔楼共 57 层，均为办公功能；基地南端设高层塔楼，高度为 85m，总层数为 24 层，均为酒店功能；三幢塔楼以 4 层裙房相连，裙房主要功能为商业综合体功能；地下室设置 5 层，地下一、二层局部为商业功能，其余为车库和机电用房。

主要标志形象为超高层双塔，双塔设计避免与毗邻的金茂大厦采用同等细致的外立面处理方法，而以一个简洁优雅的形象映衬金茂大厦在此区域的地标性，双塔采用大面积的幕墙作立面，以期达到融入环境、营造生气和精致的形象；双塔在高度和体型上都设计成不对称，其造型就如水晶体，简单方正的平面形态延展到塔顶，并利用多方位的斜面和削角营造出雕刻般的造型效果。双塔并不完全相同，但是整体上采用共用相通的体型策略，互相辉映以构成建筑间的对话。双塔北接北京银行塔楼，南接香格里拉酒店，共同形成一个温和优雅的城市空间。这些建筑群高度

亦成为陆家嘴金茂大厦等三座标志性摩天大楼和其他稍矮的沿岸建筑的缓冲。

本项目提供一个硕大无比、向着陆家嘴圆环步行天桥延伸的室外下沉式广场，以接待来自陆家嘴金融办公区、东方明珠、正大广场等方向的商业人群，为城市人提供一个难以忘怀的、体现城市空间融汇的休闲好去处。

裙房商业围绕内庭发展而成的室内环行步行街，亦可用作整个商场通往塔楼办公区域、酒店和宴会厅的交通组织纽带；商场屋顶平台设计为一个带有精致天幕和休闲庭院的屋顶，扩大了陆家嘴地区的公共领域，同时美化了该区域的城市空间景观。

本项目核心筒与框架柱根据建筑平面布置，塔楼核心筒的边长与建筑外框相应边长的比值大于 1/2，远大于上海筒体规程规定的 1/3 的要求，这为以核心筒作为主要抗侧力体系提供了非常有利的条件；核心筒外围的墙厚由底部的 1300mm 逐渐减薄至顶部的 350mm，确保了连续均匀的刚度变化和适度的压应力水平；核心筒内墙由于存在较多的楼板缺失，刚度仍难以完全有效发挥，所以选用较薄的内墙。建筑平面四角没有设置落地的角柱，这一结构特点使核心筒在整个抗侧体系中的重要性进一步提高，即核心筒承担了由风和地震引起的大部分剪力和倾覆弯矩，设计中提高了核心筒的抗震设防要求，抗震等级为特一级，按中震不屈服进行设计，巨型柱采用型钢混凝土，型钢为大型焊接组合截面，含钢率控制在 8.5% 左右。核心筒内楼面采用 150mm 厚现浇钢筋混凝土楼板，核心筒外楼面采用闭口压型钢板组合楼板，办公标准层组合楼板厚度 125mm。组合楼板厚度增加至 180mm，配筋作适当加强。

本项目用水均经处理后供至用户，南塔楼、北塔楼均采用竖向串联水箱供水的方式。其中南塔楼酒店部分为水箱串联变频泵供水。每个分区采用 UV 紫外线消毒。设初次及二次循环水泵，并于十六层机电房设板式水 - 水热交换器将水系统分开，由二次循环水泵负责高压的空调冷水系统；在塔楼中层的机电层设置板式热交换器和二次循环冷冻水泵作系统分区，以确保各组的末端空调设备的工作压力低于 16 bar。

本项目共设 3 个 35kV/10kV 变电站及 12 个 10kV/0.4kV 变电站，为满足大楼楼消防及其他重要负荷用电需要，在楼中设置 9 台自备发电机，作为消防设备及其他重要设备的应急电源；全楼变配电站均设置了变电站智能管理系统，对楼内各变电站高低压回路及应急电源系统进行监控管理。

武汉光谷生态艺术展示中心

设计单位：华东建筑设计研究院有限公司

主要设计人员：杨明、李合生、童骏、万嘉凤、张今彦、张亚峰、韩倩雯、王小芝、徐小华、管时渊、郑君浩、朱东红、魏炜、吕宁、陈开兵

本项目位于武汉东郊，二层以上是生态新城开发建设单位的研发基地；地下一层主要为车库和设备机房。是湖北省首个获颁住房和城乡建设部“三星级绿色建筑设计标识”的公共建筑，节能率达到61.15%，非传统水源利用率达到41.1%，可再循环建筑材料用量比达到15.0%，光伏发电可提供2.04%的建筑用电量。

本项目直接坐落在一条自北向南、山水相依、风景独好的人工生态廊道上。在这块得天独厚的场地上，通过绿色建筑的介入，形成建筑单体同整体山水环境的契合关系，而不是破坏人工湿地生态廊道系统敏感的平衡，成为设计的核心命题。建筑通过悬挑架空，强化了生态湿地廊道自北向南的延续，这既是景观视觉的延续和通透，又是对生态水土的尊重和保护。建筑体量呈梯形半围合式，布局于场地中央，面朝北侧常家山山洼处的风口展开形体，经过严西湖水体、山林、半人工湿地系统净化降温的自然风，成了整栋建筑的天然新风系统；在底部架空，又部分保持了自

然风道的延续，有利于缓解滨水场地的潮湿特性，悬挑的底部，在夏季也成为建筑物风冷降温的界面；最终形成了盘旋而上连续一周的造型关系。在南侧主入口以西，跃然而起，悬挑而出，形成西南侧的大片架空，再自西向东逐步抬升，并最终自北向南地有力收束在主入口东侧；建筑体量简洁又富有力度，但在端部收头等重点部位通过穿插玻璃体块，强化了虚实对比；整体造型同周边山形地貌的宏大气势遥相呼应，既灵动又大气磅礴。

本项目同场地环境密切结合、虚实交替、悬挑穿插的体量组织，又将人工湿地景观渗透到内部公共空间，形成层次丰富、内外渗透交融的场所空间；西侧半室外庭院，既同湿地生态廊道连为一体，形成大自然中的开放展示空间，又被上部架空的半围合体量所界定；顶部光伏遮阳板、上部建筑西向的竖向遮阳百叶，构成了一个边界模糊、内部视觉要素又很丰富的光影空间。

本项目造型悬挑大，体量穿插关系较复杂，采用钢结构中心支撑框架结构；利用建筑柱网布置钢结构框架柱、梁，并在建筑平面的四个角部布置钢结构支撑，形成具有较强抗侧能力的钢结构支撑筒体；钢结构支撑延伸至地下室基础顶面，局部钢结构支撑在地下室转为钢筋混凝土剪力墙，支撑与框架采用刚性连接。

外墙采用不同灰度、不同肌理预制清水混凝土挂板，这种基调、朴素的质感，以一种“沉默”化的理性姿态，介入自然环境当中，通过表皮划格比例的控制和表观色质肌理的推敲，也契合了入驻单位落落大方的企业气质；同开启模式多样化的落地窗单元尺度协调、有机结合；落地窗单元由竖向内凹外平开窗和下悬内开窗组成，又正是对不同季节气候条件下通风需求差异的应答。

南立面设置光伏遮阳百叶，集太阳能发电、遮阳于一体，示范面积约 260m^2，布置 182 块单晶硅双玻太阳电池，装机总容量 35.4kWp，年发电量约 1.2 万 kWh；屋面绿化占主体屋面实体面积 90.8%，采用约 300mm 厚的轻质种植土，铺设佛甲草草坪，能有效降低夏季屋顶温度 10 ~ 15℃，调节室内温度 5 ~ 10℃，储蓄 6% 的雨水，吸收 30% 的空气粉尘；西立面采用模块化种植墙面，配置微灌系统；东侧地下室主要功能为半室外的地下车库，顶板实施覆土绿化的同时，设置 20 套光导照明系统；自然光经光导装置强化并高效传输，由漫射器均匀导入地下，每年可节约电量 3200kWh；为提高采光效率，光导装置伸出地面后，自北向南倾斜至最大太阳高度角方向；人工湿地设置了道路雨水收集池，并利用当地本土水生植物，配合多级过滤沉降体系，实现了雨水的天然净化；在人工湿地末端雨水收集净化池内，设置取水泵井，取水泵井依据逐级过滤的工艺要求配置构造措施，夏季将初步净化后的雨水提升至主体屋面的制高点。

华能大厦

设计单位：华东建筑设计研究院有限公司
合作设计单位：美国 KPF 建筑师事务所

主要设计人员：徐维平、刘毅、张一锋、蒋小易、金大算、王学良、蔡增谊、孙愉、周凌云、张亮、李国宾、何嵘、华炜、李洋

本项目位于北京市西城区复兴门 8-2 号地块，周围市政设施齐全、交通便利，为设施和功能完善、具有国际先进水准的公司总部办公大楼，总建筑面积 128580 m^2，建筑高度 55m。

整个建筑物围绕着一个有玻璃顶盖中庭，给大厦带来良好的室内外过渡空间，西北侧首层及二层挑空，中庭绿化与西北侧保护建筑和文化公园在空间上遥相呼应，同时通过下沉广场和基地周围的环融为一体。用传统的庭院式空间组合建筑的体块，形成“多部同堂”的布局；中庭空间主要由一个面向长安街的 12 层高的“U”字形形体围合而成，其上部设置轻巧透亮的玻璃屋顶，以产生最佳的自然光线效果。沿街的三个建筑形体都是 11 层高，沿“U”字形体周边围合，既统一又各有特征，与相邻的几个特有的城市空间形成对应关系。

主入口设在南侧，设接待、会客和登记管理等，然后再通过中庭可以到达各自办公门厅和电梯厅。东、西侧均设次办公入口，办公人员和外来人员也可通过门禁等管理系统方便地进入各自的办公门厅和电梯厅；北侧设贵宾入口和 VIP 独立入口，西侧电力科普展厅参观的入口，不与办公及大楼的公共空间混杂，避免干扰。

周边设置绿化带，设有供员工使用的花园；大厦的礼仪入口和下沉式广场与西长安街绿化带形成了协调统一的关系。礼仪入口处设置喷水池，加强了入口处的空间趣味并丰富了沿街的景观。除了地面的绿化带外，在大厦的九层和十一层顶布置了“空中花园”及“观光平台”，为员工提供了丰富的室外休息空间。

沿街三个部分在统一层高的同时，形体各有变化，与相邻的城市空间的特征形成对应关系。北楼的立面略微内折，形成向西长安街“张开双臂”的开放和欢迎式的姿态；折线位置是整个建筑的形体的视觉控制轴线，也是北部礼仪入口和南部的主入口的位置；北楼的底部两层稍有退后，与长安街上现有建筑的底部尺度相协调，加强了街道空间的统一性和延续性；北楼在带有凹槽的玻璃幕墙外加有成对的竖向陶土肋条层，加强了大厦形象上的坚实感；并且在简洁的建筑形体上，创造出了渐变的视觉效果；由于对肋条的开关和细部的独特处理，从不同的角度观看此大厦，其形象会有在虚与实之间的渐变；面向北侧，浅色的陶土条层会给阴影中的北立面带来比

较明亮的色调。

西楼的“L”形部分的立面处理与北楼相协调，呈竖条式形式；西侧面向规划中的文化遗产公园，竖条的材质变成内含半透明夹层的玻璃肋条，既起遮阳作用，又增强了建筑向文化遗产公园开放的形象；“L”形部分立面不但延续了北立面的竖向陶土条层，而且也叠加了横向的遮阳陶土条层，起到进一步的遮阳作用。

中庭空间是半空气调节的过渡空间，中庭在春天和秋天温度适宜时，争取可自然通风和调节温度；在夏季顶部可打开，帮助散热和自然通风换气；而冬季又可关闭变成储热能的大空间，且可采集室内的过剩的加热后的空气。

结构整体采用框架－剪力墙体系，地面以上采用框架主梁＋厚板的楼盖体系，除局部区域外均不设次梁；地面以下大部分楼层采用现浇钢筋混凝土无梁楼盖体系，使得地下室建筑净高增加；有利于办公室平面布置以及设备管线的布置更加灵活。

上海华为技术有限公司上海基地

设计单位：上海建筑设计研究院有限公司
合作设计单位：SOM 建筑师事务所

主要设计人员：张行健、关欣、孙伟、路岗、王涌、何焰、戴建国、邓清、朱喆、邵雪妹、薛文静、虞炜、胡圣文、张坚、刘艺萍

本项目是华为在深圳地区总部以外建设的首个大型综合研发办公园区，它标志着华为走出深圳，发展全球，成为跨国企业，跻身世界500强的开始，展示了中国本土企业的国际化视野、境界和气魄。项目位于上海市浦东金桥开发区内，基地呈矩形，东西向从申江路至金穗路，沿线长度约为900m，南北向从新金桥路至金海路，沿线长度约为320m。项目总建筑面积约32万m^2，可容纳7000人，为华为上海公司和研究所员工工作和餐饮用房。

在满足业主追求恢弘气势的基础上，强调空间的舒适性、开放性和包容性，功能的前瞻性、环保性和智能性。以工字形的独栋高层建筑为主体，分为9个单元，中央D、E、F区为整体建筑的中心部分，以此为核心，建筑向东西发展，延伸出各包含三个单元（A、B、C区和G、H、J区）的两翼；主体建筑东西长、南北窄，具有良好的朝向；两翼延伸后形成的空地将建设成极具后现代风格的绿地景观，山坡、溪湖与建筑相映生辉。

单元模块空间的重复运用使建筑造型及功能空间规律变化，每个单元所包含的内庭，通过建筑通透的玻璃幕墙将景观渗透进室内，使工作空间充满灿烂的阳光，营造出绿色、优美的室内外环境。

建筑立面采用光控百叶双层外呼吸式玻璃幕墙是该建筑高科技生态的标志，结合室内外全面的清水混凝土饰面，自然粗犷的清水混凝土对比细腻精致的金属构件，晶莹通透的玻璃对比温情的木色百叶，结合点缀暖色木装修的通透敞亮的室内空间环境，既展现了现代建筑高科技的风貌，同时又蕴含了亲切近人的人性情感。其特点：32 万 m^2 超大面积的独栋综合高科技办公楼、770m 超长体形的高层建筑、81m×19m 无柱灵活大空间、空中悬挂的四层培训教学楼、2 个 4000 m^2 玻璃天窗屋顶水池溪流花园、超长连续的玻璃天窗、双层外呼吸式光控百叶玻璃幕墙、2000 m^2 屋顶无边水池及 60m 宽瀑布、双曲面空腹预应力混凝土 18m 大跨度梁、24m 跨度、9m 出挑 V 形空腹梁、大面积地板辐射采暖系统等。

吊楼钢结构教室位于 D、F 区域中，吊楼的建筑功能为 4 层楼的培训教室，结构体系为钢框架，楼板为压型钢板混凝土组合板，仅东面与主体结构楼板相连，其余各面分别为悬挑，最大悬挑距离为 2.5m。斜拉杆、K 形和 Y 形屋架共同分担着吊柱荷载。

由于悬挂结构的特殊性，不仅进行结构在常规荷载的计算，还补充活荷载不利布置下结构安全性能分析；以传力直接可靠和减轻自重为目标，优化钢节点和主要杆件的设计；考虑了振动频率，进行人致结构振动分析与控制研究，并分别采用美国和德国规范的方法进行舒适度设计；进行结构抗连续倒塌设计。

冷源的选择。经过技术和经济性的方案比较，采用并联系统的冰蓄冷系统作为冷源。其一，蓄冷系统可发挥它的削峰填谷的作用，充分利用低价电来制冰，在高峰负荷时融冰释冷；其二，蓄冷系统可作为数据中心的冗余备份冷源，增加了数据中心空调系统的可靠性。蓄冰系统为外融冰冰盘管式，在蓄冰槽中设置冰厚传感器，对蓄冰和融冰的过程进行控制。提供了五个运行模式：蓄冰、融冰制冷、融冰和冷水机组制冷、只有冷水机组制冷、蓄冰和冷水机组制冷。

在中央制冷站安装一个用量为 3750kW 的水侧节能系统；空调水系统采用二次变频泵系统；软件生产区和办公区域均采用变风量空调系统；软件生产区设有内外区，内区全年供冷，外区夏季供冷，冬季供热，内外区分两路送风管，外区的送风管上设有再热盘管；内庭院采用“被动空调”的方式，办公区域的排风先通过泄压管排至回廊，然后由设置在内庭院顶部两侧的排风机排至室外；这样可以充分利用排风中的冷量，带走回廊的冷负荷，同时可以将内庭院顶上热量带走，体现节能的理念。

上海市质子重离子医院

设计单位：上海建筑设计研究院有限公司

主要设计人员：张伟国、陈国亮、陈文杰、倪正颖、贾水钟、张伟程、孙瑜、汤福南、李颜、凌李、周春、王涌、滕汜颖、陆振华、俞超

本项目是我国首次引进最先进的质子重离子肿瘤放疗装置。设计有效解决了装置对建筑不均匀沉降、微振动、屏蔽、流程控制等极高的要求，其特点体现在：安全性设计、人性化设计、可持续发展；采取相对集中的建筑布局，确立东西向的景观主轴及南北向发展轴；建筑造型以简洁规整形体体现医疗建筑简洁大方、清新典雅、具有时代感的特征。位于上海市浦东新区国际医学园区内，总占地面积约217亩（$14.5hm^2$），一期包括质子重离子放疗、配套的门诊、医技、病房、行政、后勤等组成，总建筑面积约$52857m^2$，共220床。

设计特点：依托本院强大技术团队支撑，全面展开微振动微变形设计研究、公用设施系统、PT区综合管线、防护屏蔽设计、流程控制等多项专项设计工作。PT区综合管线设计：针对质子重离子放疗设备复杂工艺要求及对环境条件的苛刻限制，需在有限空间有序高效的精密安排各类设备及管线；采用浮置地坪以避免相关的干扰；所有负荷数据及调控温度要求均由西门子提供；防护屏蔽设计是在外方及中科院物理所共同配合下完成的。由于放疗区的特殊装置及工艺流程，防火分区超过了规范要求，设置为准消防安全区，加强该区域的门窗防火等级，并同时加强该区域的消防设施等措施；向下沉式中心景观区开口，并设置室外楼梯。

建筑造型与立面设计：通过建筑手法处理，特别对质子重离子放疗区建筑体量的弱化、整合及表面质感处理，使建筑群协调统一中有变化，体现医疗建筑简洁大方、清新典雅、具有时代感的特征。

本项目属于特种医院，目前是最先进的治疗设

备，德国西门子公司对质子重离子放疗区结构的沉降变形，环境微振动提出了很高的要求，PT 系统在病人治疗过程中需要一个在亚毫米范围内的稳定束流，这也就对束流光学元件的位置稳定性提出了低于 0.1mm 的更苛刻要求。由于没有主动的束流校正，束流光学元件的要求也就转化为对地面振动振幅的限制，即在 5Hz 到 35Hz 的频率范围内，地面振动振幅要小于 0.01mm，该频率范围涵盖了预计有 3 到 10 振幅放大因子的支撑结构构件的共振频率。PT 区域的结构底板与其他区域之间未设置缝断开，而是连成一体；整体相连的方案增加了微振动控制的难度，为实现以上微振动目标，重点根据以下三大方面进行了针对性考虑：

1）类比振动的现场实测工作及概念性结构动力特性设计；

2）有限元数值仿真分析；

3）实际建筑振动现场实测工作。

本项目基础采用桩基筏板形式；其他单体建于大地下室之外，采用桩基独立承台。质子重离子建筑性质特殊，对变形和裂缝要求很高，设计采用桩－筏基础，在质子重离子区域采用群桩－筏板基础；桩采用直径 700mm、有效桩长 68m 的桩端后注浆混凝土钻孔灌注桩，单桩承载力设计值 3300kN. 持力层为 9 层灰色粉砂；底板厚度在质子重离子区域为 1600mm，其他区域为 800mm；人防等级为常 6 级和核 6 级。

整体相连的方案增加了微振动控制的难度，需要考虑更多的内外因素；关于外部环境的影响研究，已经开展了多次相关的动力测试工作；而有关内部设备的微振动影响属于较新的研究问题，也是具有挑战性的难题之一。进行了针对性考虑：采用类比振动的现场实测工作、有限元数值仿真分析、实际建筑振动现场实测工作；提出了改变机组放置位置和在部分机房下方设置隔振浮置地板的方法；有效地防止了这些振动对治疗的影响及楼地面浮置板减振等措施。

采用加密桩距，增加桩端后注浆；选择适合的持力层等方法减小不均匀沉降和底板变形。由于防辐射屏蔽的需要，有些区域设置了厚度 1500 ~ 3700mm 的厚墙和厚板，保证了混凝土的浇注质量。

上海市委党校二期工程（教学楼、学员楼）

设计单位：同济大学建筑设计研究院（集团）有限公司

主要设计人员：陈剑秋、彭璞、陈琦、汤艳丽、王玉妹、虞终军、林建萍、刘永璨、范舍金、杨玲、沈雪峰、钱大勋、钱梓楠、王昌、许爱琴

本项目的建设定位为世界一流、全国领先的示范性重点项目，向来自各地的学员们展示最先进的建造技术和设计理念。位于校园西北角，东面和南面为校园景观，西面为漕河泾。建筑东面朝向校园中心绿地，采用平直的界面，山墙面形成两个纯粹的形体："L"和"U"形。西面建筑形体和界面丰富多变，尺度较小，形成几个供人休憩的内院空间。总建筑面积36873m^2，由学员楼及教学楼两个建筑单体组成。

建筑外立面材料以石材和玻璃幕墙为主。教学楼南面和西面设有竖向遮阳百叶，东面设有大面积种植墙面，报告厅外墙设有爬藤墙面，这些外立面表皮与石材和玻璃幕墙一起形成统一而又富于变化的韵律；室内外空间相互渗透，形成许多饶有趣味的半室外灰空间。

室内设计延续建筑外立面大气简洁的特点，选用现代的材质和色彩，形成代表党校气质的室内空间；在部分教室采用了自然光导入技术，大大改善了这些空间的采光；教学楼大厅部分屋顶部分也引入了部分自然光，形成了独特的室内效果。室外景观与室内空间相互配合，相互映衬；建筑周边安静的水池烘托出建筑静谧的特质，草坡和下沉式庭院是学员休闲和交流的场所。

建筑设计中采用了绿化屋顶、种植墙面、电动外遮阳、自然光导入、地源热泵、雨水回收、智能化集成平台技术、绿色建材等大量绿色节能技术，使本建筑不仅在设计中，也在日后的运营过程中成为一个真正的绿色建筑。

结构体系采用钢筋混凝土框架结构，学员楼和教学楼之间设抗震缝分开，教学楼内部设一道抗震缝，在上部结构形成三个独立的结构单体，

从而尽量地避免或减少了结构超长和平面不规则的不利影响。

本工程二根 DN200 给水管从校园内两根引入管接出，为生活消防合用水源，供水压力不小于 0.16MPa；收集和处理屋面及部分场地雨水，回用于园区的绿化浇灌、水体补充和道路冲洗。热媒采用地源热泵机组提供的 55℃热水以及校园原有蒸汽锅炉作为事故备用热源；地下室泵房内设置两组板式热交换器、立式贮热罐及热水循环泵。大空间采用全空气定风量低速管道系统，自带感温装置的圆盘形扩散风口顶送，回风采用侧下回；其余空间采用直片式散流器顶送，集中回风。空调的冷热源以及生活热水的热源采用地源热泵形式。

设两台 1600kVA 动照变压器，两路 10kV 双重电源来自上一级市政开关站，10kV 高压侧采取单母线分段方式，不设联络开关。对电业采用高供高量，低压配电系统处，按照明、动力、空调及其他负荷使用功能，配电干线处设分项计量分表；重要设备的低压配电线路采用放射式配电。

上海衡山路 12 号豪华精品酒店

设计单位：华东建筑设计研究院有限公司
合作设计单位：Mario Botta 建筑师设计事务所

主要设计人员：李瑶、姜文伟、朱淼淼、陈伟煜、孙玉颐、杜立群、叶俊、季祺、王达威、聂波、苏涛、凌吉、裴峻、袁璐、王炜

本项目位于衡山路—复兴路历史风貌区。该风貌区形成于 20 世纪上半叶，是上海中心城区内规模最大、优秀历史建筑数量最多的历史文化风貌区，是上海花园住宅最集中、覆盖面最广的区域。

本项目以创意精神设计了一个具有“绿色核心”的精品酒店，这个“绿色核心”由栽植在土壤中的法国梧桐构成，把上海市衡山路风貌区的主要特征之一引入酒店内部，形成精品酒店内部的一个花园式庭院，使摩挲的法国梧桐能投入每间客房住客的眼帘；总建筑面积 51094m^2，高度为 23.95m，以强化绿色掩盖低层建筑的区域特征；酒店正面朝衡山路，兴建一个进口门廊，内置餐厅和会议中心，这个门廊成为酒店的标示，用以将酒店的花园式庭院与衡山路隔离开来，同时也便于非住店使用者使用门廊内的餐厅和会议中心。

合理组织花园式内院四周的空间，使大部分客房面朝景观优美的花园式内院，标准套也能观赏街景；创造引人入胜的地下服务中心，在庭院设置采光天窗，将阳光引入地下泳池及健身空间；沿衡山路门廊是建筑容纳各座餐厅和会务中心，既便于外部宾客使用这些设施，同时又能保证对进入住店宾客专用区域发挥屏蔽过滤作用。

采用红色陶土砖饰面墙，能与区域内的历史建筑建立直接联系；红砖用来砌筑双重幕墙，两层中间有一个隔热空间，保证酒店建筑具有极好的绝热性能；红色面砖表现能力极强，可水平或垂直铺砌，用来随意突出大梁、檐口及沿边等建筑细部，可形成各种不同的明暗效果；同时烧陶砖是一种经久耐用的自然材料，不需维护保养，不会出现老化痕迹。

本项目上部结构为钢结构框架和钢筋混凝土剪力墙组成的混合结构体系，因平面尺度较大，长向尺度约 140m，采取适当和有效的措施，基础上不设置永久缝；地下室采用钢筋混凝土结构，楼板采用 200 厚钢筋混凝土楼板，部分框架采用型钢混凝土结构。

采用变频供水方式，局部客房供水压力 ≥ 450kPa 时，采用支管减压阀进行减压；空调用冷却水循环使用，选用超低噪声 L 形横流式冷却塔，系统上设物化法多相全程水处理器及循环水自动加药等设备，能够有效降低浓缩倍数，节约用水，保证系统正常运行；生活洗涤用水经深度处理后使用，洗衣房、厨房洗碗机等用水，经软化处理后使用。热水由设置在大堂地下室热交换器机房内的导流型容积式汽 – 水热交换器

提供，热源为蒸汽，热水分区压力与冷水相同，热水采用下行上给式，设热水循环泵，进行强制机械循环，同时，在每个回水立管的底部设回水管平衡阀，以确保每个客房用水点的热水供水温度。

客房及客房外走道都采用风机盘管 + 新风方式，冬季新风设有干蒸汽加湿装置；游泳池、餐厅、会议等大空间采用全空气系统；小空间的精品店、办公、VIP 等采用风机盘管 + 新风系统；屋面层设新风、排风热回收装置，冷冻机房设置了一台水 – 水板式换热器；在过渡季或冬季利用冷却塔置换冷冻水以供内区使用；空调箱的入口设置空气过滤装置，出口设置消毒净化装置。

由供电部门提供两路独立的 10kV 电源供电，将客房区和公共区的照明和电力用电分别设置于不同的变压器供电，将宴会厅舞台照明与舞台电声等分散于两组不同的低压系统，以减少对电声设备的干扰和影响。照明采用了 LED 光源，荧光灯采用高效光源及灯具和电子镇流器；按不同场所分一般照明、分区照明和混合照明。智能照明系统白天、夜晚可根据不同情况设置照度，并可根据天气情况随时无级调节灯具照度。

上海太平金融大厦

设计单位：上海建筑设计研究院有限公司
合作设计单位：日本株式会社日建设计

主要设计人员：潘思浩、陈楠、施从伟、陈杰甫、万阳、包虹、胡戎、李军、陈冬平、刘宏欣、陆雍建、吴建虹、周怡、张晓波、陆钟骁

本项目位于上海浦东陆家嘴金融开发区 X3-3 地块。是一座集商业、金融为一体的现代智能化办公大厦；总建筑面积 110579 m^2，建筑高度 208m；地上 38 层，地下 3 层。通过简洁大方的造型和正方形的平面设计力求在保证金融办公功能的同时，又能适应各项出租用户的不同要求，既应保证合理的结构，又可提高建筑保养、维修的效率。

标准层采用正方形平面，中心核心筒，四周为敞开式办公空间。办公空间为进深约 14.6m 的无柱空间，以对应不同面积要求的租户，净高为 3m，为办公层创造了宽敞高大的建筑空间。

3 ~ 37F 为办公室，1、2F 设进厅、商业中心、银行、咖啡室和商铺，地下室为机房和停车场。2F 为公共开放空间，并由空中天桥连接金茂大厦等周边大楼。38F 为花园会所。大厦按低、中、高区设置各四组电梯，分别在 12F、21F 和 30F 进行转换。

建筑呈方形带四周圆角的旋转平面；与周边直角坚挺的建筑相对比，建筑柔和的线条轮廓和最为简洁的造型表现出强烈的整体感；整体造型通过不同的表面材料的材质表现和肌理处理，形成建筑的编织造型特征。外装材料采用玻璃幕墙和金属板相结合的表面装饰，实现节能要求；各层幕墙板块的凹凸错位的变

化，构成一片光彩的织物；立面以 1.5m 为间隔，玻璃向内倾斜 5° 与向外倾斜 5° 相交替，相邻单元倾斜又错开布置，形成极具编织物状特征的建筑外观；在外立面幕墙的竖向分隔条上设置了进风口，内藏于窗框中的自然换气口可以导入外界新鲜空气，改善室内办公空间的空气环境，并能达到节能效果。

主入口位于东侧，利用绿化带形成车行环路，环路端头设置喷泉水景作为道路对景，同时引导东北向人流进入主入口；北侧斜墙下集中布置大片绿化，绿化内设置灯具、座椅、小品，调节小环境，舒缓建筑和城市道路之间的紧迫感。

本工程基础部分采用地下室筏板基础加钢筋混凝土钻孔灌注桩基础；主楼筒体下的筏板厚度为 4.2m，其他为 2.5m，裙房处筏板厚度为 1.5m；主楼灌注桩桩径为 850mm，单桩竖向承载力设计值为 6500kN。桩基持力层设在⑦ –2 灰黄色粉细砂层，采用桩底注浆工艺，桩底标高 57.3m，桩长 38.0m。

上部结构在平面中央设置核心筒结构，并以它作为结构竖直的基本构件，追求结构的高刚度效果，实现整体安定和高度的抗震及抗风性能；核心筒设计的材料采用型钢钢筋混凝土，即剪力墙体为钢筋混凝土 (RC)，墙体周围的柱梁均为劲性钢筋混凝土 (SRC)；中央核心筒和外周框架间的主梁和次梁均采用纯钢材料，以追求轻量化和大跨度，实现建筑使用上的大空间要求。

在市政给水管道满足两路进水（水量、水压）的条件下，室内消防供水系统采用消防水泵直接串联给水系统，节省了消防转输水箱、转输水泵等设备及其机房面积；室内重要设备机房采用 IG541 气体灭火系统；裙房局部屋面雨水收集回用于基地内车辆抹洗、绿化浇洒和道路冲洗用水。

冷 / 热源采用电力和天然气的双能源方式。电动冷冻机为冷冻水专用机组；天然气直燃型吸收式冷温水机组则根据不同的季节来设定其运行工况 (制冷 / 供热)。

三路 10kV 电源供电，每路为 4200kVA。电源从电业变电站引来，以电缆埋地方式进入建筑物地下室 1 号变电所；设置柴油发电机组 2 台，作为消防设备及其他重要设备的应急电源。另行预留一台发电机组的位置，供将来金融业业主的需求。

上海浦东嘉里中心（A-04 地块）

设计单位：同济大学建筑设计研究院（集团）有限公司
合作设计单位：KPF 建筑设计有限公司、迈进机电工程顾问公司、科进咨询有限公司

主要设计人员：曾群、顾英、彭宗元、刘毅、包顺强、归谈纯、James von Klemperer、Brian Chung、何月梅、周子健

本项目位于浦东区，毗邻上海新国际博览中心展览场地。总建筑面积 345236m^2，建筑高度 179m，地上 40 层，地下 2 层，包括酒店大楼、公寓式酒店大楼和设有商场及酒店设施的裙楼与办公楼；酒店、商场、办公楼功能采用了独立建筑主体的处理方式，三座大楼高度拾级而上，分别坐落基地东北、西南及中间位置。

首层是核心地带，四通八达。商场在基地中央成环形布局，分布于各裙楼层中，地库一层连接地铁站出入口；配合基地各端的酒店大楼、公寓式酒店大楼、办公大楼及博览中心入口，方便酒店住客及办公楼用户到地铁站；亦为该商场引入人流，创造出一条由地铁站伸至各酒店、办公楼、博览中心入口大堂的室内购物街。环形布局同时连接到各酒店及办公大楼的电梯大堂，整个裙楼为整合各主体大楼成为一个完整建筑群的重要元素。

本项目574间客房位于五层至三十层；每标准楼层有24间客房；公寓式酒店位于五层至二十六层；所有客房均有开放景观及充足的阳光照射，四周景致尽收眼底；办公楼标准层位于六至三十九层，核心筒为升降机及楼梯，标准层四周均有开放景观及充足日光照射。

立面设计力求建筑造型和色彩明快、简洁、有力、富于现代气息，同时又不失高雅朴实的风范；雕琢装饰以强调大楼的垂直性，加强深度及外墙上的光影效果。三座塔楼通过采用相类的材料、装饰、线条及建筑语言，统一整个项目的建筑风格，立面互相呼应。外墙主要为双层隔热隔声中空玻璃（IGU），IGU由外面浅蓝色和内面透明的安全玻璃构成，外面的玻璃涂上轻微反光性质的反光膜以增加隐私及减少太阳热能辐射，加上低辐射镀膜（low-E coating）整体的隔热效能更加提高。上下层间墙处由玻璃构成的阴影盒和暖色系石材如石灰石等组成；玻璃和板石在三座塔楼上采用不同规则、大小和比例，使整个立面设计更添层次感。

塔楼的暖色系石材亦用于裙楼上，呼应塔楼设计。在首层无色的玻璃增加裙楼内各项活动的透明度；裙楼高层处，玻璃配合金属装饰板或百叶，增加遮阳效能和立面质感；某些重要地方，会采用彩色的琉璃来强调如酒店、大堂和商场等空间。

办公楼的桩基采用管径为850mm的钻孔灌注桩，桩基持力层为第⑨-1层粉细砂。酒店和公寓式酒店的桩基皆采用管径为700mm的钻孔灌注桩，桩基持力层为第⑦-2层粉细砂。显要特点是与地铁线和地铁站非常接近，地铁线和地铁站最近处与围护结构距离5m，与桩基础结构距离10m，且平行相邻长度近115m长。采用距地铁近距离范围内的高层办公楼塔楼的所有桩基础采用管径为850mm的钻孔灌注桩，以第⑨-1层的粉细砂为桩端基础持力层，桩长约62m，满足了地铁公司的沉降要求。

给水系统采用以高位水箱供水为主的供水方式，在地下室市政水压能供水的区域采用市政管网直接供水。扩大高位水箱供水区域，当高位水箱供水压力不足时，采用水泵局部加压；裙房则采用变频供水方式，以提高供水可靠性。

冷源采用冰蓄冷主机及基载离心式冷水主机。热源按服务区域及空调设备分为两个，分别采用蒸汽锅炉及常压热水锅炉；蒸汽及一次热水通过板式换热器进行热交换后提供空调用热水。

由供电局提供两路独立的35kV电源供电，两路电源同时工作，当一路电源线路失电时，另一路能担负整个项目负荷用电的61.5%。

北京会议中心8号楼

设计单位：华东建筑设计研究院有限公司

主要设计人员：汪孝安、邵亚君、姜宁、岑佩娣、丁辉、黄良、王晔、陈立宏、盛安风、张晓波、童建歆、蒋欣、武扬、胡伟国、彭麟

本项目位于北京市朝阳区北五环以内；新建8号楼在会议中心基地东侧区域内，周围环境优越。地下一层，地上两层，以贵宾会议接待为主；设有会见厅、宴会厅、贵宾餐厅、早餐厅等接待会议空间，设有贵宾套间4套、标准客房38间、套间12套等客房区域以及游泳池、影视厅等；建筑面积28513m^2，其中地上建筑面积19353m^2，地下建筑面积9160m^2；按功能分为三大区域：宴会接见区、贵宾套房区、休闲娱乐区。

本项目借鉴并结合具有北方特色的四合院的建筑空间形式，总体建筑形态以东西向为主轴线，各功能空间采用围合的形式基本沿主轴线对称展开布置；形成门楼、大厅、内庭院、小庭院、下沉庭院等丰富的空间序列，建筑群与四周绿化、水系环境相融合，营造出富于地方特色的建筑空间环境。

东面主入口处为一层挑空的门楼式建筑风格，建筑群体沿水平方向展开，以装饰石材的建筑主体和大屋顶为基本建筑组合方式，大屋面采用深灰色陶土瓦，配以深灰色铝合金屋脊、檐口与吊顶，大屋顶出檐深远，气度非凡。建筑墙面以米灰色石材为主，局部配以玻璃、金属、木材。石材墙面形成厚重的建筑体量感，硬朗大气，刻划出传统地方建筑的意境。精致的细部刻划，明快的材料组合，彰显出中式古典建筑的神韵和现代建筑的风范。

室内设计延续建筑立面风格，室内空间和细部尺度的掌控作为建筑设计的重要组成部分，门厅、会见厅、宴会厅在保证足够空间高度的同时，对细部元素进行充分刻画，精致的木雕、流畅的线条、空灵的格扇、丰富的吊顶、厚重的铜门等共同营造独特的空间感受。贵宾套间方正、明亮，采用温馨的暖色调，结合北京地方特色，以浅米色石材、深棕色木材为主，辅以局部的金、红色调来营造典雅大气、温暖亲切的空间氛围，凸显传统建筑的空间意境。

主入口广场硬质铺地的镜面浅水池，结合绿化、树木等，创造出一个宏伟大气的前广场；西北面结合地形小山及原有树木、密植部分灌木、乔木等，将8号楼与其他建筑进行适当的视线隔离；南侧将原有水池扩大，辅以亲水平台及大面积草坪绿化；室外绿化庭院精致小巧，在下沉庭院一侧，结合叠水池的白沙、

绿地等相互映衬，与砖墙、景窗等共同描绘出一幅完美的山水画卷。

平面功能多样，立面层次丰富，建筑细节繁多，设计在方案和施工图阶段对平面、立面每一细部都进行了三维的模拟，绘制了全套建筑及幕墙详图进行细节的控制，对室内、景观等的设计也进行了全程的控制。

工程采用现浇混凝土框架体系，采取了以下措施：在地下室的适当部位设置施工后浇带；考虑收缩徐变的影响，增加楼板相应位置的配筋；考虑温度应力，适当加强构件配筋；上部结构设计时考虑不同基础形式沉降差的影响，将不同区域设缝断开。

采用按功能分区设置给水系统的方式，并在两个系统之间设应急备用阀门，在特殊情况下，可将系统互为备用。客房和健身、泳池补水、餐饮等直接饮用或与人体直接接触的用水，采用深度处理后的净水；为提高用水安全性和舒适性，采用两套泵组分别供给；自备水源或市政自来水给水进入蓄水池，由加压泵提升进入砂滤、炭滤和保安过滤后，再进入全自动软水机处理，最后进入净水池；泳池水处理采用硅藻土过滤器，专用恒温恒湿热泵机组。

供配电做到出线近，节省电缆，提高供电质量，减少同暖通、给排水专业的管线交叉；对于各不同场合，采用不同的灯具；对宴会厅、对走道等场所灯光进行控制，在达到不同效果的同时节约能源。

上海盛大中心

设计单位：华东建筑设计研究院有限公司
合作设计单位：SOM 建筑师事务所

主要设计人员：曹丹青、张聿、黄缨、徐琴、俞旭、左涛、邓前进、毛雅芳、刘明国、徐慧芳、陈耘、刘华、沃立成、包昀毅

本项目位于上海浦东新区由世纪大道、福山路、向城路三条路围合成的三角形地块，建筑总体布局呈长方形，总建筑面积 $114533m^2$，其中地上部分 $80672m^2$，建筑高度 168m，地上 40 层，地下 4 层。

基地东侧，三角形交汇处布置了自行车出入口、水景、下沉式庭院和名为“珍珠”的不锈钢球体等；南侧设置地下车库出入口等。一层为大堂，二层以上为办公层，建筑中心为核心筒，布置了 17 台电梯；第十二层西北角为面积约 $500m^2$ 的 3 层高中庭；三十五层东北角有面积为 $272m^2$ 的 2 层高中庭；三十七层西侧为 2 层高的会议中心，南侧、东侧为办公区；三十八层东侧为会议中心上空，南、西侧为会议中心；三十九层西侧为 2 层高的会议中心，南、东侧为设备机房。

在向城路和福山路上分别开设车辆出入口。进入的车辆可直接从两个车库出入口进入车库，或在大楼南侧的大门下客后离开。行人可从面向世纪大道的玻璃门廊和南侧的主出入口进入大楼。依据独特位置，通过四个透明玻璃体予以实现；玻璃体突破建筑体量的限制，挑入空中，面向周边环境为观赏周围景观开拓了一览无余的视野，并在视觉上将建筑的体量进行划分；玻璃体位于建筑的高区和低区的角部，成对角线布局；可以让使用者在不同的高度拥有充分的景观，每个玻璃体在为城市提供了一道景观的同时，又构成了自身的观景平台；其所处绝佳位置创造了一种将建筑与周边环境连接得丝丝入扣的建筑语言。外墙是由两个主要部分构成的：一个是肌理丰富的墙体，鱼鳞式的肌理为区别中庭的体量创造了鲜明的对比，这种肌理的设计既满足了建筑外墙自然通风的要求，同时也将这些通风口与墙体有机地融合在一起；另一个是插入建筑主体内的中庭，为双层外呼吸式幕墙结构，外观光滑流畅，透明玻璃可以提供大范围的透光度和开敞区域，令使用者好像置身于空中。

外墙由两套玻璃幕墙系统组成：A 类型墙体为鱼鳞式幕墙，带有可开启窗；B 类型墙体为呼吸式幕墙，内侧采用 8mm(Low-E)+12A+6mm 透明中空玻璃，外侧采用 19mm 单层超白玻璃。盛大中心属一类超高层办公楼；建筑四周均为市政道路，设置了环形消防车道；沿高层建筑的两侧长边部分设置了宽 4m 的消防车道并保证其上空 4m 以下范围无障碍物；消防车道距建筑外墙 5m；沿建筑主楼两个长边设置了消防登高面。

厨房废水经隔油处理后与生活污废水一起排入市政污水管网；地下车库的废水经隔油和污泥沉淀池处

理后接入大楼废水系统；烟气通过垂直烟道送至屋顶排放。建筑物采用中空玻璃幕墙，能有效地隔绝室外噪声；对产生较大噪声的机房通过隔声、吸声的综合手段加以处理，墙体材料有一定的厚度和密度，室内贴吸声材料，装隔声门，设备基础进行隔振处理，管道与设备接口采用软接口；玻璃幕墙外层采用低反射玻璃，避免了常见的反射玻璃幕墙带来的光污染。结合四季变化种植乔、灌木、花卉；“生态墙”在某种程度上成为整个场地与外围道路的一个过滤器，流动的水池亦为整个场地的小环境起到很好的调节作用。

本项目平面、立面和竖向刚度均为特别不规则的复杂体型的高层建筑。钢筋混凝土核心筒作为主要抗侧力结构，采取措施如下：①因核心筒 y 向宽度小，通过增加 x 向墙体的厚度，提高 y 向抗侧刚度，并控制其剪应力水平，针对竖向抗侧力构件不连续的情况，加大了外圈底层落地剪力墙厚度；②加强约束边缘构件的箍筋，加大暗柱的配筋率和配箍率，特别加强角部的配筋以保证筒体角部的完整性；③控制核心筒剪力墙的轴压比小于0.5，保证大震下混凝土筒体延迟开裂；④控制连梁的抗剪截面尺寸。

上海浅水湾恺悦办公商业综合体（国棉二厂地块旧区改造项目之西侧公建）

设计单位：同济大学建筑设计研究院（集团）有限公司

主要设计人员：江立敏、姜都、崔鹏、金炜、陈旭辉、王钰、罗武、周致芬、王毅、孙翔宇、潘中英、王纳新

本项目西侧公建项目沿江宁路布置，由两栋塔楼及其裙房组成。塔楼均为15层，高59.85m，总建筑面积59521m^2。南侧塔楼为整体出售的办公楼，北侧塔楼为出租办公楼。北侧塔楼提供了多样的办公空间供选择：四至八层为上下跃层办公，公共部分有小型中庭空间；九至十二层为小间公寓式办公；十三至十五层为整体租售办公，各部分办公垂直交通相对独立。裙房二至三层，功能以商业为主；最北端裙房五层，用作文化中心。西侧公建有两层地下室，主要用作停车及设备用房。

立面采用了基本相同的主导色彩和设计要素。暖色系的黄色石材体现了其高档、温暖的氛围；塔楼的开窗比例及划分以小尺度为主，尽量与住宅统一，商业裙房部分局部采用有凹凸的竖向线条与住宅统一；为了更好地反映高档商铺的气氛，控制使用过多的色彩和设计元素，塔楼在立面小尺度分格开窗的基础上，北面考虑部分大面积通窗。

设置了屋顶绿化以及屋面步行空间，提供了商业空间的新模式；裙房部分设置立体步行系统，以体现建筑与城市空间的融合；二、三层设有不少室外平台，供公众步行穿越；同时提供室外的大楼梯及自动扶梯，

方便公众上下；另设置连桥，使行人可以直接进入该商业地块。

基础采用筏板＋独立桩承台＋基础梁＋防水底板的形式。主楼核心筒下桩数较多，设计为桩筏基础，筏板考虑角桩的冲切，筏板厚取 1500mm；文化中心为多层建筑，采用钢筋混凝土框架结构；塔楼采用钢筋混凝土框架—核心筒结构，两个单体标准层核心筒位置均偏北，为了使每个单体的两个核心筒刚度均趋于左右对称，增大南侧柱截面，使刚心南移，减小刚心与质心的偏心率。

供水采用分功能、分区域、分区方式；北塔楼设三个分区，南塔楼设四个分区，西侧文化中心设两个分区，由市政管网压力直接供水。室内生活排水采用污、废水合流方式，主楼排水立管设置专用通气立管。

由总体 10kV 开关站放射式分别引入两路 10kV 双重电源至 3 个用户变电所，每个变电所将 10kV 主接线采用单母线分段，不设置联络开关，并列运行；低压侧采用单母线分段，设置联络开关，采用手动联络方式，电气加机械连锁，平时分列运行，当一台变压器发生故障或检修时，另一台变压器能承担全部一、二级负荷。

上海漕河泾开发区浦江高科技园 A1 地块工业厂房（一期）

设计单位：上海建筑设计研究院有限公司
合作设计单位：德国 GMP 国际建筑设计责任有限公司

主要设计人员：陈文杰、邢方、潘东婴、姚远、叶海东、栾雯俊、葛宁、李云燕、刘翼、刘琉、石玉蓉、顾绍义、赵旻

本项目毗邻浦江中心镇；园区定位参照国外先进的科学园区开发模式，最终建设成为世界高科技企业项目集中、技术创新能力强大、建设管理与国际接轨、生活居住环境优美的国际一流高科技园区，集科研、设计、生产、生活服务为一体。

一期由 4 栋建筑组成，B 楼、18 层板式 C1 楼、6 层方形 D1 楼、12 层板式 E1 楼均可适用于大空间的需要；D1 楼提供了不同于普通板式楼的更大的空间选择；多种造型的楼相间布置，形成高低和体量的错落和空间节奏；设计风格现代大气，具有鲜明的个性，给人留下深刻的印象；其次设计提供了多种景观空间体验，尤其是建筑群围合的中央绿地使景观价值得到最大化体现。

基地南、西侧各设一个车行入口；步行系统贯穿 B、C1、D1、E1 楼之间，与中央绿地直接相连；步行系统尽量与车行道减少交叉；南区地铁人流向东出站后，可向北由次入口直接进入园区，也可直接由玻璃廊进

入 B 楼。

南部的 B 楼面向陈行路，与地铁车站相接，能吸引大量人流；B 楼地上面积 12802m²，为 3 层建筑，由天光走廊贯通东西；B 楼由 8.4m×10.7m 柱网单元构成，以 100m² 左右为单元。

C1、E1 楼为长条办公楼，分别为 18 层和 12 层，进深为 28.58m；平面适合大空间工作和小开间研发，两种情况均可获得良好自然光线；建筑呈南北朝向布置，有利节能及办公舒适性。

方形 D1 楼为 6 层，有很好的平面灵活性，并且有近 750m² 的内院，为营造优良的办公环境提供条件；东侧 3F、5F 设置空中花园，附近可布置休息区；标准层面积达到 4282m²，最大进深可达到 22m，是一期灵活性最大的一栋楼。为避免方形楼西向房间的缺陷，将主核心筒垂直交通置于西侧，减少了西向的房间。

立面设计强调简洁、大方，符合现代高科技企业典雅、平和的性格；立面以干挂石材和落地窗为主，强调平稳的水平线条和通透性；遮阳板的运用既起到节能作用，也塑造出阴影的层次。立面设计遵循国家节能设计要求，并在美观的同时考虑清洁和维护；B 楼立面以玻璃和金属幕墙为主，表达出园区建筑理性中的时尚气氛；光线良好也适合餐饮通透要求；巨大的钢结构屋顶为广场和柱廊遮蔽风雨，同时为顶层餐饮提供带顶的室外空间。

本项目地下室宽 135m，长 287m，采取的施工技术措施有：采用后浇带分段及分仓施工；混凝土浇筑和养护期间采取严格控制混凝土内外温差；采用适当的混凝土外加剂，减少混凝土收缩。

对外露的底板，采用底板局部落低，形成高差，留出足够高度进行保温覆盖；对于东侧的地下室外墙，将其位置东移，隐藏于坡地绿化之中，达到保温效果。西段约有 15m 宽的顶板是南北向连续的，总长达 243m；由于室外地坪找坡，此段顶板的覆土厚度最小，采取在此部位施加预应力的技术措施，使得顶板结构中预先产生压应力，以抵消室外温度变化产生的温度应力，减少混凝土结构开裂，控制裂缝宽度。

本项目有两个大面积的下沉式庭院，地下室底板成为室外区域；顶板的缺失使得另一侧地下室外墙的土压力无法通过顶板有效传递，地下室竖向构件将承担较大的水平力；地面以上建筑，由于一侧顶板的缺失，无法形成规范规定的基础埋深，地基土无法对结构产生有效约束，对于结构稳定性产生不利影响。为此采取以下措施：加强顶板开口区域周边的抗侧刚度，分别在 C1 楼的北侧和 E1 楼的南侧地下室部分增加一跨结构，加强南北向的抗侧刚度；D1 楼在东侧顶板完全缺失区域设置传力带，以传递东西方向的侧向土压力。加强地下室整体结构刚度，加强顶板结构刚度。

上海申都大厦改建项目

设计单位：华东建筑设计研究院有限公司

主要设计人员：汪孝安、范一飞、李大晔、李群、张伯伦、田炜、陈珏、张亚峰、沈冬冬、张晓波、魏炜、孙愉、陈开兵、闫康、王峰

本项目位于西藏南路1368号，为改建项目。建筑设计充分利用旧建筑的特点，对其进行外立面改造、结构加固及室内改造，本项目秉承四大原则：节能减排、资源回用、环境宜居、智能高效。

特点一：创新的垂直绿化外遮阳系统。保留了老建筑的梁柱结构，内立面的框架构成，楼层间安装通高的Low-E玻璃用于最大限度的争取自然采光；外立面设置了创新的垂直绿化外遮阳系统，由60块标准绿色模块吊装构成，每块模块由单位钢桁架、藤本攀爬植物、不锈钢攀爬网、金属延展网、微灌喷雾系统和灯光照明共同构筑而成；在外部钢桁架架构体系间设置种植槽，种植多品类混种藤本植物，利用植物本身落叶开花的特性，在春夏秋冬呈现出不同的表情色彩；外遮阳的运用在夏季可以有效降低室内的热，到冬季植物部分落叶后又可增加阳光的入射；沿街立面的绿色模块外倾30°角，可以投射部分日照，加强室内采光。

特点二：丰富的空间体验。①边庭灰空间。南翼

办公区 19m 的进深，内部采光较差，与相邻的居民住宅间距紧张，在办公区与居民住宅之间设计植入一个 1.5 ~ 3.0m 进深的灰空间，即在南立面退现状轮廓设置绿化边庭，作为视线与噪声的过滤器，同时充分利用南向侧向采光来改善主要办公空间的光环境；通过绿化边庭的设计借景给相邻居民，也创造了良好的人居环境。②屋顶敞厅。屋顶露台拥有 360° 城市景观，结合光伏发电系统需架高设置的特性，利用光伏电板的架空高度新设敞厅空间，作为内外环境对比的中继点。敞厅可承接 100 人（站立）的接待能力，适合小规模的派对及其他公共活动；厅外屋顶菜园提供了一种城市与自然结合的全新体验，分块状实现多样化的蔬果种植，极其出色地平衡了观赏需求和实际需要。

特点三：被动式自然通风采光设计。中庭拔风与边庭敞开共同作用，形成良性的空气对流，有效地扩大了自然通风的影响范围；中庭顶部的玻璃拔风口高出屋面 2m，在利用顶部太阳辐射热与底部室阴的热压差来加速室内空气的流通；玻璃拔风井的附加功能，还体现在为电梯等候的公共空间引入了光线，有效改善该区域的光环境。充分利用侧向采光、局部采光中庭等方式，来改善建筑内部逐层功能区域的天然采光，东立面与南立面的内立面改造均采用了楼层通高的高透性能 Low-E 双层夹胶钢化玻璃固定扇，以及通高的内导平移推拉门开启扇，力求最大限度地获取自然光线，并且可以最大面积地利用自然通风。

特点四：能效监管平台。智能型建筑设备管理系统（BMS），对建筑物内各种机电设备进行监视、测量、调节和控制，高效管理建筑的能源系统，确保建筑物内环境的舒适。

结构改建加固主要分为抗震加固和结构构件承重加固两大类。采用开孔式软钢阻尼器，在 1mm 变形以内即可发挥消能效果，其极限变形量可达屈服位移的 60 倍以上，在多遇地震下即可发挥良好的消能能力，并确保在罕遇地震下依然可有效消能而不破坏；在正常使用的条件下开孔式阻尼器不需要维护或更换。根据新的建筑功能和荷载，增加梁柱截面等；将截面改变后的构件和新增的构件输入整体计算模型；均匀对称地设置阻尼器，计算水平地震作用对结构的影响。

地下室至二层的自来水，利用管网压力直接供水；其余用水由变频自来水加压泵组从给排水机房内的自来水箱抽吸、提升后供给各用水点。中水回用水源采用雨水，地面冲洗用水、道路冲洗用水、绿化浇洒用水等均采用中水。

采用了太阳能光伏发电并网系统，不设置蓄电池，直接与市电并网，提高了能源利用效率，减少了废旧电池污染的可能性。采用大量 LED 功能照明，光效高，减少了照明能耗，特别是地下车库采用的声控型 LED 照明，更进一步提高了电能利用效率。

上海青浦夏阳湖酒店

设计单位：上海建筑设计研究院有限公司
合作设计单位：HPP 建筑设计公司

主要设计人员：蔡淼、侯彤、曹阳、刘涛、袁扬、任玉贺、余梦麟、朱晓晖、陈绩明、姜怡如、高永平、王瑾、陈志堂、施辛建、吴泉

本项目地处上海市西郊，是以城市度假休闲为特色，兼会晤接待功能的五星级宾馆；总建筑面积达47818m^2，主楼11层，地下1层，建筑高度37m。

一号楼（主楼）位于基地西部，与青浦博物馆相呼应，是整个建筑的标志。由一号楼向东等距离布置的两栋马蹄形建筑（二、三号楼）则对整个建筑起到了收拢作用，所有建筑由1层高的裙房串联在一起，裙房部分集中设置了酒店的公共区域，大堂入口设在一、二号楼之间的裙房部分，由北面的街道可直达酒店；裙房的屋面高低起伏，并由绿色植被所覆盖，使其成为一个重要的景观构成元素。建筑立面由内院景观区的敞开式逐步向外围封闭式过渡，面向湖面和内院的立面采用了大面积的景观窗和阳台，通过它的通透性能完美地把内院和湖区结合在一起。整个建筑形体犹如一个果实，在坚固的外壳保护下呈现的是一个稚嫩的核心。

二、三号楼的外围立面设计成封闭式，立面上开有窄长条的视窗缝隙，而内部面向庭院的立面的大面积景观窗犹如水晶般晶莹剔透。一号楼的幕墙则与此相反，外围的立面为了突出它的标志性和识别性，通过透亮的表皮很好地把基地入口区域划分清楚。

本项目高层建筑的外墙的热工性能是节能的关键部位。一号楼的南北向立面和二、三号楼的外向立面通过大量运用干挂陶土板大大减少了热量的传播，而二、三号楼的内向立面的玻璃幕墙部分则通过Low-E玻璃和内置金属百叶的结合，即达到了节能效果，又强化了立面的特性。对于本项目大面积单层裙房的屋顶，则设计为与周边绿化景观融为一体的、由地面向上升起且高低起伏的绿化屋面，裙房部分成为总体景观不可分割的一部分，且绿化屋面自身的保温隔热性能对于建筑节能也是非常有利的。

结构形式：一号楼为钢筋混凝土框架剪力墙结构，

二、三号楼为钢筋混凝土框架结构；酒店部分超长且高低不一，所以酒店部分一号楼和二号楼、二号楼和三号楼之间设抗震缝分开。基础采用桩 + 筏板的基础形式，桩采用预应力管桩，桩径 600 ~ 800mm。

冷水供应采用分质分压供水，地下一层洗衣房、冷却塔补水、游泳池补水由市政管网直接供给；酒店客房生活用水为经水处理后变频供水。室内生活污废水采用分流制，室外合流并设置专用通气管系统；室外生活污废水和雨水采用分流制分别排入市政雨水管和污水管。

采用集中空气调节系统，夏季两台 1882kW 的变频离心式冷水机组及一台 1406kW 的螺杆式冷水机组，其中螺杆式冷水机组带余热回收装置，预热生活热水补水；冷水供回水温度 6/12℃，冷却水供回水温度 32/37℃，并配置相应水量的水泵及冷却塔。空调水采用一次泵变流量闭式四管制机械循环同程系统，采用闭式定压罐对水系统进行定压、膨胀、补水；客房新、排风系统采用全热回收装置，新风通过与排风热交换进行能量回收，达到节能目的。螺杆式冷水机组设热回收系统，用于加热客房生活用水，提供供水温度达到节能目的。

设 2 座变电所，各设 2 台 1250kVA 变压器及 2 台 1000kVA 变压器，设置 1 台 1000kW 柴油发电机组。由供电部门提供 2 路独立的 10kV 高压电源。电气设备分成 3 个部分：常用负荷、重要负荷及消防负荷。重要负荷及消防负荷为一级负荷，柴油发电机组作为重要负荷及消防负荷的备用电源，并通过自动转换开关，保证在正常供电中断后 10s 内重要负荷及消防负荷的用电设备能自动恢复工作，消防负荷及重要负荷 ATS 开关分别设置，火灾时发电机组优先保证消防负荷的供电。

上海漕河泾万丽酒店（漕河泾开发区新建酒店、西区 W19-1 地块商品房）

设计单位：同济大学建筑设计研究院（集团）有限公司

主要设计人员：江立敏、姜都、成栋、杨一秀、高健、任军、周翔、顾玉辉、周致芬、谢洪辉、徐钟骏、潘中英、孙翔宇、禹小明、周鲁敏

本项目位于上海漕河泾开发区内的现代服务业集聚区，是一个以五星级酒店为主体，另外包括一栋公寓式办公和一栋写字楼在内的综合体建筑群，总建筑面积 93146m^2，建筑高度 87.8 m。

规划要求用地东南角留出不少于 2500m^2 的集中绿地，为本项目最大的特点和亮点。酒店（22 层）、公寓式办公（9 层）、写字楼（17 层）三栋塔楼，以及酒店裙房（3 层）的体量布局也充分考虑与这一块集中绿地的关系；酒店沿古美路，公寓式办公沿田林路，写字楼沿纵一路布置，三栋塔楼呈 U 字形围合中南部绿化，让建筑与景观环境有最大的界面，L 形展开的酒店裙房也使得这座城市酒店有了花园酒店的景观和氛围。两层地下室在整个基地内几乎满铺；一层地下室主要用作酒店后勤部分和停车，二层地下室主要用作停车及设备用房。

22 层酒店塔楼、9 层公寓式办公塔楼，3 层裙房将两者连为一体；裙房与塔楼之间设技术夹层；酒店四层以上为标准层，布置各类客房、套房；公寓式办公下部三层为与酒店连为一体的裙房，与酒店共享餐

饮娱乐设施，四层以上为标准层。

主入口没有采取常规的直接面向城市道路，转而朝内面向中央花园，先经过满眼的绿色渲染后再进入酒店大堂，给客人以入住其他城市酒店不一样的体验。

裙房外围有环通的机动车道，下地下车库的客运、货运坡道及酒店员工入口均沿环道布置，其中货运及员工流线远离客人流线；公寓式办公共享酒店的设施，主入口同样向内面向花园；写字楼使用上相对独立，主入口向东，面向纵一路。

建筑造型强调三个单体的整体性，整个建筑群强烈的标志性能从基地周边不同角度体现出来，给人以深刻印象。以暖灰色石材与玻璃为主要用材，配以黑色的金属框料，开窗方式注重规则精致，与客房单元相对应，亦突出了五星级酒店高贵、典雅的非凡气质；高低层次丰富的树木、草坪，让建筑从视线和心理上远离城市交通的干扰。

控制总沉降量是减少差异沉降的关键。针对差异沉降和基础超长的问题，在基础设计时采取以下措施：

（1）根据土层分布特点调整桩长、桩径、桩数，严格控制酒店、公寓式酒店、写字楼和纯地下室各个单体的沉降量，并使其尽可能的接近，以减少差异沉降；

（2）在地下车库一侧预留沉降后浇带；

（3）基础每隔 30m 左右设置施工后浇带以解决混凝土前期收缩影响。

酒店和公寓式酒店之间设置了一道抗震缝兼伸缩缝，和写字楼形成三座相对独立的塔楼，在地面以下考虑到车库的使用功能和防水要求，不再设缝。三座塔楼都以地下室顶板为嵌固端，在地下车库中，上部塔楼以及向外一跨的范围内，远离地下室外墙的一侧设置足够多的剪力墙，同时尽量使得地下室的刚度中心与质量重心相接近。

由市政管网压力直接供水，两条市政道路分别提供一路给水管，在基地内以 DN300 呈环状布置，以供生活及消防用水。

酒店设置 1 台功率为 1360kW 应急柴油发电机组，以保障酒店消防设备及酒店管理信息系统供电。

黄浦区第一中心小学迁建项目

设计单位：同济大学建筑设计研究院（集团）有限公司

主要设计人员：郑时龄、章明、张姿、邵晓健、何天森、秦薇、巢斯、于金岭、张颖、邵喆、石优、高珊珊、鞠永健

本项目位于上海市白渡路，总建筑面积 10456m^2，建筑高度 23.9m；为一幢包括教学、实验、办公、图书阅览、会议用房的围合式综合大楼，地上 6 层，地下 1 层，局部为 3 层。

在城市中建造城市，是建立在对城市机能、城市肌理、城市交通、城市景观的充分认知、综合梳理、整固建构的基础之上的，是如何在密集散乱的城市背景下寻求突破、整合与实现重组性平衡的课题。

教育建筑由于其低容积率、低密度要求，必然形成在城市密集城区背景下的“空间洼地”，黄浦区第一中心小学就具有这种典型的城市区位特征。设计着眼于使这个“空间洼地”，凭借其文化特质与性格特征得以突破而非仅凭体量或高度争夺话语权。红灰两组纯净的 L 形功能性体量彼此交叠穿插，在极其有限的基地内完成了独立完整的内向型围合空间的塑造；它最大限度地屏蔽了外界各种不利因素的侵扰；“城中城”的策略保证了教学功能的有效实现。

本项目所处的城市背景极其散乱，不同时期建造的高层住宅、幕墙外观的商办建筑、等待拆迁的老城乡低层住宅环绕四周；应对散乱的元素与复杂的肌理的有效途径是重新归纳、提炼与梳理，设计以充满序

列感的表皮肌理统领全局，以精练的建筑语汇和沉静的建筑表情回应周围的嘈杂元素；凭借以静制动的原则，使这个既成环境中的后来者起到梳理、整固乃至提升周边区域环境品质的积极作用。

外部的紧密性包围与内部的潜在性突破形成一种张力结构，建筑寻求的是在维持系统张力平衡的前提下，将众多信息与元素打破重组，最终达到重组性平衡。向外谋求以严整性与逻辑性为诉求的防御性定位，通过建筑语汇的巧妙运用，将城市肌理中交织的纵横经纬延伸到建筑形态之上；两组 L 形体量紧密咬合，强调形态构成的逻辑性和紧密关联性。向内寻找以流动性与协调性为诉求的定位，将公共活动区屋顶内院空间与运动区域联动融合，形成一组连续流动的灵动空间，在集约用地的前提下最大限度地提高公共空间的使用效率与景观价值。

本项目上部结构采用钢筋混凝土框架结构，主体结构为多层的双塔结构，进行平动－扭转藕联计算分析，并考虑楼板的弹性变形，同时加强转角以及因楼板开洞削弱部位的周边梁的刚度；地下采用桩基础，工程桩选用直径为 600mm 的钻孔灌注桩，桩底标高为绝对标高 –42.800m，承台间采用基础梁连系，以增强结构的整体性能。

生活给水采用生活水箱－恒压变频加压泵－用水点供水方式。生活水池及水泵房设于科研中心地下室设备房内。二层及以下采用市政管网直接供水，其余部分采用恒压变频加压方式供水。排水原则上室内污废合流，室外雨污分流。

供电部门提供一路 10kV 和一路 0.4kV 电源供电，其中 0.4kV 为备用电源。照明控制采用分组、分区开关方式；照明光源以 T5 直管形荧光灯、紧凑型节能荧光灯、金属卤化物灯为主，疏散指示灯采用低功耗 LED 光源。

上海思南公馆改建、新建项目

设计单位：上海江欢成建筑设计有限公司
合作设计单位：夏邦杰建筑设计咨询（上海）有限公司

主要设计人员：周雯怡、皮埃尔·向博荣、叶挺锋、程之春、杜刚、王伟、彭建、王臻、孙悦路、王英杰、石怡、李英路、黄源钢、沈晓菁、石岩

本项目位于上海市复兴中路，在 20 世纪 20 ～ 40 年代建起一批高档的花园别墅，集中反映了上海近代独立式花园住宅风貌的典型街区。思南公馆改建、新建项目包括历史建筑和新建筑，实施以保护、保留历史建筑为核心，谨慎添加新建筑的原则。新建总建筑面积 60866m^2，建筑高度 24m，地上 7 层，地下 2 层。1 ～ 8 号楼分为公寓、商场、商住楼三种类型，其中 1 ～ 2 号、6 ～ 8 号楼地下为统一连通的两层地下室。通过整体街区改造及新建，保护了优秀的历史文化遗产，成为上海市带有浓郁地域色彩和历史代表性意义的生活居住、休闲娱乐综合社区。

总体规划布局合理。添加新建筑构成几个功能区：时尚休闲商业区、花园别墅区、现代生活居住区。几个功能区相辅相成，既相对独立又不可分割，新旧结合，动静相宜，共同构成整个区域丰富的生活

空间。以步行为优先考虑，避免机动车穿越街区的内部，组织车辆到达和进入地下车库以保障街区环境质量。运用多种绿化手段，结合历史景观，突出该地区景观特色；在历史建筑和新建筑之间采用集中绿地进行分隔和过渡，在现代生活居住区中采取集中绿地的形式强化内部绿化。传承并发扬了该街区极为独特的多个花园形成的共享绿化空间；多层次的新旧绿化，极大地丰富了整体景观环境，高低错落的乔木、灌木加上极具特色的垂直绿化墙在美化环境的同时，也对建筑形成良好的遮荫效果，营造了舒适的街区小气候。

与历史风貌环境协调的建筑形态。新建建筑以低层为主，在布局、体量、风格、色彩、材料和高度上与保护、保留建筑相协调，并尽可能保持和尊重该地区原有的布局特点。新建 1 ~ 5 号楼以餐饮购物娱乐为主，6 ~ 8 号楼为高级公寓。复兴路历史建筑间适当增加小体量的商业建筑，达到“新旧相融”的效果。建筑群底层平面呈流畅的曲线，在老建筑周围形成活泼舒适的步行空间。二、三层周边出挑，加强空间的通透感和实用性，简洁的平面有利于商业空间的灵活划分和组合，适应现代时尚的购物环境特点。

新建筑体量丰富，讲究细部而简洁现代的立面设计。商业建筑以钢和玻璃为主题，形成轻快通透的效果，配以木质或金属矮空的页板，使不同的体量间产生不同的虚实效果，与浑厚的旧建筑形成丰富的对比，而两者在精致的细部处理上形成呼应和共鸣。公寓通过跃层的错动，形成丰富的天际线，钢、玻璃和木材等元素创造出简洁现代的效果，石材墙面和砖墙与落地玻璃和通透的阳台形成强烈的对比。

1 ~ 5 号楼为框架结构，对于跨度大的梁采用起拱的方法，减小挠曲，楼面为钢筋混凝土现浇楼板；6 号楼采用异型柱—短肢剪力墙结构；7 ~ 8 号楼采用异型柱—短肢剪力墙结构，异型柱每一肢的宽厚比控制在 2.5 ~ 5，短肢剪力墙的长度控制在 5 ~ 8 倍墙厚；上部结构设置抗震缝及收缩缝。

三层及以下商业建筑均采用市政直供，新建公寓采用集中变频恒压供水方式。对该地块的总体排水进行了改造，采用尽可能抬高建筑首层标高及总体场地上局部地块的地坪标高，增加明沟，放大管径，增加市政接纳口等手段以保证室内雨水及场地雨水的顺畅排出；采用了塑料窨井，避免了使用砖砌而带来的破坏黏土的副作用。

中科院上海药物研究所海科路园区

设计单位：华东建筑设计研究院有限公司

专业设计人员：王丹芗、武扬、凌虹、项玉珍、王宇红、刘晓丹、王达威、王伟宏、柳惠玲、王宜玮、郭俊倩、陈小平、吴纯

本项目位于上海市浦东新区张江高科技园区中区的中科院浦东科技园内，基地形状呈不规则形，总建筑面积 20762m^2，由药理实验楼、化学实验楼、实验动物中心、危险品库、餐厅、连廊等组成。

园区入口位于海科路，设置主、次两个出入口，根据新药研究及实验特点，次出入口设置为污物出口，实现洁污分流；药理实验楼与化学实验楼呈南北向排列，在获得良好朝向的同时，错落有致，满足均好的景观视野；考虑到整个基地与周边建筑的条件，将实验动物中心设置于基地的东侧，相对独立。

药理实验楼与化学实验楼之间，药理实验楼与实验动物中心之间根据工艺需要，设置连廊联系，其中药理实验楼和化学实验楼之间的连廊为一层，跨度 29m，药理实验楼和动物实验中心之间的连廊为二层，跨度 11m，两个连廊均采用钢结构，与药理实验楼、化学实验楼、动物实验中心以滑动支座形式相连；药理实验楼为高层建筑，其余建筑为多、低层建筑；主要三栋建筑四周均设环通车道，在功能上使用方便、高效；并在药理实验楼的北侧长边，东侧短边及南侧局部设置宽度为 9m 的消防登高场地。

外墙采用深色及浅灰色仿石涂料，深灰色铝合金断热型材双层中空玻璃窗；外窗与水平垂直遮阳板，丰富建筑的光影效果，同时在功能上达到综合遮阳节能效果。沿道路和地块边缘集中种植灌木、乔木、草坪。

药理实验楼的无菌室采用低速全空气净化空调系统，换气次数为 20 次 / 小时；空调机组为直接蒸发式净化专用机组，自带冷热源。实验动物中心一、二层为灵长类饲养间、实验室，三、五层为大动物饲养间、实验室，四层为 SPF 级动物房（小鼠饲养间、实验室）；对空气洁净度、气流组织、空气压差、空气流向，空气温湿度都有严格的标准和要求；其中一、二层为英国阿斯利康公司国际实验用房，建成后按其检测标准进行验收。

实验动物中心一、二、三层、五层动物实验室、解剖室等场所采用全新风定风量空调系统，实验室换气次数为 8 ~ 10 次 / 小时；各房间的温度单独控制，实验室、解剖室等重要房间均设带辅助电加热的可再设定的 VAVbox，定风量运行；四层 SPF 级动物房区

域采用全新风空气净化系统，空调送风采用单风道变风量系统，动物房内气流组织为顶送侧面上下排风，送风口采用高效过滤器送风口，净化等级为10000级，换气次数为10～20次/小时。每个净化空调系统设三级空气过滤，初效与中效设置在组合式空调器内，高效过滤器及电加热再热装置设置在送风VAV末端；每层各设一套排风系统，各房间排风末端也采用VAVbox，风机变频调速，根据控制压差调节排风量，维持压力梯度，风机一用一备。

压缩空气管采用不锈钢管，焊接时采用氩弧焊打底；压缩空气管道的环焊缝在外观检验合格后，对焊缝的内部质量进行抽检比例不得低于5%的射线无损探伤检验，外观检验和无损探伤三级为合格；压缩空气管及附件在安装前用工业洗涤剂进行脱脂处理。

由两路10kV独立电源供电，另设置一台1200kW柴油发电机=，作为重要科研工艺的应急电源；而对于应急疏散照明系统电源除提供市电和发电机组应急电源外，还设置EPS应急电源。低压配电每两台变压器的400V侧采取单母线分段中间加手/自动联络，电气联锁，平时分列运行，为提高功率因数和节约有色金属消耗，在各个变电所内变压器低压侧设置成套静电电容器自动补偿装置。采用一般照明、局部照明和混合照明相结合的方式。动物实验楼照明采用BA控制，动物饲养区采用调光控制，实现模拟日落日出自然环境照度变化。

苏州市中医医院迁建工程

设计单位：上海励翔建筑设计事务所
合作设计单位：美国 CMC 建筑与规划事务所、上海源涛机电工程设计事务所、上海长福工程结构设计事务所

主要设计人员：陈励先、陈鸥翔、马天翼、洪贇、顾文超、沈鉴、李以炘、扶长生、应俊、李静、姚莉娜、单臻、倪铭文、楼遐敏

本项目位于苏州市沧浪区，用地面积 38792m^2，总建筑面积 87023m^2，建筑高度 91.8m，地上 21 层，地下 2 层，由住院部和急诊医技楼组成。

建筑群采取医技科室为门急诊、住院部资源共享的布局，大大避免了医疗设备重复设计的弊病。将门诊病人流线设于弧形中庭的内环，采用中心发射形到达门诊各科诊室，缩短路线。各部门之间设置庭院，绝大多数用房均有自然采光通风的条件，在春秋两季可不开中央空调，节约日常运转费用。采用弹性病室设计，当病人数超负荷时 3 床可加至 4 床 / 间，并在部分 3 床 / 间设置了 4 个设备带插孔，杜绝病床加至病区走廊中的现象。

整个布局中穿插了 6 个庭院，室内外通透、交融，使用效果很好。内部则以"一卷"中医经典书籍的大幅雕刻装饰于门诊大厅上方墙面；门诊诊室亦体现中医氛围，使整个建筑含有深层次的内涵。在基地东南角狭小地带布置中草药百草园，以百余种挂牌中草药植物呈现苏州园林风格，以衬托中医医院的氛围，患者与家属可

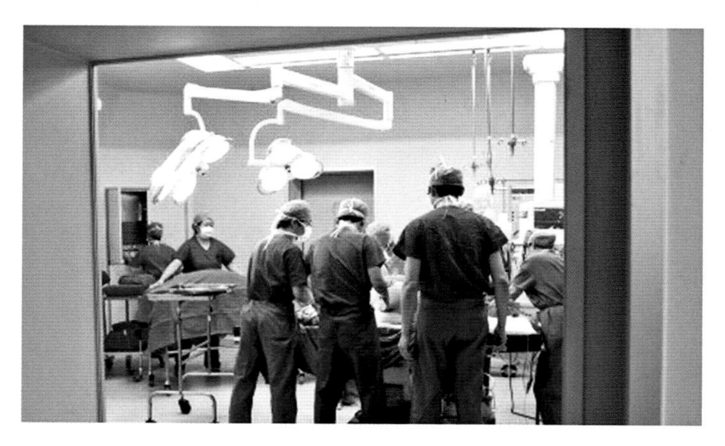

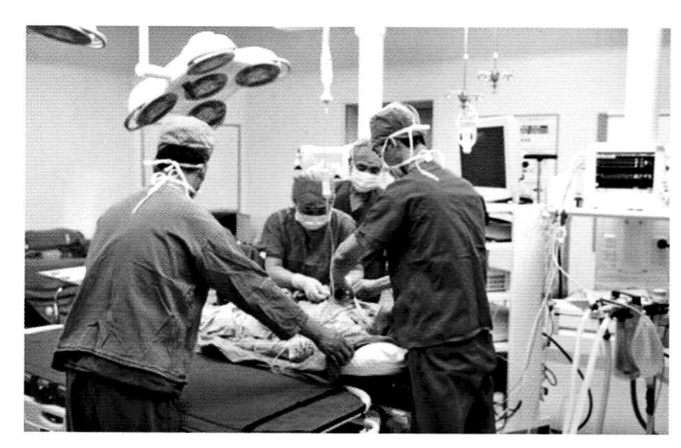

在百草园中漫步并认识各种中草药植物及其功效。

立面采用组合幕墙，除天井屋面玻璃采用点支幕墙外，其余为框架幕墙；金属幕墙装饰板由铝板加工制作，装饰板表面氟碳喷涂处理，石材采用花岗石，表面镜面处理并涂刷保护剂。

桩基础采用预应力管桩，基础采用桩－筏和桩－承台－筏板结构形式，为现浇钢筋混凝土框架、框剪结构；裙房采用框架结构，主楼和裙房间设置抗震缝。主楼左侧核心筒外凸，剪力墙体与楼板连接薄弱，协调变形的能力需要深度分析。

给水系统采用合理的竖向分区，利用市政水压；冷水系统三至六层由变频泵供水，其余采用加压泵－屋顶水箱－分区减压阀联合供水。采用城市热网供应的热媒，热水供应设干、立管循环系统，循环管道同程布置；热水管道和换热设备选用性能优良保温材料，确保有效的保温厚度。

根据中医院的特性，空调分为两个系统。采用蒸汽双效溴化锂机组＋城市蒸汽管网供热；采用冷（热）四管制，其冷（热）源采用空气源热泵。严格控制院内通过空气流动而产生交叉感染，采用自然＋机械送风和机械排风结合的方式。

由市政引入两路 10kV 独立电源供电，正常时两路电源同时使用，互为备用。其中任一路高压电源失电时，另一路能承担整个大楼的全部一、二级用电负荷；对部分有计算机和生命救助的不能中断供电的场所，设置 EPS 或 UPS 不间断电源，作为应急备用；照明采用放射式和树干式相结合的配电方式。医院一卡通系统，实现无纸、无胶片和无线网络的数字化“三无”医院的；采用一台微机通过 TCP/IP 网络对整个门禁系统进行网络化监控；智能化系统中高新技术的充分运用，实现以人为本的优质服务，同时节能、环保、降低了人工成本，提供了高品位的人文环境。

天津师范大学体育馆

设计单位：同济大学建筑设计研究院（集团）有限公司

主要设计人员：江立敏、潘朝辉、姚震、高健、周鲁敏、吴成万、陈旭辉、高善通、周翔、胡军、葛敬元、薛海峰

本项目具有高校体育馆与全国性比赛馆的双重特点，定位为乙级体育建筑，既要满足的全国性单项比赛的各种技术要求，又要兼顾学校服务教学、集会演出、经济运营的长期需求。总建筑面积 13110m^2，建筑高度 21.75m。其特点如下：

（1）注重功能、实用高效的平面布局。采用方正平直的平面布局，分为比赛馆与训练馆两部分，中间含一个的狭长内庭；比赛馆内场可同时布置两个篮球场地或一个手球场地；固定看台三面布置，活动看台四面布置。在篮球场地的长向一侧的活动看台下布置 22m×8m 机械升降舞台；当该侧活动看台收起后可以升起舞台，形成三面围合的剧场模式，用于集会和演出；看台、机械升降舞台等成熟技术的应用，实现不同使用功能之间的无缝切换。

训练馆两层，一层为运动员用房和训练用房，二层为训练馆，可同时布置一片篮球场和两片网球场。在 1.3 万 m^2 的总建筑面积内，共提供 3710m^2 的体育活动场地，包括三片篮球场、两片羽毛球场、若干形体训练室等，平面利用率较高。

（2）平实精致、表里如一的整体造型。外部造型简洁有力、不张扬；外部形体是内部空间的如实反映；在恰当的尺度下展现精致细节的美，外观兼具体育建筑与校园文化建筑的特点；通过刚正平直的建筑形态塑造和现代简洁的造型语言，体现体育建筑的雕塑感和力度美；通过折形窗、遮阳百叶与幕墙的结合、石材幕墙的划分刻画等细节，展现校园建筑朴实耐看、

实景照片

富于人文气息的一面。

（3）建筑形式与结构构件相结合的细部设计。大跨建筑的结构构件也是建筑的形式特点；比赛大厅屋面三管桁架与采光天窗整合设计，通过天窗撒下的光线突出了虹形桁架的力度美；天窗下设半透水平电动遮阳帘，满足自然采用和反眩光要求；同时把马道也整合到三角形的钢管桁架内，并采用看台座椅下送风形式，使得室内屋顶没有风管与马道等构件干扰，更为纯净。

训练馆跨度 21m 的屋面采用钢筋混凝土井字梁的形式，在内装时特地强化这种方形的韵律感；二层 U 形休息厅采用“7”形钢架与主体大厅结构相连，在该结构性框架基础上设计折形玻璃幕墙与轻钢屋面，结构比较轻巧，并突出了结构构件的韵律美和材料的表现力，起到了较好的观感效果。

（4）注重自然通风、采光的室内环境设计。体育馆虽设有中央空调系统，但更注重自然通风采光设计，符合学校长期经济运营的要求；总体布局设有狭长内庭，有效延长建筑采光线，增加通风开启窗；对于比赛大厅与训练馆两个大厅，都采用电动高侧窗的设计，利用高大空间的拔风原理促进室内空气流通；比赛大厅在场地上空设置了四条采光带，下设电动遮阳帘；训练馆南侧设有大片玻璃幕墙和遮阳百叶，有效控制眩光与室内的光环境，日常使用利用日光，可不依赖人工照明。

上海交通大学医学院附属瑞金医院（嘉定）

设计单位：上海励翔建筑设计事务所
合作设计单位：上海江南建筑设计有限公司

主要设计人员：陈励先、陈鸥翔、马天翼、林平昭、洪赟、李佳旻、刘小辉、刘勇、单臻、李静、倪铭文、姚莉娜

本项目位于嘉定，总建筑面积 72000m^2，建筑高度 50.45m，地上 9 层，地下 1 层；规模为 600 床位，日门诊量 3000 人次。

医技科室居中布置，为住院、门急诊范围，医疗街联系各部，减少病员的往返。

设计特点：航空港式的医疗街布局，如同“登机口”的各科室指示牌，将各部位置标示得一目了然；医患分流的门诊诊室布置，在提高诊疗效率的前提下，可缓解医患纠纷带来的被动；挂号收费、取药处，患者均可在座椅上等候叫号，不必站着排长队，一站式付费自助机更方便了患者；门急诊输液采用物流小车运送药品，以保证其洁净、安全；病区护士站以隔断开敞式的分置护士服务站与医师医嘱操作区，提高医护工作效率；普通病室 4 床 / 间通透明亮，并设有折叠陪护椅，白天可收起，保持病室整洁；特需病室 2 床 / 间的设备置于一幅油画的后面，不用时可收起；为病人洗浴时的安全，病室卫生间的淋浴地面设置两次排水，始终保持地面干燥、清洁；病区中还设置一间专为重病患者使用的助浴间；每个病区走廊在管道井的位置，均设置一个随时可洗手的水盆，以尽

可能减少手部之间的交叉感染。下沉式广场使地下室餐厅如同地上一般，可直接对外采光通风，气候好的时候可在室外用餐，并有假山、金鱼池的景观；医疗街上设有便民的罗森超市、海里斯咖啡厅，为病员提供人性化的服务；每个病区均有医护的茶歇间，改善医护的工作、休息环境。

外墙改变过去玻璃幕墙的饰面所带来的不安全因素，采用仿真石涂料，降低了造价。

高层建筑采用框架－剪力墙结构，多层建筑部分为框架结构；在地上的各部分通过设置抗震缝将其分为裙房一区、裙房二区、高层三区、高层四区等 4 个单体；由于高层建筑与多层建筑荷载的差异造成基础底板沉降不均匀，采取在靠近高层主楼的多层建筑区域位置设置一条 800mm 宽沉降后浇带以减小沉降差对结构的影响，沉降后浇带处钢筋采用搭接接头。针对医疗建筑楼面荷载普遍较大，采用轻墙体材料隔断，双层双向配筋。

室内采用水池－变频加压泵组联合供水方式；空调在主楼屋顶设置了带热回收装置的风冷热泵，常年可提供 400kW 的热量，热电联供设备常年可以提供 485kW 的热量。

根据综合医院特点空调分为三个系统。舒适性要求的空调采用冷水机组＋锅炉；净化要求的空调采用冷（热）四管制，其冷（热）源采用能热（冷）回收的空气源热泵；医技及部分实验室区域空调采用带热回收的变频多联机（VRV）系统。为了提高抗空气中的病菌感染与交叉感染的能力，在回风口设高压静电空气消毒过滤器。

由市政引入两路 10kV 独立电源供电，正常时两路电源同时使用，另设独立应急柴油发电机作为部分一级负荷及一级负荷中特别重要负荷的应急电源，对部分有计算机和生命救助的不能中断供电的场所，设置 EPS 或 UPS 不间断电源，市政电源断电，应急柴油发电机组启动前的不间断电源，以此来保证供电的可靠性。另在主楼外设置热电联供机组，且热电联供机组与市电网 1 号变压器并联运行。

上海音乐学院改扩建教学楼

设计单位：同济大学建筑设计研究院（集团）有限公司

主要设计人员：徐风、吕晓钧、马长宁、周韵冰、陆秀丽、金章才、奚震勇、李鹰、赵晖、周鹏、程青、程贵华

上海音乐学院创建于1927年，是一所历史悠久、享誉海内外的音乐学府。本项目位于汾阳路校区，教学楼总建筑面积24700m^2，其中地上建筑面积14526m^2，地下建筑面积10174m^2。

新建教学楼建筑平面以相对完整的三个建筑组团沿汾阳路西南－东北斜向展开，南北长约118.3m，东西长约45.8m；每组形态由一个靠近校园内部的"L"形体块和一个沿汾阳路底层架空的1/4圆弧体块构成，三个组团间以连廊相接；组团式的设计使得整栋建筑无论从校园内部还是汾阳路角度观看，都能形成错落的韵律和节奏，同风貌保护区内的其他小体量老建筑达成了协调的对话关系。

由于地处历史风貌保护区，规划对建筑高度有严格的限高要求，沿街低于15m，校园内部低于18m；为了在有限的建设用地内提供更多的使用面积，采用了错层的平面布局形式；靠近校园内部的"L"形体块采取4.5m的层高，共4层，内设大空间的公共教室；沿汾阳路1/4圆弧体块采取3m的层高，底层架空，上部4层，内设小空间的琴房，对应着每一个圆弧形琴房的内部设置一个绿化休憩庭院。三个组团之间的两个连廊底层设置画框式大窗，分别正对校园内另外

两栋重要建筑物——高层教学楼和贺绿汀音乐厅的主入口。通过下沉广场的设置充分利用地下空间；将沿汾阳路地下一层设为音乐家沙龙，通过下沉广场和城市空间连接，为城市创造出一片以音乐为主题的城市开放空间；校园内部的地下空间设置报告厅、打击乐教室和现代乐教室等一系列要求安静环境或本身会产生比较大声音干扰的功能房间，特殊的房间采取橡胶隔振垫进行隔振。

外立面造型利用通长的隐框幕墙式凸窗和浅黄色石材墙面的错落布置模拟黑白琴键的形态意象，表现音乐的跳动和律动。

南楼与地铁 10 号线相遇，建筑物南侧直接坐落于地铁线之上。沉降须控制在 20mm 以内，基础采用桩承台 + 梁板式筏板基础，加强基础刚度、调整基础形心等措施，使建筑物满足强度与沉降控制要求。桩采用直径为 700mm 的钻孔灌注桩，以⑦ 2 粉细砂为桩端持力层。为方便 10 号线在建筑物下顺利通过，桩布置在地铁盾构两侧，并离开盾构边 1.8m，桩的承载力作一定程度的折减，桩的中心距为 10m；上部结构采用转换大梁，转换大梁由两侧的桩承台支撑。

圆弧体块采取 3m 的层高，底层架空，内设小空间的琴房；琴房对外部振动比较敏感，尤其是临近的地铁 1 号线及 10 号线，结构上采取降低板面标高并在板上铺设橡胶隔振垫以减少振动，通过二层以下的四根框架柱进行托换，转换大梁采用有粘结预应力大梁，断面尺寸为 2200mm × 950mm，满足了建筑净高、强度和变形要求。

地下一层至地上二层生活用水由校区市政管网直供，地上三层及以上采用变频恒压供水设备供水；下沉广场的雨水采用排水沟和集水井结合、集水井与建筑设计相协调的方式，由潜水排污泵提升排出至室外。

由两路 10kV 常用电源引入，每路均能承担所有二级负荷；对重要场所的照明以及走道应急照明，由灯具自带镍铬电池作后备电源，以确保供电的可靠性；照明光源以 T8 直管形荧光灯、紧凑型节能灯为主。

上海漕河泾现代服务业集聚区二期（一）工程

设计单位：上海建筑设计研究院有限公司
合作设计单位：（株式会社）日本设计

主要设计人员：茅晓东、冈本尚俊、金波、石川周一、刘浩江、盛小超、王文霄、刘艺萍、和文哲、高志强、朱南军、朱文、段后卫、陆文慷、倪轶炯

本项目用地毗邻虹桥经济技术开发区和城市副中心——徐家汇，是以现代、时尚、生态、高科技为概念特征的商务办公区，整个基地面积 194106m²，分为五个区。本次设计范围为其中的总部区，位于用地西侧，占地面积 58383m²，建筑面积 158691m²，包括六栋独立的 8 ~ 16 层高层办公楼和一栋 3 层会议中心；设 1 层地下室，用作机动车库、设备用房及整个地块的区域能源中心。

设计理念追求高层建筑的地标性和群体建筑的统一性，通过简洁造型保证合理功能，鲜明的流线烘托出现代的氛围；个性鲜明而具有良好统一感的造型，与聚集了高档商务楼的总部基地相匹配；足够的建筑间距保证了良好的室外环境以及从窗口眺望的视觉景观。

构筑地下空间网络，步行空间连接下沉广场，空间变化丰富；总部基地的下沉式广场为午休的人们提供安逸的休息场所。充分利用自然能源，自然换气，自然采光和雨水利用，考虑采用太阳能新型节能技术；能源中心的设置实现了能源的集中供给。

总部办公楼设置在基地的西侧，与会议中心以及能源中心区之间保持一定的距离，营造出宁静的商务环境。会议中心中央的立体人行通道，将二期一和二期有机地连在一起；基地西侧设置总部办公楼 6 栋，

围成庭院的形状，并保持适当的栋间距；基地的中心部设置中庭，形成办公人员的休闲场所；中庭东侧与步行连廊联系在一起的部分设置下沉式广场。

为了实现安全舒适的都市环境，采用人车分离的方式设计人行流线；地面1层在基地外侧设置机动车道，基地内侧结合绿地设置步行通道；在2层标高设置立体人行通道，在地下1层设置地下步行通道，尽量避免车辆与行人的交叉；沿立体人行通道和地下步行通道设置楼梯、电梯等垂直流线，形成立体的空中回廊。

入口设置在各建筑南侧或西侧，采用环岛型道路设计，方便车辆停靠与通过。入口大厅面向中庭，具有强烈的开放感，从室内可以感受到自然。在确保一层有充足的层高的同时，将一部分作为二层挑空空间，营造出与总部办公楼风格相适应的内部空间。

办公楼立面为了营造出多样化的景观，采用几种特征鲜明的幕墙，然后通过幕墙的组合以及建筑物的体积和平面形状的变化，营造出丰富多彩、和谐的景观。

技术特点：工程为高密度的建筑群体，立面都以玻璃幕墙为主，也给节能设计、光污染、防火、安全、清洗维护带来一系列问题。采用了如下措施：玻璃幕墙选用的中空 Low-E 玻璃，可见光反射率不超过 15%；采用 8mm+12A+8mm 中空 Low-E 玻璃；增加中空玻璃空气层的厚度；型材的室内外侧之间设置隔热垫片；层间玻璃采用单片玻璃，后置 35 厚聚苯板。

桩型的选择：勘测认为根据目前市场设备能力及同类工程沉桩经验分析，桩基持力层选择⑦1层，且进入⑦1层深度不宜大于 3.5m。场地内由于古河道的分布，进行补勘，得到了较准确的的分界线。优化后提出的桩基参数能够满足设计要求，实际 PHC 桩的沉桩效果良好。

超限处理：各办公楼高宽比均小于 4，长宽比均小于 3，超限情况均为二层平面开有大洞，使结构楼板有较大削弱。设计合理布置剪力墙数量，加强洞口周边梁和柱等措施，楼面结构采用井字梁布置形式，开大洞楼层的楼板厚度加大至 150mm。

本项目有 2 路 35kV 市政电源，1 台应急发电机，10kV 变配电所分别设置于 7 处，变压器采用环保节能的 SB10 型干式变压器，具有低损耗、低噪声的性能。

上海静安区 54 号地块（华敏帝豪大厦）

设计单位：华东建筑设计研究院有限公司

主要设计人员：陈红、安娜、陆道渊、陆益鸣、方伟、王华星、张晓波、柯宗文、哈敏强、崔岚、沈冬冬、蔡昶、曹金兰

本项目位于上海市静安区 54 号街坊，由南北两地块组成，分一期和二期。一期由办公、酒店组成的主体塔楼及由餐饮、入口门厅组成的裙楼组成。总建筑面积 181283m^2，地上总建筑面积 114842m^2，容积率 4.0。地下 4 层，地上 60 层。其中裙房 4 层为餐饮会议，塔楼四至二十八层为办公，二十九至五十三层为酒店客房，五十四至五十七层为总统套房及俱乐部，塔楼部分另有三个避难层。是集超豪华酒店、餐饮、娱乐、会议与高级办公于一体的现代化多功能大厦。

主楼沿北京路方向布置，建成后对北侧已有住宅的日照影响降至最小范围；裙楼沿西侧规划道路布局，便于机动车沿规划道路进出；酒店的入口大厅沿北京路设置于裙房与主楼之间，加强了主、附楼的视觉和空间联系；留出主楼建筑东侧、北侧大片绿化，利于景观设计；集中绿化主要设于基地的东侧和北侧。

主楼标准层平面根据日照分析选用两端层层收进，中间大，近似腰鼓状的平面布局。核心筒置于中间，外围一周为房间，四周每间房间均为方正，平面利用率较高；将核心筒一分为二，创造出一个中庭空间，使酒店客房各层串在一起，气度雄伟，富丽华贵；大堂中庭部分设于主楼和裙房中间，裙房部分采用与主楼分开、回廊连接的办法，丰富空间效果。

沿北京路设一个机动车出入口。办公入口门厅设于主楼东侧，面向小区绿化，车人流沿北京路入口进出；酒店大堂入口设于沿北京路一侧；地下车库出入口设于酒店入口的西侧。酒店员工入口门厅设于裙房北侧，酒店、办公货运出入口设于北端，由江宁路出入口进出，由地下车库出入口进入地下一层。后勤停车、酒店临时停车均设于基地北侧停车场。

立面以竖向线条为主，简洁精细。以香槟色铝板竖向分隔与淡绿色玻璃相间交错，基座部分选用与铝板颜色相应的石材，以增加建筑的庄重感；竖向线条在顶部处理层层收进，配以竖向金属构件，在阳光下面闪闪发光，加强了建筑的整体效果，淡化了顶部的体量感，使整个立面的处理与周围的商业气质相吻合，并具有一定的现代感及标志性。主楼除西侧附设酒店共享中庭外，其余三面直接落地。外墙由石材、玻璃及铝板综合组成；玻璃选用中空玻璃，石材、铝板内侧加保温棉；房间布置基本沿外墙设置，增加自然采光；标准层窗户均有可开启部分；外窗开启部分设于水平分隔线下方，使立面窗扇在开启时不至于零乱，增加立面的整体性；立面的竖向分隔可起到竖向遮阳作用，减少能源消耗；底层开启门均设有门斗。

结构采用钢管混凝土框架 +3 道加强桁架 + 混凝土核芯内筒混合结构体系，外围框架柱结合建筑分别采用型钢混凝土柱和矩形钢管混凝土柱；核心筒具有足够的承载力和延性，在核心筒角部设置上下贯通的型钢，部分连梁设计成钢骨混凝土梁；避难层和设备层各设置三道贯通核心筒的横向斜腹杆加强桁架，在加强桁架贯通的剪力墙上下一层内设置交叉钢筋暗撑。

给水系统采用市政直供、变频泵直供和屋顶水箱分区供水相结合的方式，大楼内办公和酒店分系统独立供水；室内酒店客房为污、废分流，雨水均为重力流排水；办公和酒店因使用时间不同，采用两个完全独立的冷却循环水系统，便于管理和计量；室内消火栓和自动喷淋均为临时高压系统，室内消火栓和自动喷水灭火系统均采用直接从市政给水管上吸水的水泵串联 + 各分区减压阀减压供水方式，屋顶设有各自增压设施，消防泵组均设置定时低频自动巡检装置。

实施二路 35kV 电源供电，共设六组 12 台变压器；消防负荷电源由两台 1250kW 柴油发电机提供，作为应急电源；采用放射式和树干式相结合的供电方式；对重要用电设备和大容量用电设备，采用放射式供电方式；空调系统采用树干式供电方式。

中国银行上海分行大楼修缮工程

设计单位：上海章明建筑设计事务所、上海建筑设计研究院有限公司

主要设计人员：章明、沈晓明、左黎、邱致远、徐雪芳、蒋明、干红、王连青

具有70余年历史的外滩中国银行大厦位于中山东一路23号，为全国重点文物保护单位，是外滩历史建筑群中体量最高，且是唯一一栋由中国建筑师主导设计，并具鲜明中国传统特征的装饰艺术派建筑。修缮后既全面保护了文物建筑的原状，同时又在其中植入了与时俱进的现代银行功能。

外立面的保护设计创新地使用文博专业的修缮方法，运用拓显、粉层剥离、修复、保护等专业修复技术，重点修复了东立面正大门上的孔子周游列国石质浮雕，使文物建筑的整体性和价值得到较大提高。北立面中部清水实心砖墙，从墙内侧灌注压密砂浆，在保护文物原状的前提下，提高了结构的安全性能。正大门两侧，按文物原状恢复了一对看门吉祥物狴犴。修缮后的主楼挺拔，裙楼舒展，气派卓尔不凡。主建筑尺度浑厚，细部精美，仪态庄重，修缮后的攒尖屋顶，无边福禄，深蓄文化底蕴。

室内设计实行文物建筑的历史保护，一层营业大厅是本次修缮工作的重点，又是破坏最严重的区域之一。设计原状保留了16根八角形大理石立柱、拱形顶棚、东西两侧铜质门楣和平弧形天顶上的铜质雕塑

件。地坪及墙面以同样的历史材料，用现代的石材分隔方法进行恢复，协调且美观。可识别性的对大堂夹层的立面改造和“银行超市”功能设计的理念均是设计的独特创造，实现文物建筑功能更新。

二、三、四层东楼大厅原样保留了保存完好的地面墙面大理石、雕梁画栋和天花中式图案浮雕式石膏线脚和二层大厅的大理石接待矮柜，并使其呈现了一种质朴的高贵。

二、三层高级办公室按原样恢复了初装修时精美的木装修，原样保存了历史原状的卫生间和墙地面瓷砖。重点保护了沪上难得一见的原铜制呼唤装置和墙上挂式铜质温度计，按原样修复了天花处彩色的雕梁画栋。

东主楼塔楼部分和西楼其他办公部分设计保护了其精湛的水磨石施工工艺，质朴大气的钢制栏杆，踏步口有凸出的金刚砂防滑条，以及水磨石墙壁。

修缮后的室内空间集中体现了中西合璧的艺术手法，装饰细部独具浑厚精湛的艺术风格，建筑色彩呈现了粉黛典雅的装饰理念，中式云纹、竹节纹、如意纹样都凸显了中国深厚的文化底蕴，体现了中国悠久的传统和吉祥的寓意。修缮后的裙楼屋面环境整洁，屋顶设备遮蔽立面形象完整。

本设计构件加固分别针对柱、梁、楼板及密肋楼板分别采用不同的方式进行。对原结构型钢组合梁及密肋梁的加固方法，会同同济大学进行了专项承载力试验。柱承载力不足或露筋严重采用外包角钢加固。梁承载力不足或露筋严重采用粘钢或粘碳纤维布加固。原密肋楼板采用先修复后粘贴碳纤维布加固。

对板底钢筋保护层脱落的区域，对板底钢筋进行除锈，采用环氧砂浆补平保护层。对局部区域外墙裂缝并出现渗水情况时，应对裂缝进行封堵，对外露的柱脚底板进行除锈处理，对外墙部分区域保护层脱落或混凝土疏松，进行清除后采用环氧砂浆进行补平。对部分钢柱混凝土保护层出现竖向裂缝，采用压力灌浆进行封堵裂缝，当保护层完全脱落，采用环氧砂浆进行补平。

对原大堂底层、二层高空间，其柱长细比较高且轴压比较大的状况，修缮采用粘贴碳纤维布加固形成套箍作用，提高其承载能力及抗震延性。

为配合电梯设备更新及电梯加层，对电梯井道、机房等部位进行了一定的修复。对厨房、变电所等荷载较大区域的加固，结合其使用情况，充分利用现有条件，降低因加大截面高度对使用的影响。

屋顶设备中心的布局，是本次修缮设计的创新。隐蔽的机电管线设计既满足了现代使用功能的机电要求，又符合保护的设计原则，屋顶设备布置尽量不影响立面，风口布置不破坏原有布局，尽可能保留原有的管道竖井及管道走向。喷头布置、消火栓设置及各系统管道设计配合建筑装修专业，满足恢复建筑原貌的要求。

上海南翔镇丰翔路 3109 弄地块项目

设计单位：上海天华建筑设计有限公司

主要设计人员：童琳琳、卫鹏晋、陈海涛、曹祯、张健、罗方田、邵志英、阙尤珍、叶笛、白雪、顾航宇、陈邢、黄汉均、周川

项目位于上海市嘉定区南翔古镇，总用地面积 61102m^2，综合容积率为 0.45，绿化率 40% ，为独栋别墅和院墅，共 92 户。

总体规划中，小区主要的车行道沿路均规划了一些开放与半开放的绿地，使居住人士回家的主要流线上的景色各有不同，丰富的视觉享受一直延续到家门口，淋漓尽致地体现了住宅区的精致与高雅。同时，这条主要道路串联起了若干个不同规模的别墅住宅组团，道路级别井然有序。

住宅房型通透大气，采光通风好，功能分区明确，做到了舒适、美观、有效相结合。通过合理的中式合院布局环抱围合的建筑平面设计，围合而封闭的院墙为住户提供良好的私密空间，疏密有致的绿化布置提供了互为渗透的景观。院墅产品将四户合为一院，使其既拥有半私密性质的入户情景花园，又拥有各呈生趣的私家院落。

立面设计灵感来自于赖特典型的草原风格建筑，采用丰富、和谐手法，通过高低错落的坡顶、疏密有致的节律，塑造出丰富的立面形态，在明朗中不

失亲切。

院墅的地下室与地下车库连成一体，地库的底板、顶板与院墅单体的底板、顶板各存在 1m 左右的高差，交接面结构处理较复杂。地下车库长度超长，对超长部分中间设伸缩缝断开或隔 35 ~ 40m 设置一道施工后浇带，减少混凝土收缩带来的影响。为了不影响地下车库的使用功能，院墅单体局部柱子无法下落到地下室，在地下室顶板需做转换，竖向构件不连续。院墅单体的上部结构平面不规则，楼板尺寸变化较大，在楼板连接薄弱处设抗震缝断开，形成多个较规则的单体，并采取相应的抗震加强措施。

供配电采用Ⅳ型站和箱变环网供电，Ⅲ型站和箱变接近负荷中心，住户干线采用预分支电缆，低压配电间利用地下室空余空间。住宅设置一拖多的变制冷剂的空调系统，空调的制冷剂采用环保型。生活给水采用市政给水，地库设计一套共用消火栓及自喷系统。

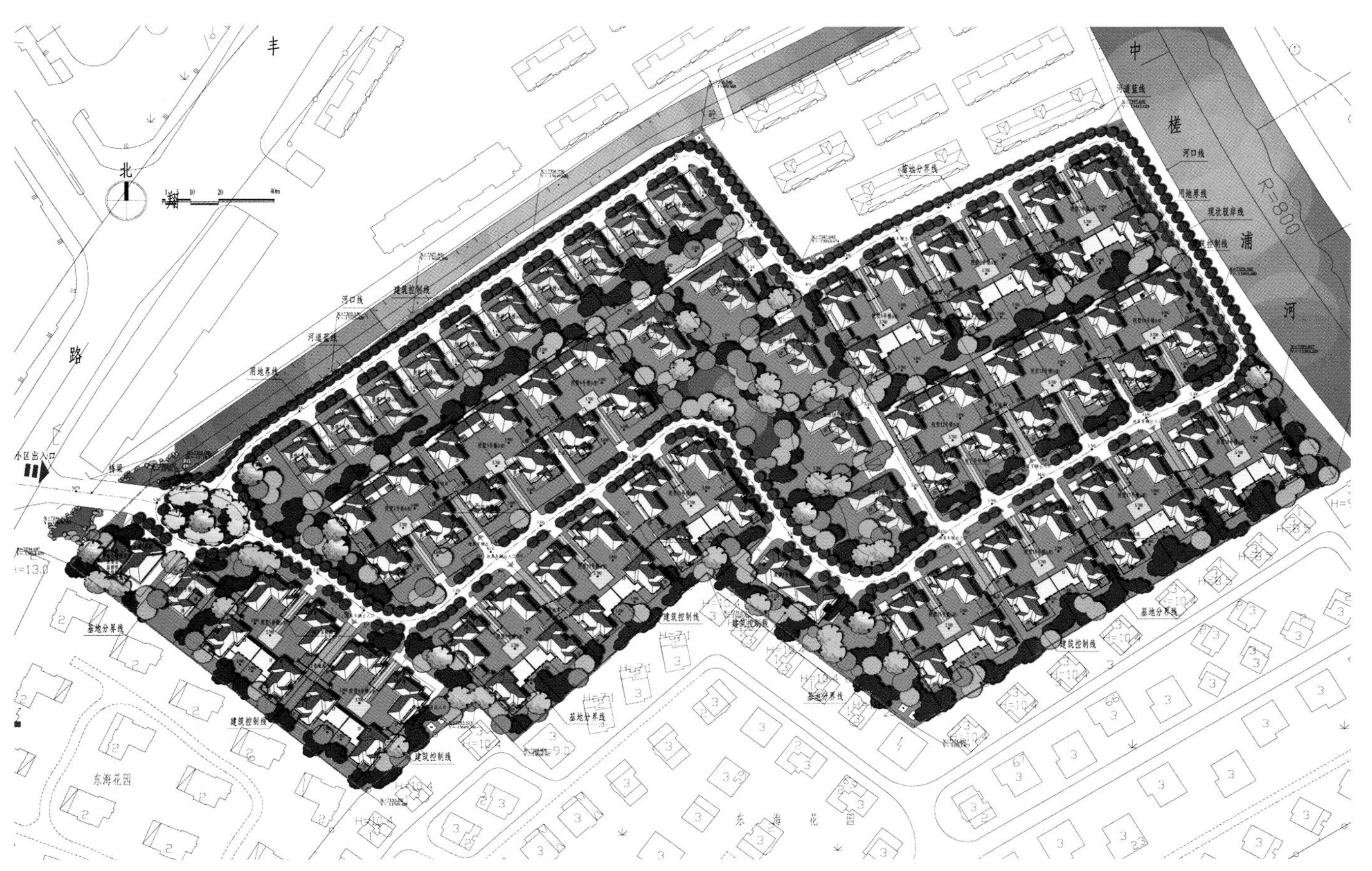

上海杨浦新江湾城 B3-01 地块经济适用房项目

设计单位：上海中房建筑设计有限公司

主要设计人员：朱亮、濮慧娟、张立、王卉、卫青、罗永谊、周春琦、周延阳、柏培峰、钱伟

项目位于上海市杨浦新江湾城国秀路、国江路，由 15 ~ 18 层为主的高层住宅组成，形成“南低北高，东低西高”的格局。综合容积率 2.33，绿化率 30.0%，总建筑面积 18.50 万 m^2

住宅设计按照经济适用房的统一要求，户型面积分 45m^2 左右一房、65m^2 左右二房、80m^2 以下三房三档设置。房型经济实用，动静分区明确，合理控制套型面积，并在满足现行规范的同时实现全明设计。

建筑造型设计考虑到周边建筑的风格与品质，采用新古典风格，整体面砖及玻璃栏板等材质使立面大气稳重，极具品质感。南北立面的顶部均作了重点处理，跌落的形体凸显了挺拔的气势，局部的切角又增添了一份优雅。

在国秀路分别设机动车主入口与次入口，在国江路设形象入口（步行入口），同时兼消防紧急出入口。停车采用地面与地下相结合的方式，住宅机动车停车位按户均 0.5 辆设置。汽车库设两个双车道机动车出入口，出入口设在小区主干道上。

住宅 2、3 号房底层、二层北侧沿街设商业用房，南侧布置配套公建用房，10~13 号房东侧贴邻设置一

层商业裙房，并占用与之相邻住宅的底层作为商业办公用房，10~12 号房底、二层局部设小区物业用房；3 号房与 10 号房间沿街裙房为小区菜场。

住宅（部分带一层地下室）均采用剪力墙结构，局部大开间上有隔墙的楼板相应加厚，梁尺寸一般为墙厚 ×360mm；设置抗震缝，将层数相差较大或超长的住宅分为两个独立单元，缝净宽 200mm。一层地面设配筋刚性地坪；一、二层附带跨商业用房，层高 4.2m，剪力墙加厚以满足截面尺寸及上下层刚度比要求。

建筑外墙采用胶粉聚苯颗粒保温浆料外保温系统。平屋面采用挤塑聚苯板及加气混凝土找坡层相结合的保温措施。给排水分区合理，选用高效率节能型水泵，水泵工况选在水泵性能曲线的高效段。住宅建筑除电梯厅外的楼梯间、公共走道照明采用节能自熄控制装置。所有通风设备均采用高效节能型产品。地下汽车库每台诱导风机上设有污染物质感应探头，与智能型诱导通风系统联动。

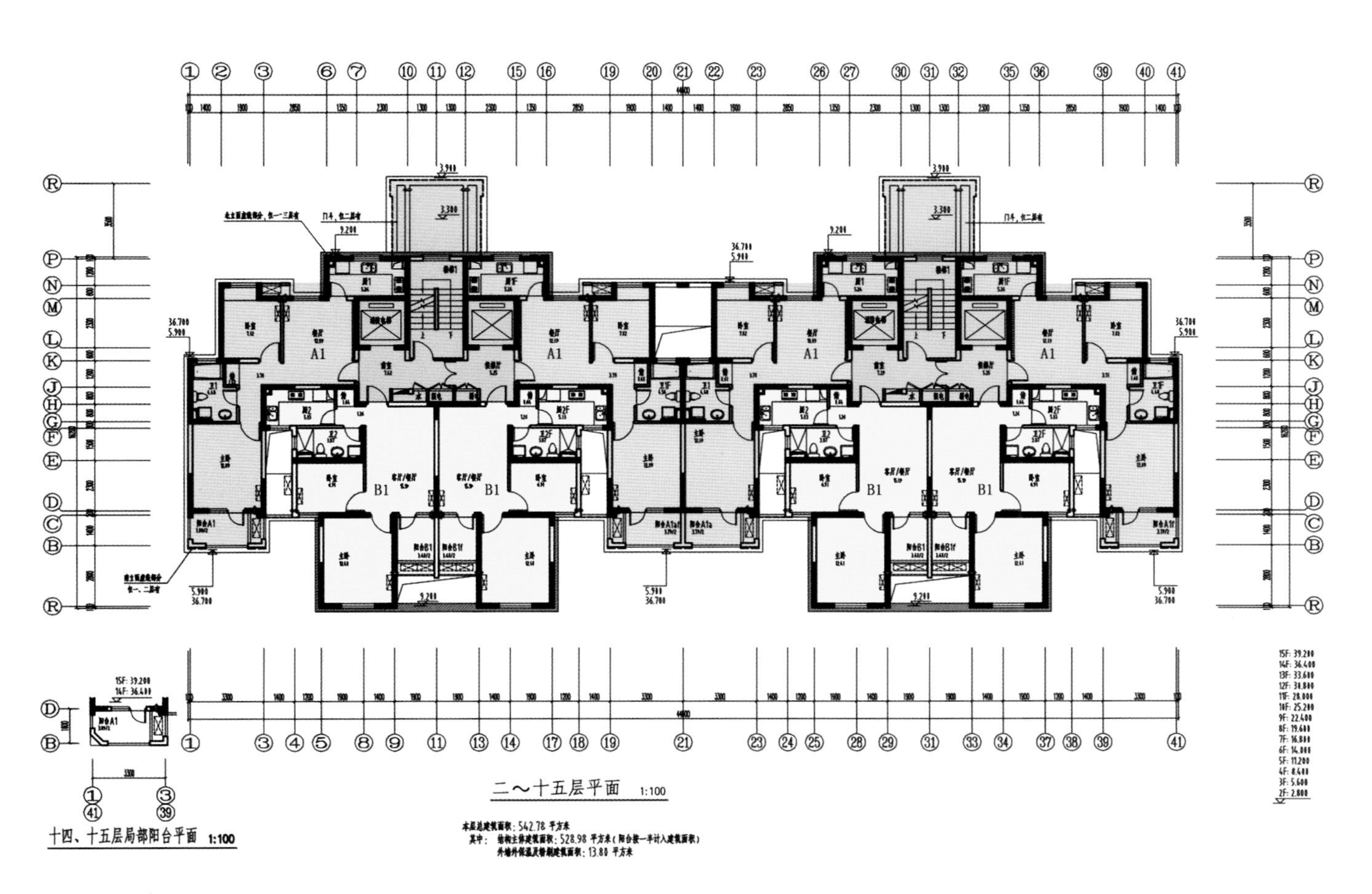

浙江富阳万科富春·泉水湾三期悦山苑

设计单位：上海中房建筑设计有限公司

主要设计人员：陆臻、黄涛、刘全、李凌、张力、王兆强、焦满勇、杨光、李旭东、蔡炜翔、奚云、柏培峰、黄海文

该项目位于浙江省富阳市郊黄公望国家森林公园南麓，基地内北侧地势较陡，南侧较为平缓，三期用地面积 6.9hm^2，总建筑面积 2.41 万 m^2，其中地上建筑面积 1.59 万 m^2，容积率为 0.231，绿化率 35%，为地上 2 层、地下 1 层的高档别墅。

别墅设计借鉴了中国居住建筑的特征，利用宅内不同标高形成了四重院落的空间形态，即前院、核心主院、侧院以及后院。前院作为主要入口空间，起到内与外、私密与半私密的过渡；以水景为主题的核心主院，由起居室、餐厅、家庭室等家庭共享空间围合而成，是家庭生活的延伸；侧院由建筑与院墙围合而成，在狭长的空间中充分利用借景手法，让人感受到曲径通幽的意境；后院与地下室外部的庭院则提供了一处宝贵的静谧独处之所。建筑在造型方面汲取了传统木构建筑的一些特征与元素。同时，也使用了一些当地传统的材料。

采用框架结构，框架抗震等级四级。因本工程地处山麓沟谷区域，场地属丘陵坡地地貌，且建筑物沿山坡布置，同一幢别墅基础座于不同标高。部分别墅由于持力层较深，有较厚杂填土，拟采用人工挖孔桩基础，桩基持力层为③ -1 含角砾粉质黏土及③ -2 粉质黏土夹碎石，桩长根据持力层深度而定。部分别墅持力层较浅，采用天然基础，基底标高根据传力扩散要求放台阶并尽量浅埋。由于各号房间

存在较大高差，根据人工切坡高度，设置挡土墙，以保证土体稳定。

设计中利用自然条件，在资源丰富的区域放大为景观节点，将山景、水景引入地块之内，在地形变化较大的区域之间留出足够大的公共绿化空间，营造亲切、宜人的独立别墅居住气氛。

利用市政给水管网压力直接供水，排水采用雨水、污水分流制。10kV 电业变电站至各幢楼均采用 YJV22-1KV 电缆埋地进户。每户设计选用一台 VRV 智能变频多联式空调机组作为别墅空调系统的冷热源。采用变制冷剂空调系统，封闭房间及卫生间设置机械排风系统。

上海董家渡 11 号地块（一期）

设计单位：华东建筑设计研究院有限公司
合作设计单位：美国 JWDA 建筑设计事务所

主要设计人员：王琳琳、洪小永、赵枫、冯晓春、吕燕生、刘悦、毛雅芳

项目位于上海市黄浦区，东侧为黄浦江，与陆家嘴金融贸易区隔江相望，总建筑面积 5.77 万 m^2，容积率 3.15，绿化率 35.2%，包括 2 幢均为地上 24 层、地下 3 层的高档住宅。保留并修整翻新新式里弄吉安里建筑一组，面积为 5454 m^2。

作为临水建筑，规划设计自然引入了水的主题，小区各单体如同行舟于水波的自由飘浮在地块上，既自由整体又体现一种波浪的动感，弧形舒展的平面以错开、反向等形态布置，既保证临江景观对城市的开放性、展示性，也最大限度地实现远眺江景。

地上设置隐形消防车道、消防回车场地及消防登高场地，满足消防扑救的要求，进入小区的机动车均直接进入双层地下车库，实现地上地下人行车行完全分离。

住宅房型面积 280 ~ 400m^2 不等，平面设计以意大利文艺复兴时期大型帕拉迪奥十字圆厅设计作为平面布局的主线及空间中心基准，十字圆厅一入户就将功能清晰分区，方向感明确，庄重的布置，呈现礼仪与艺术的极致，彰显优雅的生活气质，主卧及次卧每间均保持独立的套房规格，以确保各自空间的私密性与舒适性，大尺度观景阳台设计最大限度地将户外盛景收入眼底，满足城市中心空中花园的梦想，中式及西式厨房相结合设计，充分尊重跨国住户的多重生活方式。

1、2 号楼的一层户型在地下夹层内均设计了室内恒温游泳池，南北面均设计地下室外庭院空间，使地下夹层空间有充足的采光及自然通风，体现人性化及

绿色环保的设计理念，顶楼两端复式户型均设置室外SPA与室内健身空间，满足不同客户更高层次的需求，一层大堂、二层眺空设计，在对小区公共景观部位做架空处理，使公共空间内外相互交流互通，空间宽敞明亮。

立面从下至上的一条庄重的骨干，运用现代建筑材料体现大都市的建筑风格及充满活力的发展历程及港口特色，实体墙外包石材及铝板加落地玻璃门窗的结合设计，从形体操作之外运用材料弱化部分建筑沉重的体量，北面设备阳台空间外饰的金属百叶，加强了整体性，并隐藏设备。

上海经纬城市绿州 B 地块

设计单位：同济大学建筑设计研究院（集团）有限公司

主要设计人员：于梦、魏松华、王金玲、赵微、韩亚芳、宿忠臣、曾辉、张伟红、张思恩

本工程位于宝山区大场镇南陈路东，主要由 18 幢 14 层住宅楼、4 幢 18 层住宅楼、3 幢 1 层商业、1 幢 2 层商业组成。总建筑面积为 14.2741 万 m^2。容积率 1.46，绿化率 45.3%。

住宅户型面积 $90m^2$ 以下占 70%，其中最小户型为一房一厅，占比要求高；地块的限高不得超过 55m。建筑及小区道路尽量靠基地周边布置，有利于在基地中心形成大型绿化，所有高层均朝向小区绿地和中央景观绿地，不仅向南，而且向“绿”向“景”，通过合理的布局把小区内的绿色引入每家每户窗前，做到“推窗见绿，满窗皆绿，户户有景”。通过建筑的错落与围合塑造内向型空间效果，在中心区域空出大面积的景观区域并与东侧的人工湖景观相联系，形成景观视廊。大小空间互相渗透，通过对比和借景使景观层次丰富，并实现全小区居民的共享。

户型设有一房一厅、两房一厅、两房两厅、三房两厅、四房两厅至五房三厅等多种房型，满足不同层次居住者的生活需求。房型合理、弹性分割、动静分区、四明设计、提高采光面积。一梯一户的展开式高层别墅与一梯一户的叠加式高层别墅，共设计有四栋楼，位于小区的景观中心处，享有间距为 100 多米的超大绿化景观。

立面设计利用建筑平面的微调营造错落有致、层次丰富的建筑轮廓；应用丰富精致的材料和细节营造耐人寻味的建筑细部。建筑外墙材料上我们主要采用了米色和深褐色涂料相结合，底层及入口处采用深褐色的大理石，使建筑散发出细腻而历经岁月的质感。

引入“透、望、台”三大建筑元素丰富立面造型，大量运用弧形转角窗、大面积落地窗等手法体现“透”的感觉；在景观良好的方向上大量设计景观阳台，登高“望”远；建筑顶层采用退“台”，变化丰富。三大元素有机地结合在建筑的立面上，创造出丰富多变、独特美观的立面造型。

用地平衡表（一）：

项目		面积（公顷）
总用地面积：		11.8325
其中：	① 市政道路用地：	1.7157
	② 城市绿化带用地：	0.3148
	③ 住宅建设净用地：	9.8020

用地平衡表（二）：

项目		面积（公顷）	比例（%）
住宅建设净用地：		9.8020	100
其中：	① 住宅用地：	6.57	67
	② 配套公建用地：	0.49	5
	③ 道路用地：	0.98	10
	④ 公共绿地：	1.76	18

建筑面积汇总表：

项目			面积（㎡）
地上总建筑面积：			142741
其中：	① 住宅建筑面积：		135884
	② 商业建筑面积：		5807
	③ 其它公共服务配套设施：		1050
	③ 包括	社区用房：	210
		物业用房：	270
		业委会：	30
		青少年、老年活动中心：	420
		卫生服务中心：	120
地下总建筑面积：			35000

主要技术经济指标一览表：

项目		数量	单位
1、住宅建设净用地		9.8020	公顷
2、地上总建筑面积		14.2741	万㎡
3、容积率		1.46	--
4、居住总户数		1404	户
5、规划总人数（3人/户）		4212	人
6、建筑覆盖率		16	%
7、住宅绿地率		45.3	%
8、住宅集中绿地率		18.1	%
9、机动车停车位		1047	辆
其中：	地面停车	430	辆
	地下停车	617	辆
10、非机动车停车位		2528	辆

上海嘉定新城麦积路东侧地块（龙湖郦城）一期

设计单位：中国建筑上海设计研究院有限公司

主要设计人员：吴雅娟、陈莉、何锋、陈丹阳、吴玲、宋向宁、赵建国、刘振伟、王德胜、吴敏、王玮皓、徐晓羽、解宁、高映红、耿磊

本项目位于上海市嘉定区，主要以低层花园洋房、高层公寓为主，总用地面积 124235m^2，总建筑面积 27.48 万 m^2，容积率 1.45，建筑密度 15%，绿地率 35%，包括 30 栋多层、高层住宅。

总体布局以邻里生活中心为中心枢纽，东西两地块的高层区形成一个“T”字形组合，其中沿北侧双单路，西侧为 22 ~ 24 层的住宅，东侧为开放式的 SOHO 办公、商业、住宅混合社区，另沿安泾河布置了 12 栋 18~ 28 层的高层住宅，保证最多的户数享受到河景。多层区与高层区交错布置，形成和谐的大社区。出入口主要设在北侧双单路与南侧麦积路上。

高层住宅沿双单路、安泾河呈“T”字形布置，争取良好的视觉景观，使整个小区有围合的空间效果，内部环境更为静谧。户型设计力求舒适，布置合理，房型以里弄合院配以一定数量的高层住宅为主；高层

住宅采取独立形式，低层住宅局部围合，塑造出富有节奏的建筑形态。

多、低层住宅采用现浇钢筋混凝土框架结构，高层住宅采用现浇钢筋混凝土剪力墙结构，邻里中心及配套用房均采用现浇钢筋混凝土框架结构。高层采用桩基础；邻里中心，多、低层住宅根据具体情况采用桩基或沉降控制复合桩基；地下公共车库部分根据标高及覆土情况确定基础形式。超大整体地下室采用超长混凝土无缝施工技术，减少设置结构缝对建筑功能的影响。对于单体长度过长（大于 55m）的楼，通过设置伸缩沉降防震缝将单体分开。

利用基地内“卜”字形的河景，保证高层区的景观资源，多层区利用基地上原有的小河流或采用人工方式保证区内线型的集中绿化和水景，院落则“生长”在线型景观两边，每个院落中又存在供这个院落居民所共享的花园系统。

上海轨道交通 11 号线嘉定新城站 401 地块

设计单位：中船第九设计研究院工程有限公司
合作设计单位：王欧阳（香港）有限公司

主要设计人员：林丽智、陆岩、支海斌、倪国荣、吴瑛、傅益君、李啸、胡卫法、承梅、顾小峰、吴从超、李晓博、瞿骎、陆萍、吴润冬

本项目位于上海市嘉定新城核心区轨道交通 11 号线嘉定新城站站点。占地面积约为 3.77 万 m^2，总建筑面积为 11.86 万 m^2，容积率 2.46，绿化率 35%。包括 6 幢高层住宅、两层沿街商铺、地下车库以及为该小区服务的居委会、物业管理等配套用房。

本地块东侧为轨道交通 11 号线嘉定新城站，由二层的平台联系轨道交通，通往商业及住宅小区内部。6 幢高层住宅以两排相互错开的形态布置，南北 60 ~ 70m 的间距已保证获得最好的采光、日照、通风和景观感受；沿大平台两侧布置了 2 层小型商业，不仅增加了轨道站点的可识别性，同时也为小区居民的生活增加了趣味性，方便购物。

在双丁路及云屏路上各设置一个小区车行入口。在小区内部设置 7m 宽的主要道路，并在尽端设置相应的回车场地。为了充分发挥站点的交通便捷优势，设计大平台与轨道站厅层实现无缝对接。

考虑居住的舒适性，所有房型均为全明设计，采光和通风良好；卧室设置低窗台景观凸窗，在高层住

宅中，设计了部分“两代居”房型。相邻的两室房型和一室房型，既可单独成套，又可在分户墙上开门。商铺沿地块东侧胜辛路布置，与轨道交通 11 号线嘉定新城站台连通。

高层住宅均采用现浇钢筋混凝土剪力墙结构体系，剪力墙沿双向布置。底部加强区设约束边缘构件，上部设构造边缘构件。局部小墙肢及短肢部分应予以适当加强。楼、屋面均为现浇钢筋混凝土梁板体系，房屋阳角处设置双层双向钢筋以减少楼板裂缝。

二层商业利用市政给水管直接供水。高层住宅采用水池－水泵－屋顶水箱联合供水。给水系统竖向分区，上区由屋顶水箱直接供水，下区经减压阀减压后供水。雨水、污水分流，商业餐饮废水经不锈钢隔油器和室外砖砌隔油池二次处理后排入小区污水管道。

福州世茂茶亭国际花园臻园

设计单位：华东建筑设计研究院有限公司

主要设计人员：党杰、包红、史瑶、方锐强、金大算、张亮、蒋小易、杨小琴、华炜、王小安、翟羿、顾克利、顾斐、郑颖

项目位于福州市台江区广达路222号，总建筑面积12.893万m^2，容积率5.54，绿化率30%，含有3幢49~54层高150m左右的高档住宅及公建配套。

小区在广达路和儿童公园路等设置出入口，以一条环路成为主要交通流线。采用人车适度分离的交通组织模式，通过路面铺地的设计限制车速，保证安全。车行系统考虑满足消防要求，设计了贯通整个小区的环形车道。消防车可到达每栋住宅前登高扑救，也确保每一住户都能够便捷地通达自家的门前。机动车停车位布置在地下区域，居民就近停车，利于管理，并设置两处集中地下自行车库。

房型以四房二厅三卫和三房二厅三卫，面积在200m^2–250m^2为主，满足中、高档住户的基本居住功能要求。在房型平面布置上，兼顾当地居民的生活习惯及气候特点，将客厅、餐厅布置在北侧，并设有观景阳台。卧室布置在南侧，主卧套间设计豪华，突

出舒适性，步入式衣帽间的设计，主卫考虑景观朝向，明厅、明室、明厨卫，最大限度地利用冬季南向的直射太阳，能增加室内温度，并在夏季能有效地组织室内穿堂风，降低室内温度，创造四季适宜的室内小气候。管道集中，各房间的空调预留位置均得到充分考虑且布置合理。景观采用轻英式的设计风格，营造出高贵、宜人、简约、大方的商务、居家氛围。

本项目为超高层住宅，剪力墙结构，桩筏基础。市政给水压力为 0.14MPa，商业用水与住宅用水分开供应。住宅三层及三层以下由市政直接给水，中间层变频水泵给水，中间以上由高位水箱给水。排水系统采用室内污废水合流，设置专用通气立管。消防给水设置临时高压系统，顶层压力不足部分设置局部增压设施。

按当地对住宅供电的一般要求，变电所应设在地面首层，由于本高档小区坐落在风景园林旁，过多在地面设变电房有碍景观，最终所有变电房布置在地下一层，美化了小区的居住环境，增加了住宅的销售面积。

重庆市金融街融城华府

设计单位：华东建筑设计研究院有限公司

主要设计人员：凌虹、高芳、朱洪兵、张仁健、李睿、何鹏飞、孙伟、张俊华、许栋、李佩伦、曹承属、冯晓利、印骏、刘伟、薛磊

本项目位于重庆市沙坪坝区西永大学城中心区域。总建筑面积 130736m^2，含 73 幢 3 层的联排与 4 层的叠拼高档别墅及公建配套设施，容积率 0.92，绿化率 30.2% 。现状用地呈不规则多边形，地势上中间低，四周高，其中西南角是整个基地最高的部分，基地整体高差在 12m 左右。

利用地块的地形高差，将小区设计成为一个高低错落、层次分明的建筑群体。各建筑单体之间，单体绿地、绿化带与中心绿地之间采用自由式的绿化对景有机地串联在一起，形成清晰的社区布局结构，充分满足住宅的日照、通风、采光及景观要求，提供了宜人而便利的户外空间场所，为居民的邻里交往提供了最大的可能性，并创造出灵活、轻盈的总体布局方式。

联排住宅为地下 1 层、地上 3 层。一层设置客厅、餐厅、厨房；二层设置次卧室、书房或家庭厅；三层设置主卧室套间及露台；地下室可根据用户自身的需要设置活动室、休息室。住宅功能划分合理，动静分

区明确。联排住宅南北均设花园，部分户型内部设置了庭院，使住户充分享受阳光与景观。

叠拼住宅为地下 1 层、地上 4 层，底层设置了两个车库。其中地下一层、一层、二层为下户；三层、四层为上户。下层住户在一层设置客厅、餐厅、厨房以及次卧室，二层设置客卧和主卧室套间；上层住户在三层设置客厅、餐厅、厨房；四层设置客卧、主卧套间与露台。下层住户设置了南向花园；上层住户则通过车库顶部设置入户花园。使各家各户都能享受到“有天有地”的生活空间。

通过凹凸有致的立面设计，突出建筑的立体感。屋顶采用英式坡屋顶的处理手法（屋顶坡度 42°），局部还通过“老虎窗”与平屋顶的穿插来丰富建筑头部的造型。以暖色调的建筑色彩与材质为主。底座选择厚重的米黄色毛石，形成稳重大气的效果；中段主体选用砖红色面砖，为住宅增添一份暖意；住宅屋顶则采用暖褐色波形瓦与整体色调形成统一。以阳台、窗台上的局部空间或花架作为载体种植垂直绿化，使建筑立面显得的绿意盎然、生机勃勃。

上海国棉二厂地块旧区改造项目

设计单位：同济大学建筑设计研究院（集团）有限公司

主要设计人员：江立敏、王玫、王涤非、高健、毛华、周鲁敏、沈晓伟、胡广良、王钰、陈旭辉、任军、王纳新、罗武、顾玉辉、潘中英

项目位于普陀区澳门路326号，包含12幢高档高层住宅及配套公建设施，总建筑面积9.20万m^2，容积率2.02，绿化率40.3%。西侧江宁路为主要的交通道路，北侧对面是城市绿地梦清园与苏州河，充分利用景观优势，将公建区布置在基地西侧及北侧，住宅区位于较安静的基地东南侧，将道路的噪声隔绝于小区之外。

居住区采用人车分流解决交通。沿小区西面部分为下沉式道路，下沉部分设置绿化顶盖，以减小行车对住户干扰并增加小区绿化面积。在步行交通主轴线上通过绿化以及小品等的处理强化空间与景观设计，突出了“步行优先、以人为本”的设计理念。小区采用设地下停车库的方式来解决停车问题。

在规划设计中重点强化了中心区的绿化景观设计，中心公共绿地位于小区中心，正对小区北侧人行入口，绿色景观由南向北贯穿整个小区，沿线布局的开放空间，绿化景观与小品，开合适度，变化丰富，硬质铺地与绿化相结合，方便使用与观赏。下沉式道路的绿化顶盖，中心绿地堆土造坡，住宅单体屋顶的屋顶花园，使小区绿化形成立体景观，予人以自然、层次丰富的印象。

住宅单体采用柔和的米黄色系，形成了与商业区共通的设计要素和色彩计划，凹凸有致的石材形成的竖向线条，使建筑看上去挺拔、透逸，干净、利落的立面构成体现其品质感。

本项目为框支剪力墙结构的高层建筑，为满足建筑总平面布局要求及建筑平面、立面分别呈现凹凸、错落，从而达到视觉上通透、震撼的效果，结构设计过程中针对建筑物的平面规则性超限的情况，将凹口处附近楼板均加厚，并加强凹口周边梁墙的配筋。同时将楼梯间的梯段板也加厚，将梯板作为墙体的侧向支撑，梯段板钢筋锚入剪力墙中，以增强楼梯间和结构的整体性。针对竖向规则性超限的局部框支情况，设计中注意控制框支柱的轴压比，放大框支层的地震剪力。构造上局部框支转换层处楼板及上一次楼板采取加厚、加强措施，从而增强这两层的平面整体刚度，有效传递水平力。

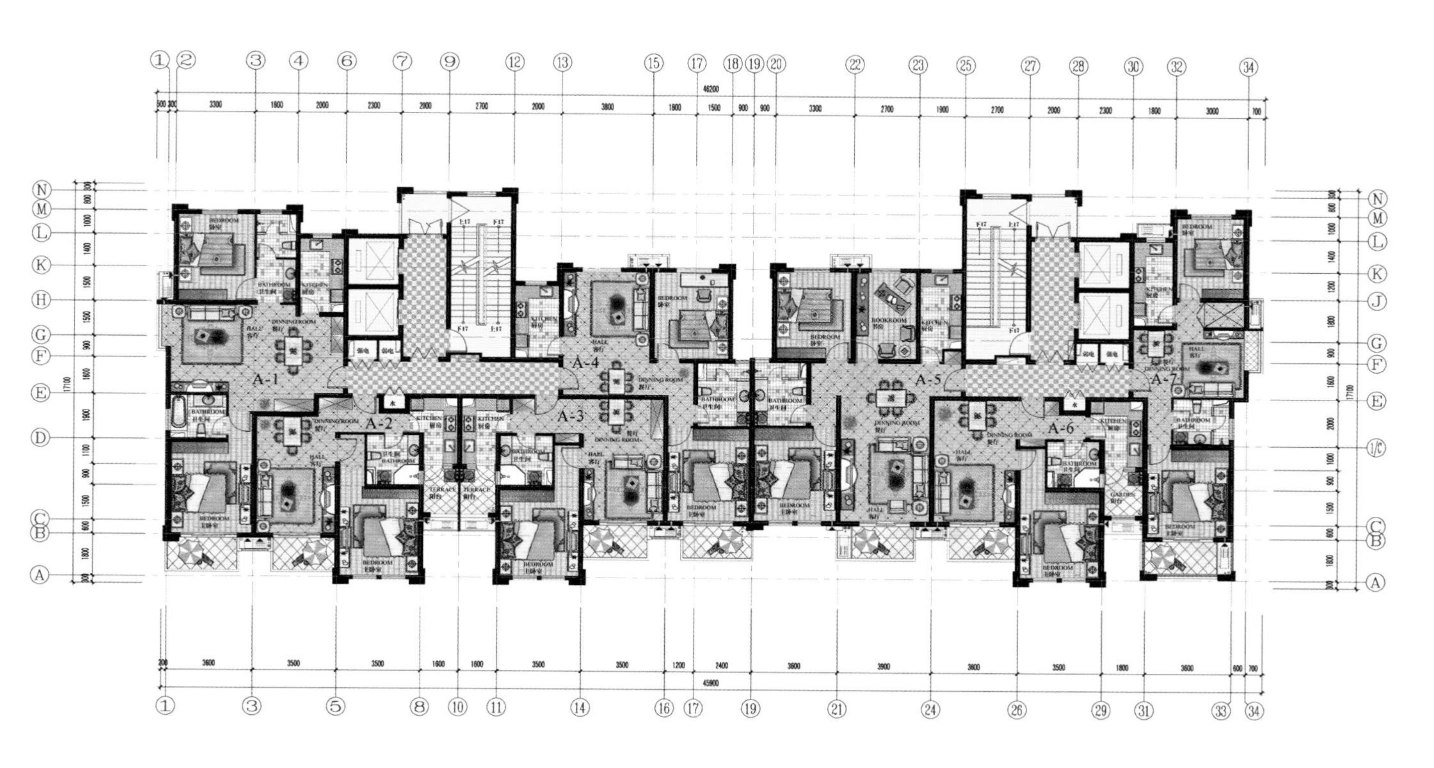
46200
A-1
A-2
A-3
A-4
A-5
A-6
A-7
45900

上海浦江镇 122-9 号地块商品房项目

设计单位：上海爱建建筑设计院有限公司

主要设计人员：田煜、张波、赵阳、王莉、范蓁、王国昌、朱鸿云、邵忠华、蔡玉文、俞幸珏、范志刚、汪盛、钦浩、陈秋琼、陈明

浦江镇 122–9 号地块属于上海一城九镇之一意大利风格的浦江镇的一个地块，内部中央有约 13~30m 景观河道穿越。总建筑面积 7.45 万 m^2，容积率 0.64，绿地率 35%，30 幢高档住宅以 2~3 低层为主，局部高层。

高层住宅布置在小区纵向主轴的两端，视线开阔。3 层联排住宅成组布置于纵向及横向主轴上。纵横向景观主轴满足居民日常休闲、交友便利的需求。2 层低层住宅则按大小类别分别布置于四角组团内，各自形成私密性较强的邻里空间。房型设计多样，满足不同住户之需，套型设计功能分区明确，交通流线便捷、经济。采光通风良好。

建筑立面采用简洁的意大利风格。建筑外部形象与小区规划结构、景观环境互相呼应，达到水乳交融、浑然一体的效果。住宅外墙采用石材面砖及高级防水弹性涂料，窗框为深色氟碳喷涂铝合金框、透明玻璃等材料，大气而不失现代、精致。

设置宽度 6m 的双行车道，连接东西出入口，形成网状道路框架，交通便捷通顺。主干道贯穿于住宅区内部；组团道路形成环通。低层车道转弯半

径不小于 8m，高层尽端均设有充足的回车场地，方便救护车、消防车、搬家车等；每个单元入口处，沿建筑周边均设有 8m×15m 的消防救护场地，满足消防施救需要。

总体景观分级设置。中央纵横“十”字主轴上中心绿化、与其纵横交错的景观河道及相应的延伸至城市道路的各入口广场为第一级设置，其中“十”字纵轴以水意自然为主题，横轴以绿化平台为特征，均尽量强调与景观河道水体的融合互动。被“十”字主轴划分成的 4 角地块各自围合的组团绿化为第二级设置，该级设置以小尺度街道硬化绿地、广场为特征。第三级设置为各住户自有的高出地面 0.85m 的内院及私家花园，以花木、草地、自然、软质为特征。

杭州市九堡大桥工程

设计单位：上海市政工程设计研究总院（集团）有限公司

主要设计人员：邵长宇、卢永成、盛勇、李阳、张春雷、王天华、张剑英、于刚、夏春原、李鹏、高洁、孙晨、王永鑫

九堡大桥道路等级为城市快速路，设计行车速度80km/h，设计汽车荷载为城-A级。设双向6车道及两侧各宽3m人行道，标准桥面宽度31.5m。大桥全长1855m，孔跨布置为：55m+2×85m+90m+3×210m（主桥）+90m+9×85m+55m。

设计的主要特点有：

（1）大跨连续拱—梁组合结构体系

通过合理构造设计、精细化空间力学性能分析、复杂节点受力性能分析、易损构件疲劳性能分析、吊杆更换以及混凝土桥面板局部和整体更换的合理方法与预案、结合梁系列连接件受力性能等方面的研究，提出合理的结构体系。

（2）大跨连续拱—梁组合结构整体顶推方法

开创了大跨度拱桥施工新方法，提出并成功实施了3×210m大跨度三孔连续组合拱桥顶推施工，首次实现大跨度多跨拱桥结构安装由水上施工转变为岸上施工，在最大程度降低施工风险、提高工程质量的

同时，显著降低了工程施工费用。通过梁拱合理刚度分配以及在梁拱间加设临时撑杆解决连续拱—梁组合结构整体顶推施工的可行性与可靠性。

（3）大跨宽幅连续组合箱梁体系

推出85m大跨度多跨连续宽桥面组合箱梁结构体系，并将单箱单室大悬臂截面宽度推进到31.5m的国际新水平。通过结构体系与构造、精细化分析方法等方面的研究，揭示了新颖宽幅组合箱梁的合理构造、受力机理。

（4）大跨度连续组合箱梁无临时墩顶推方法

研究了顶推过程结构受力性能、顶推过程结构整体稳定性与局部稳定性能、桥面板运输方法、桥面板结合顺序、底板结合段施工顺序、体外预应力张拉步骤及顺序等内容。解决无临时墩顶推施工关键技术，建立包括顶推施工优化、桥面板合理安装顺序等系列安装控制设计优化方法。

九堡大桥跨度85m连续组合箱梁成功实现了顶推跨距与桥梁跨度同为85m，最大顶推联长达到920m。

上海市轨道交通 9 号线徐家汇枢纽站

设计单位：上海市城市建设设计研究总院

主要设计人员：刘伟杰、徐正良、王卓瑛、张中杰、宁佐利、余斌、汤晓燕、吕培林、唐贾言、金冶、彭基敏、陈水英、丁毅、苗彩霞、马迎娟

轨道交通 1、9、11 号线三条基本网络线路在徐家汇形成本市轨道交通网络中唯一的一个三条市域 R 线换乘点，是网络中最重要的大型换乘枢纽之一。轨道交通徐家汇枢纽在既有 1 号线车站基础上新建 11 号线车站，并利用港汇广场既有地下结构改造为 9 号线车站，通过 1 号线两侧商场向下加层形成三线付费区换乘大厅，总建筑面积约 7.8 万 m^2。9 号线宜山路站—徐家汇站—肇嘉浜站区间长约 2.7km，两段区间隧道中部各设旁通道及泵站一处。

设计的主要特点有：

（1）利用既有地下空间改造建设地铁车站的创造性设计，在国际上属于首创。

9 号线车站利用港汇广场地下一层作为站厅层，地下二、三层竖向连通改作车站的站台层。“将既有地下室改造成地铁车站的施工方法”国家发明专利重

点解决了结构体系的换乘与协调、改造施工的切割与加固、整体建筑的抗震与降噪等关键技术，为大面积利用既有地下空间建设地铁车站所涉及的系列问题提出了完整的解决方案。

（2）为避免虹桥路下建设换乘通道影响地面交通和地下管线，首次在国内软土高水位地区提出了地下室暗挖加层技术。

为实现 1 号线与 9 号线、11 号线的“零”换乘，在限制地面开挖、紧邻运营地铁车站的复杂环境下对 1 号线西侧地下商场向下加层，针对地下室加层提出的“利用既有地下室顶板作为天然盖板的暗挖加层施工方法”专利技术妥善地解决了地下施工与地面交通的矛盾，是一种新型的暗挖法施工技术，对地下空间的拓展利用具有推广价值。

（3）提出了地下空间与轨道交通一体化设计的安全疏散技术。

通过研究解决了地铁车站与大面积地下空间一体化防火分区的划分和安全出口的设置问题，根据实际情况采用了轨道交通车站与周边地下空间建筑设置共用疏散出入口，设置了门禁及 FAS 联动系统，保证共用出口正常管理和使用。采用了国际上先进的人行仿真、性能化分析的技术手段，分析建筑设计布局、通道宽度和人流密度，确保大客流量集散安全。

（4）为提高地下空间的整体性，提出了“以单柱实现地下空间刚性连接的施工方法”。

设计中提出的“以单柱实现地下空间刚性连接的施工方法”很好地解决了以往地下空间与地铁车站只能以口部相接的点式连接的问题，可实现面式连接，使新建的 11 号线车站与港汇广场地下室有机地联为一体，极大地提升地下空间的质量和价值。

（5）研发了兼作城市道路结构层的地铁车站顶板伸缩缝防水新构造。

针对地铁 11 号线车站零覆土的情况，研发了地下结构顶板伸缩缝的防水构造设计，解决了顶板结构兼作城市道路结构层的问题，在不影响伸缩缝自由变形的前提下构筑起互相联系的各道防线，多角度、多层次地保证防水效果。

（6）实现盾构法隧道浅覆土上穿运营轨道交通线。

近年来以盾构法近距离下穿运营线的案例较多，但在浅覆土条件下向上穿越既有地下区间却未有先例。限于港汇方案的线路条件，9 号线徐家汇站—肇嘉浜路站区间盾构在衡山路天平路附近上穿运营 1 号线，两线隧道平面夹角 45°，净距 1.1~1.9m，盾构穿越时的覆土深度约 4.25m，距上方雨水管仅 0.43m。设计通过有限元分析采用了 1 号线隧道内压重，9 号线管片纵向槽钢拉紧等措施。监测显示隧道贯通后 1 号线最大隆起仅 3.5cm，满足运营地铁控制指标。

宁波市明州大桥（东外环甬江大桥）

设计单位：上海市政工程设计研究总院（集团）有限公司

主要设计人员：马骉、葛竞辉、吴忠、颜海、龚建峰、顾民杰、黄虹、张培君、袁胜强、张元凯、张鹏、张风华、陈磊、俞宏峰、王萍

宁波市明州大桥（东外环甬江大桥）是宁波市东外环路跨甬江的特大桥梁工程，是浙江省和宁波市重点工程“五路四桥”项目的重要组成部分，位于宁波市东部规划中的高教园区及科技园区，为城市快速路，工程范围长约1.3km，其中主桥为主跨450m的中承式双肢钢箱拱桥。大桥设双向八车道，主桥两侧设人行道，桥宽45.8m，引桥桥宽32.5m。设计车速80km/h，设计荷载为城－A级、公路－Ⅰ级，通航净空满足1000t级海轮双向通航的要求。

明州大桥工程包括主桥、北侧过渡孔和南侧引桥、南侧过渡孔、引桥桥台外沿约100m范围内的桥梁、道路、排水、照明、景观工程。

设计的主要特点有：

（1）大跨双肢钢箱拱桥，桥型独特，规模第一

明州大桥采用主跨450m的中承式双肢钢箱系杆拱桥，在同类型桥梁中跨径居世界第一，技术复杂，结构体系新颖独特。

拱肋平面横向倾斜度1 ：5，主跨下肢拱轴线采用悬链线，矢跨比 =1/5，拱轴系数为1.6；主梁为正交异性桥面板全焊钢箱梁。抗震设防烈度7度，大桥设计基准期为100年。

大桥的设计重视与周边环境相协调，外形简洁流畅，色彩明快淡雅，造型气势宏伟。

（2）共同受力的上、下肢（不等宽）结合的异形截面

主桥拱肋断面采用了上、下肢（不等宽）结合的异形钢箱截面，结构形式美观。设计通过施工过程中的主动控制、内力调整使双肢拱肋共同受力，有效降低了拱脚处拱肋的截面高度。

（3）新型的上、下肢拱肋结合部、中跨拱梁结合段节点设计

上、下肢拱肋结合段构造、受力复杂，通过计算分析设计出板件间合理的连接、布置方式，确保上、下肢拱肋的共同工作性能。

中跨拱梁结合段是联系下肢拱肋和系梁共同工作的关键节点，构造和受力复杂，通过合理布置节点构造，使内力迹线交汇传递直接明确。

（4）特殊的尾端节点构造

边拱尾部与上肢拱、横梁、系梁等相互结合形成复杂的尾端节点构造，同时又是水平拉索的锚固区，特别是由于上肢拱肋的汇聚，有别于其他拱桥。设计中优化了节点构造方案，确保了节点的安全、稳定、可靠。

（5）钢－混凝土组合拱座试验研究

采用了钢－混凝土组合拱座新型的结构形式。设计过程中针对其受力特性及传力机理进行研究，并进行了局部模型（1 ：2）试验验证，得出拱座结合部空间应力分布状态及其传力机理，焊钉连接件不同布置的作用力及其分布状态，优化结构及节点设计，使其受力安全、合理、可靠，造价经济。

（6）大跨双肢钢箱拱全焊接合龙

大桥的拱、梁、立柱、风撑均采用箱形断面全焊接工艺连接，中跨拱肋的合龙也采用了全焊接连接。为此进行了详细的计算分析，多个临时固结方案比选，最终确定合龙方案，且通过制造精度控制、焊接变形控制、节段预拼等工艺保证了精准定位，确保现场节段的顺利安装与结构的安全合龙。

主桥加劲梁采用正交异性桥面板全焊钢箱梁，梁高 3.2m。边跨三角区加劲梁采用闭口钢箱梁，中跨加劲梁采用开口钢箱梁。

（7）水平拉索、吊索设计

主桥纵向布置两组共 16 根强大的水平拉索，以平衡水平推力。中跨吊索共设 38 对，间距 9m，每组吊索采用双吊杆，与拱肋在同一平面内。

上海市上中路隧道工程

设计单位：上海市隧道工程轨道交通设计研究院

主要设计人员：陈鸿、曹伟飚、傅铭、叶蓉、倪艇、黄巍、蒋卫艇、沈蓉、马申易、孟静、沈张勇、陆明、沈学良、冯云、楼葭菲

上中路隧道是上海中环线穿越黄浦江上游的关键节点工程，工程全长2803m，隧道段长度为2507m，其中盾构法圆隧道长1274m。

设计的主要特点有：

（1）道路

采用衬砌外径14.5m的盾构法双层隧道，成功解决了上海中环线八车道越江的难题，上、下层隧道均能满足大车通行的要求。

双层隧道两岸的接线通过独特的燕尾形展线进行展宽布置，将进口、出口位置统一在同一断面。

（2）建筑

通过分层设置车道和合理布置各类设备，充分利用圆隧道空间，单管隧道的总体通行能力大幅提高，建筑断面布局合理、紧凑，为此后相继建设的军工路、外滩、迎宾三路等盾构法双层隧道提供了有益的借鉴。

在圆隧道中采用上、下楼梯的方式进行人员疏散，每隔80m设置一组上下楼梯，缩短了纵向疏散间距，避免了采用冰冻法施工横向联络通道的风险。

（3）结构

采用管片纵缝不设凹凸榫槽，取消分块面传力衬垫，采用“定位棒”的构造，提高了管片拼装精度，改善了环向受力。

采用环宽达 2m 的管片，减少了环缝数量，减少了渗漏环节，提高了纵向刚度，加快了施工进度，降低了工程造价。

江中圆隧道最低点采用内置式废水泵房，避免了采用冰冻法施工体外泵房的风险。

浦西工作井采用竖框架全开通的结构形式，实现 14.87m 直径盾构机头在工作井内 180° 转向，平移，整体调头，加快了施工进度，减小了施工风险和造价。

为满足双层隧道两岸接线要求，暗埋段首次采用了平面及纵断面复杂交叉的地下结构形式。

（4）通风

隧道采用节能的射流风机诱导型纵向通风，运营采用节能控制模式。

针对双层隧道断面紧凑的特点，解决了射流风机在上下层车道内的合理布置。

因地制宜解决废气排放，浦西设高风塔，浦东设分布式低排风口，兼顾环保景观。

（5）消防

综合设置了消火栓系统、泡沫水喷雾系统、灭火器等消防设施，针对双层隧道特点，开展消防设备和管线布设优化设计，实现了可靠、实用、经济的目标。

（6）照明

采用新型节能光源——无极灯，具有使用寿命长、无频闪、高显色性、能瞬时启动的优点。降低了建设成本，减少了维护成本，降低了废弃灯具对环境的污染。

上海通用汽车研发试验中心（广德）

设计单位：上海市政工程设计研究总院（集团）有限公司

主要设计人员：李进、刘伟民、王士林、陈晓晖、康旭、沈佳麟、李永君、齐新、林巧飞、马莎子、施婕、龚涛、孟伟杰、彭广勇、孙晨

上海通用汽车研发试验中心（广德）项目，占地约 5.67km^2（8505 亩），项目总投资约 16 亿元人民币。场内试验区建设高速环形跑道、耐久性试验路、强化试验路、腐蚀试验路、动态广场、底盘开发路、低附着系数试验路、操纵稳定性试验路、噪声试验路、渗漏试验室等 67 种典型特征路面，试验道路总长超过 60km。场外配套服务区，建设行政办公楼、加油站、加气站、充电站、设施齐全的试验准备车间、宿舍、餐厅和停车场等，建筑总面积 2.3 万 m^2。

设计的主要特点有：

（1）工程规模大、建设标准高

①工程规模大。研发基地总长 3900m，总宽 1537m，形状呈不规则椭圆形。研发基地分为场内和场外两部分：场内以高速环形跑道为界，其内设置研发基地试验道路；场外是研发基地配套设施用地，建设有关配套、设施、预留二期用地和停车场等。

②建设标准高。研发基地主要为轿车和轻型卡车的专用研发基地，能够满足轿车和轻型卡车开发试验的全部常规项目。

（2）方案合理、思路创新、施工技术先进

①工程设计方案合理。设计方案符合业主要求，场地布置符合汽车试验流程，道路设计符合整车和零部件试验的流程和工艺要求。以人性化理念指导设计，保证试验道路的交通畅通，最大限度地发挥试验道路的通行能力，提高研发基地的使用效率。考虑基地开发的近远期结合，近期工程建设结合规划预留远期工程建设的发展空间。考虑工程建设投资的经济性、合理性和必要性，发挥投资的最大效益。

②工程设计思路创新。本项目试验道路按照通用汽车（GM）和上海通用提供的技术要求并参照我国交通部颁布的道路设计规范进行设计。试验路的设计体现“以人为本”的理念，将行驶舒适度引入道路几何线形设计，在满足试验功能及安全性的前提下，提高试验者的驾驶舒适感。其中，高速环道的线形设计在传统的设计基础上，根据场地地形特点加以改进，适当引入纵坡设计，在满足设计要求的前提下大幅度节约了土方数量。

③施工技术先进。试车场道路较常规道路而言施工精度要求更高。施工技术基本按照我国交通部颁布的施工技术规范进行施工和验收，并符合通用汽车（GM）和上海通用的技术要求；建筑按照我国住建部颁布的设计和施工技术规范进行设计、施工和验收。以高速环道施工为例，高速环道曲面最大横向超高倾角大，其摊铺施工必须采用特殊的施工机具和施工工艺。施工难度的增加使得在建设过程中需要不断采用新技术，不断突破传统建设的模式，

严格控制施工质量。

（3）工程提出了生态、环保的理念

①绿色、生态、零排放。产生的各类废水经污水处理站处理后达到景观用水水质标准，排入试验配套区景观水池，补充景观水池的蒸发水量及绿化喷灌用水，不仅实现了整个试验中心污染物的零排放，还实现了景观水池的进、出水平衡，不再需要补充自来水，节约了水资源。

②应势就形，保护环境。场地处于丘陵地带，地势起伏较大，东西两侧高差为 5m 左右。通过对原有地形的推敲、对区域内建筑物特性的分析，设计中巧妙利用起伏地势布局园区各建筑。基地内整体布局不仅做到了合理便捷，同时最大程度地保留了场地的原有地貌，减少了项目建造对周边既有环境的人为改变，体现了现代环境与自然生态的融合，体现了低碳环保的设计理念。

③动静分区，收放有序，抑扬有序。办公生活区布置在西侧地势较高处，建筑空间组织灵活，高低错落。员工宿舍、员工餐厅和健身房三个主要生活性建筑位于西北区域，三者形成一个组团式建筑群落，错落有致的建筑布局形成了一系列疏密有致的内庭园，围合出相对宁静、更为精致的空间。

④结构合理，节省投资。试验准备车间、零件存放间屋顶采用了大跨度空间网架结构屋顶。最大跨度达到 30m，并采用 ANSYS 软件对网架进行优化分析，优选截面，得到最优用钢量，取得了明显的经济效益。

上海市青草沙水库原水过江管工程

设计单位：上海市隧道工程轨道交通设计研究院

主要设计人员：杨志豪、陈正杰、顾闻、陆明、李美玲、郭志清、周湧、朱敏、朱振宇、楼葭菲、张勇、许熠、黄巍、胡云峰、李冬梅

青草沙水源地原水工程长江原水过江管工程设计范围包括浦东工作井、江中段、长兴岛工作井。全长约7232m。江中段采用盾构法施工，东线隧道长7175m，西线隧道长7172m，隧道外径6.8m，内径5.84m，是一条原水输水隧道。供水规模708万m^3/d，校核流量为850万m^3/d，输水方式为重力流输水。抗震设防烈度为7度，隧道结构设计使用年限100年。

青草沙原水工程由青草沙水库、长江过江管、陆域管线三大部分组成，其中过长江的过江管工程是整个工程中施工风险最大、技术含量最高、对整个工程总工期起到控制作用的重要节点工程。该工程依托“重力输水单层衬砌盾构隧道设计关键技术研究”课题，进行了创新性设计。

鉴于本工程的重要性和可靠性要求，设计时充分考虑管道事故状态时供水要求。在长兴岛工作井设置连通管，减少了事故状态管道水力损失（最高日流量时较不连通时减少约5.50m），提高了5号沟提升泵站底板高程。过江管最低点设置在近长兴岛工作井处，结合长兴岛工作井管理区预留的事故抢修设施和条件，充分考虑了事故时管道排空修理工况要求，过江

管线路纵坡按水流方向采用先陡坡(4.5%)下降后缓坡（0.03%）上升的线路，有利于管道内空气的排除，防止管道气塞现象，提高输水效率。

原水过江管隧道采用泥水平衡盾构施工，一次穿越长江南港水域，最大掘进距离约7170m，属超长距离盾构隧道，这在国内史无前例，在国际上也十分罕见，技术要求很高，施工风险大。隧道还需承受高外水压及高内水压，结构受力复杂，受荷工况变化多，衬砌防水标准高。

在结构设计方面，通过管片接头试验、三维数值仿真模拟以及衬砌结构的数值分析，形成了重力输水单层衬砌盾构隧道的结构设计理论，采用盾构法单层衬砌安全、可靠、经济、合理地完成大埋深、高内水压重力输水隧道（最大埋深36m、最高内水压41m）设计，这在国内尚属首次；首次采用铸铁环向螺栓手孔，解决单层盾构法输水隧道纵缝接头在轴力较小的同时承受较大正负弯矩的难题；在钢管片中设计预埋新型垂直顶升构造，大大提高了隧道贯通精度。

由于工艺需要，长兴岛工作井开挖深度达40m，为紧邻长江边最深的基坑。在设计时，解决了地下墙小插入比的情况下，地下墙内力、变形及基坑稳定性计算。为精确分析工作井在内水压力、半水半干等特殊工况下的受力水平，采用三维有限元模型，通过模拟各施工阶段和使用阶段的不同荷载与约束，分析工作井实际的受力性态，完成既经济又可靠的结构设计。

在防水设计方面，根据输水隧道的运营特点，衬砌接缝设置了双道防水密封垫，对隧道防水的耐久性提供了可靠的保证。通过对防水密封垫断面构造形式的优化，确保密封垫在接缝张开6mm，错台5mm的工况条件下，可承受0.85MPa水压而无渗漏现象；同时在满足衬砌接缝防水要求的前提下，将单道密封垫完全压缩到沟槽内的闭合压力控制在42.5kN/m，使闭合压力可满足施工要求。大孔径手孔封堵选用硫铝酸盐超早强（微膨胀）水泥结合一次性盒式顶进方法作业，保证了手孔封堵的密实性和螺栓的耐久性使用功效。

哈尔滨市三环路西线跨松花江大桥工程

设计单位：上海市城市建设设计研究总院

主要设计人员：周良、彭俊、邓玮琳、田丰、马军伟、闫兴非、谢勇、刘玉喆、吴勇、朱敏、陈玮

大桥线路北起哈尔滨市松北区三环路与世茂大道交叉口，南下跨越松花江北侧前进防洪大堤、松花江航道，南侧群力防洪大堤后与三环路高架（阳明滩溆解工程）相衔接，全长7133m，其中桥梁长度6464m。由主桥、南北引桥、接线道路和附属工程组成。大桥为城市快速路，双向八车道，标准桥宽37m。

主桥为五跨双塔双缆面自锚式悬索桥，跨径组合46m（过渡跨）+108m（锚跨）+248m（主跨）+108m（锚跨）+46m（过渡跨），全长556m，半漂浮体系。主跨和锚跨桥宽40m，整体式横断面；过渡跨桥宽37m，分幅式横断面。

设计根据大桥所处的环境条件，针对性地提出了适应性解决方案：

（1）独特的大桥建筑造型

大桥采用了新古典主义的欧陆风格的建筑造型，从总体到细部，以及大桥两端桥头堡都围绕着这一主题展开，高度体现了哈尔滨市的城市风貌，延续了哈尔滨市的历史文脉，获得了哈尔滨市民的好评。

（2）钢－混凝土组合板梁在自锚式悬索桥中的应用

主跨及锚跨主梁采用钢－混凝土组合板梁，过渡跨主梁采用预应力混凝土箱梁，即主梁为五跨钢－混凝土组合和混合双重结构体系。该方案的优点：①避免重载和低温条件下钢桥面沥青铺装性能差的问题；②满足钢结构冬季现场施工的要求，采用螺栓连接；③过渡孔混凝土梁解决锚墩负反力和降低主缆锚

固处的结构高度；④增设过渡孔，减少梁端转角。

钢梁由 2 根箱形主系梁、间隔 4m 的横梁和 3 道小纵梁组成纵横梁体系，上铺 25cm 厚的钢筋混凝土桥面板。钢梁工厂焊接，现场采用高强度螺栓连接成整体。

主跨和锚跨主梁采用顶推工艺，先顶推钢梁，就位后铺设预制桥面。为克服主塔处主梁负弯矩引起的桥面板拉应力，通过调整吊索张拉力，使成桥状态该区段桥面板预存一定的压应力，以抵消运营期间可变作用产生的拉应力。

（3）主缆的多重防腐处理

本桥主缆采用了多重防腐体系。主缆缠丝采用了较为先进的 S 形钢丝，以增强主缆高强钢丝的密封性。主缆外防护采用硅烷改性聚合物密封体系，可以较好地适应主缆的变形。主缆锚头预埋管内填充 MF-DJ2000G 性非硫化不干性防腐密封胶，以确保运营期间水分不进入主缆锚具。在主缆最低点的索夹上设置泄水孔，使主缆内施工期间的存水有排放的通道。每个主缆锚室内设置除湿机，使散索区外露的主缆外露钢丝处于干燥环境。主缆上表面采用特殊处理，确保积雪凝结的冰层能方便清除。

（4）低温条件下的结构处理

桥墩承台均采用 C40a 引气混凝土，以满足冻融环境下的混凝土耐久性要求。水中墩承台侧面四周及顶面外包花岗石防冰撞体，以保护承台混凝土免受流冰的撞击。桥面外露的混凝土表面涂刷水性氟碳漆，保护混凝土免受除冰盐的侵蚀。通过试验研究，确定了低温条件下高强度螺栓的有效预紧力，以克服螺栓的后期松弛。

重庆市轨道交通三号线一期工程

设计单位：上海市隧道工程轨道交通设计研究院
合作设计单位：重庆市轨道交通设计研究院有限责任公司、北京城建设计研究总院有限责任公司、上海市政工程设计研究总院（集团）有限公司

主要设计人员：陈文艳、仲建华、郭劲松、林莉、刘俐、金峰、王安宇、祝平、龚飞、何永春、李斌、沈学良、邓钟明、吴天、邢晓辉

重庆三号线一期工程（二塘—龙头寺）是跨座式轨道交通工程，连接6大公交枢纽，与6条轨交线换乘，线路全长20.14km，其中地下线8.04km，敞开段0.36km，高架段11.74km。共设18座车站，其中地下站7座，高架站11座。近期采用6辆编组，远期8辆编组。设车辆段及综合基地1座，控制中心1处，主变电所2座，以及相应的机电系统专业配套工程。

设计的主要特点有：

（1）线路所经过的区域具有山高坡陡、道路狭窄、地形复杂等特点，选用制式充分体现典型山地城市轨交线路特征的先进技术，共节省工程投资约800万元，取得了良好的经济效益和社会效益。

（2）使用再生制动地面吸收装置，有效降低了列车牵引和制动的能量消耗；距线路12m处的噪声为64.0dB。其独特的“噪声低、辐射低、振动低、能耗低”的节能环保效果，为其他城市轨交制式的选择提供了新的思路和方法。

（3）通过轨道梁三维空间结构及桥墩定位系统的研发，完成了具有自主知识产权的跨座式轨道梁的设

计研究工作，使轨道梁在三号线工程中得到了进一步提高和创新。

（4）多功能的综合系统平台以检修功能为主，兼有电缆桥架和紧急情况下乘客的疏散功能。在国内外的跨坐式单轨交通工程中首次采用。

（5）隧道拱顶岩层覆土最薄处仅 8.6m，断面宽 24.4m、高 32.8m、最大开挖断面面积达 760m^2 的地下暗挖车站红旗河沟站，创下国内乃至亚洲城市浅埋超大断面隧道关键技术之最。

（6）研制开发的平移式道岔，具有转撤迅速、构造简单、列车运行顺畅、稳定性好、准确率高等优点。目前，车辆段中营运情况良好。弱电系统模块化 UPS 整合技术，增加了可靠性；无线集群应急系统，为抢险救援提供了无线通信保障；采用声学模拟技术，避免车站存在扬声器声场外泄，减少对周围居民的干扰。CBTC 应用于跨座式单轨制式，具有高效、控制灵活、扩展性好等优势，且国产化程度高。

（7）资源共享满足联网运营需求，实现乘客在路网内无障碍一票换乘，满足一卡通在路网内的统一应用，实现不同线路间的互联互通。综合监控系统的设置，实现了信息互通、资源共享，从而将本工程的运营管理纳入到全市的轨交运营管理体系。

（8）车辆基地废水处理检修作业产生的含油废水经除油处理达标后排入排水管渠；洗车废水经处理后回用，仍用于洗车；浴室废水和生活污水经段内综合处理站处理后，用于厕所用水及道路冲洗和绿化用水。

上海市崇明至启东长江公路通道工程（上海段）

设计单位：同济大学建筑设计研究院（集团）有限公司
合作设计单位：上海市政工程设计研究总院（集团）有限公司

主要设计人员：海德俊、魏华、吴美发、袁慧玉、张哲元、张焱、赵召胜、张剑英、乔静宇、鲍燕妮、施新欣、薛萍、方健、于平、张杰

本项目为六车道高速公路，路线全长 30.735km（含崇启长江大桥 2.296km）。设计速度 100km/h，路基宽度 33.5m(崇启长江大桥宽 33.0m)，桥涵设计荷载等级采用公路–I 级。

设计的主要特点有：

（1）最小破坏

本项目是崇明岛最大的人工廊道，对环境破坏应控制在最小范围。项目采用长江口细砂作路基填料，全线不设取土坑，仅此一项节约土地约 3000 亩（200hm^2）；提出以路基累积塑性变形为核心控制指标，从湿度状态、模量衰减、塑性变形累积等方面，得出路基合理高度的确定方法，设计平均填土高度由 3.6m 降低到 2.2m，平均每公里少用地 3.75 亩（0.25hm^2）；设计对施工组织合理安排，施工便道均在公路用地内辟筑。

（2）最大保护

① 表土（营养土）采集，袋装做预压土，路基完成后作护坡道及绿化土；

②原状苗木集中保护，土建完成后，最大利用既有苗木；

③通过对动物生态系统的体系研究，全线布局动物通道共 23 处；

④利用北横引河间绿地系统，结合雨水处理工艺，近期在公路用地范围内最大化处理，远期排入规划雨水处理系统；

⑤保护民生，合理改移、调整水系，对现状影响最小化；

⑥设计两处示范性多级串联表面流人工湿地，针对性处理路面初期雨水中 SS、石油类及 CODcr；

⑦结合高速公路声环境特点，将生态保育和修复相结合，在生态影响区范围内构建“王”字形等七种林相结构，以适应不同的环境，最终形成绿色路域环境的恢复体系。

（3）宽容设计

引入宽容设计理念，强化线形标准组合分析，加强路线安全评价力度，对路侧安全净空区的构筑提出全系方案，降低填土高度、放缓边坡，使其不仅是自然性的生态路，也是安全上的“生态路”。

（4）全周期设计的理念

①强化路基设计措施，确保路基的强度；

②强化地基处理措施，详细分析地质资料和崇明本岛已建公路的沉降特性，作针对性处理方案，降低或避免桥头跳车发生的几率；

③对路面结构设计提出全寿命（周期）要求，加强路面水稳性，避免水破坏，设计目标为路面设计周期内不发生结构性破坏，养护应限于磨耗层；

④设计应用目前国际最先进的现场足尺加速加载设备 MLS66，检验全寿命周期内路基路面的耐久性。

（5）适应性设计理念

就地取材，结合崇明特殊情况，作好吹填砂路基，包括不同路基工况下的设计及研究工作。低路堤缓边坡设计是近自然陆域景观及减少对土地的需要，结合宽容设计理念，条件许可的情况下应尽量做到。

宁波市外滩大桥工程

设计单位：上海市政工程设计研究总院（集团）有限公司

主要设计人员：马骉、葛竞辉、张俊杰、何武超、顾晓毅、万鹏、林秀桂、袁胜强、陈磊、顾民杰、蒋春海、徐慧丹、俞宏峰、许正荣、冯义鹏

外滩大桥全长 1040.74m，为城市主干道。主桥采用独塔四索面异形斜拉桥结构，跨径布置自西向东为：主跨 225m+ 边跨 82m+30m。主桥为分离式双箱断面，单幅标准桥宽 21.4m，双向六车道，并通行非机动车道和行人。远期可将非机动车道改为机动车道，即为双向八车道。引桥采用 25 ~ 40m 跨径的预应力混凝土连续梁，现浇大箱梁结构，上下行分离式两幅桥，标准断面全宽 33m。设计车速：50km/h，设计荷载：城 -A 级。工程内容包括跨江特大桥一座、两岸引桥及接坡道路、地面辅道、横向下穿地道、排水及泵站、综合管线、绿化照明等。

设计的主要特点有：

（1）桥型独特

主桥采用主跨 225m 的独塔四索面异形斜拉桥，以人字形的索塔象征人文的宁波，以集中锚固于塔头的凸显张力的斜拉桥形式表达了宁波搏击风雨、勇往直前、具有海洋般宽阔胸襟的现代化港口城市形象。

（2）与桥型相匹配的独特的结构体系

设计对大桥总体布置进行了多方案计算分析比选，确定了受力更为明确、传力途径更为简洁明了的自锚式结构体系。该体系中，梁和塔融为一体，前塔柱、后斜杆和边跨主梁形成主要的受力封闭三角体系，在结构受力上具有明显的改善，而且将在软弱地基上设置的强大而又复杂的锚碇优化为简单的承台构造。

（3）附属于主梁下的曲线人行桥设计

外滩大桥人行系统包括人行道和人行桥两部分。人行道标准宽度 4m，主桥全桥范围内布置。人行桥形式属于国内首创，增加桥梁与周边环境如江水、岸边公园的联系，体现以人为本的理念。人行桥标准宽度 3m。从主梁下缘或外侧悬挑出来至大桥东岸一直延伸到主跨桥面，单侧桥长 210m。在构造上引入建筑轻钢结构常用的球形节点支撑，解决了人行桥共振频率问题。

（4）三角形索塔节点设计与模型试验研究

外滩大桥采用不对称结构——带支撑斜杆的无背索斜拉桥结构方案，该桥结构新颖，受力复杂，尤其是塔梁固结、塔墩固结节点、上塔头、后斜杆与横梁、

后斜杆与水平杆等5个相交节点等部位。特进行了宁波外滩大桥设计关键技术研究，包括：①上塔头受力机理、合理构造分析研究；②后锚点塔梁、水平杆连接及锚固体系性能研究；③塔梁固结节点受力性能分析研究；④后斜杆连接构造疲劳试验研究；⑤前塔柱与上塔头连接段局部稳定和极限承载力试验研究。经中科院科技查新和上海市建交委科技成果鉴定，总体达到国际先进水平。

（5）全桥的关键点——后锚点创新设计

自锚式体系的索塔后斜杆、水平杆以及边跨主梁间横梁的交汇区段定义为后锚点。通过“后锚点塔梁、水平杆连接及锚固体系性能”专题研究，采用大型有限元软件ANSYS建立全桥混合单元模型，并进行基于整体模型的后锚点局部受力分析，成功解决了后锚点设计的相关技术难题。

（6）与主桥索塔转体法施工相匹配的转动铰设计

外滩大桥主桥索塔施工时，水平杆采用支架法施工，前塔柱采用“竖拼竖转”法施工，经过多方案比选后，采用在两前塔柱根部箱形截面内设置水平同轴的转动铰，实现了前塔柱竖拼竖转的施工工艺，为节省造价，减少施工措施费用。

北京市轨道交通房山线工程

设计单位：上海市隧道工程轨道交通设计研究院
合作设计单位：中铁第一勘察设计院集团有限公司、北京市建筑设计研究院有限公司、中铁大桥勘测设计院集团有限公司、中铁工程设计咨询集团有限公司、中铁电气化勘测设计研究院有限公司、北京城建设计研究总院有限责任公司

主要设计人员：章建庆、张国芳、朱蓓玲、王安宇、万钧、郭建棚、吕洁华、李 晖、陈生国、魏文期、倪尉、丁静波、饶晓明、赵兴华、何跃齐

房山线初期线路全长约24.73km，其中高架线约21.43km，地下线约2.98km，过渡段约0.32km，地下线路位于世界公园站至郭公庄站；沿线设车站11座，其中高架站9座，地下站2座；设车辆基地1处，控制中心1处。

设计的主要特点有：

（1）总体规划、线路设计

房山线是连接北京市中心城区及其西南面房山新城的市郊线路，工程建设的顺利实施和如期开通，对北京城市总体布局的调整、改善交通条件、促进区域经济社会发展起到了极大的推动作用。本工程建设时间短、工程环境复杂、外部制约条件多，从设计到建成试运营仅用了不到两年的时间，是国内轨道交通建设在工期上的一次新突破。

（2）车站建筑

以标准化、模块化、“一线一景”的设计原则，注重车站内外环境的人文表达。全线以岛式站台为主，综合考虑了导向系统、乘客信息化系统、无障碍设施等方便乘客的措施，功能完善；注重站厅站台公共区布局，功能齐备。站点与周边建筑的一体化设计，交

通功能与地块开发融为一体，实现了城市服务功能的互补与完善。

（3）车站结构

高架标准车站为双柱三层岛式车站，车站结构与高架桥结合成一体，形成空间框架体系，结构简洁，形式统一。地下一层大葆台站设计综合考虑了8度区结构抗震、防水、冻胀、抗浮等诸多影响因素，为北京地区粉土、砂卵石地质条件的车站结构设计提供了可借鉴的经验。

（4）区间结构

高架区间采用简支梁设计，各跨路口桥梁采用斜腹板变高度连续梁结构，永定河高架区间采用了40m双箱组合小箱梁、梁上运梁、架桥机架设的方案，跨越丰西铁路编组站铁路线时，主梁设计选择连续T构、水平转体施工的方案，地下区间结构设计中，分别采用了矿山法、明挖法等施工方法，保证进度，减少施工期的环境影响。过渡段采用了U形槽+短桩基础的方案，有效控制了路基的不均匀沉降。

（5）机电设备系统

通信系统引入摄像机联动功能、PLC电源监控系统。信号系统采用国产化的CBTC系统。供电采用UPS电源整合系统，减少电源设备的重复设置，减少了设备用房面积。高架区间防雷采用地极保护器实现

高架区间雷电流就近泄放，解决了与杂散电流腐蚀防护的矛盾。针对郊区线路潮汐客流明显的特点，配置大量的双向检票机，提高检票机使用率。大葆台站采用磁悬浮离心式冷水机组，为国内地铁首次应用。

（6）节能和环保

全线铺设无缝线路，使乘车更舒适安全。在噪声高敏感区采用了梯形轨枕、钢弹簧浮置板、声屏障等综合降噪措施，满足了环境要求。车站和区间采用节能型照明灯具和节能控制方式。污水排放视车站和车辆基地市政排水体制，确定处理方式，达到污水排放标准和环保要求。车辆段所有建筑均采用节能设计；库房屋顶采用虹吸系统收集，污水、废水可回收利用；屋顶设太阳能系统。

上海市轨道交通 2 号线东延伸工程

设计单位：上海市政工程设计研究总院（集团）有限公司

合作设计单位：上海市城市建设设计研究总院、中铁二院工程集团有限责任公司、中铁电气化勘测设计研究院有限公司、上海市隧道工程轨道交通设计研究院、中铁上海设计院集团有限公司、铁道第三勘察设计院集团有限公司、同济大学建筑设计研究院（集团）有限公司、上海市地下空间设计研究总院有限公司

主要设计人员：冯卫国、程斌、冯云、姚幸、杨彩霞、王岳怡、彭大明、章耿、孔效群、付鹏、刘传平、冯帆、庞山、赵寒青、李江莉

工程全长约 30km，设车站 11 座，主变 1 座，停车场 1 座，与既有 2 号线合用新闸路控制中心。

设计的主要特点有：

（1）线路敷设方式

为适应唐镇和川沙新市镇的规划要求，以及尽量减少对沿线环境的影响，进一步提高土地的利用价值，东延伸工程在张江高科技园区、唐镇和川沙新市镇由原规划选线方案的高架形式调整为地下线敷设方式。

（2）延伸线与运营线的区间接驳

综合考虑降低工程造价，减少施工难度和施工风险，同时考虑把接驳施工既有线运营的影响降低到最低程度，接轨点选择在龙阳路站—张江高科站高架区间过渡段，首次在国内轨道交通领域采用土建移梁的方式进行拟建线路与既有线路的接驳。

（3）近期分段、远期贯通运营组织

在充分考虑全线功能定位要求及运营初期的客流特点，采用初期广兰路站以东分段运营、客流增长到一定程度采用贯通运营的组织方式，既节约运营成本，又提高初期服务水平。

（4）地铁与磁浮近距离并行

与磁浮近距离和长距离的并行国际无先例，通过专题研究，提出了合适的结构方案，并论证了轨道交通与磁浮线近距离并行的可行性，确保了东延伸的建设及磁

浮线的正常运营，同时为将来类似工程积累经验。

（5）延伸线不同制式融合技术研究

在不影响既有 1、2 号线的正常运营的前提下，将 2 号线东延伸段控制中心相关系统纳入既有 2 号线的相应系统中，与运营中的 1 号线、2 号线共同使用一个控制中心，实现统一调度指挥、集中管理、多种运营方式组织运行等功能。

（6）综合性科研实训基地设计技术

充分利用东延伸开通后的“废弃”线路，通过新建并改造土建及相关机电设备，形成“三站两区间”、具备试车、设备试验、培训和实施的多功能线路，为国内轨道交通领域首条专用线路。

（7）环境敏感点所采取的减震、降噪措施

对金科路—广兰路区间，尤其是邻近宏力公司敏感点的区段，优化线路方案，采用 60kg/m 钢轨无缝线路、弹性减振扣件和长轨枕埋入式整体道床的轨道结构形式，以尽可能地减少振动和噪声。

（8）工程节能设计措施及采用的设备

川沙停车场的检修库设置 1 套 80kW 的并网式太阳能光伏发电系统，将太阳能电池板发的电通过并网型逆变器直接接入停车场变电所的 400V 母线，直接供停车场的负荷用电，实现新能源的高效利用。采用智能节能照明系统，根据场所和使用情况选择合理照度，充分利用自然采光，选择高效节能的灯具，并用专业的 F2-BUS 智能照明系统实施控制。

上海市白龙港城市污水处理厂污泥处理工程

设计单位：上海市政工程设计研究总院（集团）有限公司

主要设计人员：张辰、顾建嗣、胡维杰、俞士静、何贵堂、曹晶、生骏、汤建勇、王萍、韩亮、陈萍、袁嘉、许怡、卢骏营、俞士洵

工程处理规模为1020t/d(对应200万 m^3/d污水厂)，占上海中心城区日产脱水污泥总量的近半数。

设计的主要特点有：

（1）本工程是国内规模最大的采用厌氧消化和干化处理工艺的污泥处理工程。为确保该工程的成功，进行了充分的科研研究，形成了《白龙港污泥除砂除渣及调理预处理技术研究》、《白龙港污泥厌氧消化工程优化运行研究》、《白龙港污泥工程卵形消化池抗风性能风洞试验研究》、《蛋形污泥消化器设计、运行项目的风险预测和控制》等专题科研报告。

（2）国内首创了将污泥消化产生的沼气用于干化、干化处理中的余热回收用于消化预加热的综合处理工艺。污泥经厌氧消化+干化处理后，资源化作土地利用。8座消化池长期统计数据测得的VSS降解率均优于国标GB18918要求。经对沼气脱硫系统的沼气出口硫化氢含量的测试，大大优于设计值20mg/m^3。

（3）充分考虑各工艺系统提前投运措施，实现了重力浓缩、离心浓缩、脱水等系统的先期正常投运及为配合污水处理各种运行模式，实现了重力浓缩、机械浓缩、消化、脱水等各处理阶段在验收后第一时间投入运行，最早最大限度地发挥了工程效用。

（4）创造性采用了“重力浓缩 + 离心二级浓缩”的方案，剩余污泥经重力浓缩后再通过离心浓缩到95%，显著节省了工程投资和运行成本。同时通过污泥浓缩池的加盖及除臭系统很好地解决了污泥处理工程普遍存在的臭气问题，做到了工程投资、运行成本、技术可靠性及运营管理的综合平衡。

（5）结合本工程处理规模大的特点，优化了常规污泥消化沼气系统设计，国内首创采用了相对独立的消化池产沼稳压系统，将消化池稳压和沼气脱硫及其储存系统分开，避免了沼气脱硫和储存系统运行对消化系统的影响。

（6）国内首创对沼气采用生物脱硫 + 干式脱硫的两级脱硫工艺，大大提高了脱硫效果。先进的生物脱硫技术以回收沼气湿式脱硫所需碱液，从而在确保沼气高效脱硫处理的同时降低运行费用。

（7）采用了消化池供热温度精确控制系统，形成了独立的供热系统及需热系统，在保证锅炉稳定运行及其启动保护、系统运行可靠性的同时有效地降低了能耗。

（8）工程采用了以管道输送设备为核心的脱水污泥输送系统，实现了全封闭输送，采用了近输送距离的螺杆泵泵送系统及远输送距离的柱塞泵泵送系统。

（9）大直径高强预应力混凝土管桩首次应用在蛋形消化池的地基处理，实现了软土地基上的首座全预应力蛋形消化池结构，作为核心部分的八座双向有粘结预应力蛋形消化池，单池体积达 12500m^3，通过重点研究软土地基上消化池壳体底部预应力结构，以三承台环状基座的方式有效解决了蛋形消化池单个体量大、荷载大、基座小、桩基布置难等难题。还首次在国内对消化池进行了风洞试验，试验结果补充了荷载规范中的风荷体型系数。

青草沙水库及取输水泵闸工程

设计单位：上海勘测设计研究院
合作设计单位：上海市水利工程设计研究院

主要设计人员：石小强、何刚强、陆忠民、卢永金、李锐、吴彩娥、卢育芳、胡德义、刘新成、王志林、刘小梅、邓鹏、谢先坤、肖佳华、居星

青草沙水库位于长江口南支下段南北港分流口水域，为避咸蓄淡水库。环库大堤总长约48.5km，最大堤身高度约18.5m。水库总面积66.15km^2，水库最高蓄水位7.00 m，设计最低水位 -1.50m，总库容5.24亿m^3，有效库容4.35亿m^3，供水规模719万m^3/d，在咸潮期最长可确保68天连续供水。水库取水采用泵、闸相结合的运行方式，在非咸潮期以水闸自流引水入库为主，咸潮期则通过水库预蓄的调蓄水量和抢补水来满足受水区域的原水供应需求。取水泵站规模为200m^3/s，选用6台混流泵，单泵设计流量达33.3m^3/s；上游水闸净宽70m（5孔14.0m），闸底高程 -1.50m；下游水闸净宽20m，闸底高程 -1.50m；输水闸净宽24m，闸底高程 -4.00m。

设计的主要特点有：

（1）节能环保型取水方式：已建蓄淡避咸水库均采用泵站提水蓄水方式，创新采用“泵闸结合、上下

联动”的取水方式，利用潮汐动能，很好地满足了水量、水质和节能要求，全年超过 8 个月可完全由水闸自流取水，仅每年节电可达 1032 万 kWh。

（2）特大龙口的保护与截流技术：青草沙水库在潮汐河口软基河槽上设 800m 宽特大龙口，采用创新的复合护底技术和大型钢框笼抛石平堵截流技术，成功创造了单仓圈围面积 49.8km^2（7.5 万亩），龙口上单潮设计过水量达 1.5 亿 m^3，设计截流流速近 9m/s（实测流速 5.15m/s）的超大规模，采用水上施工工艺一次性截流成功的世界纪录。

（3）多元的防渗技术：水库在长达 30km 水力充填堤坝上采用三轴搅拌桩建设深度 20 ~ 25m 防渗墙，单位造价约是高压旋喷桩的 50%，且比高压旋喷桩质量更可靠，施工效率更高，在用充泥管袋水力充填、堤身夹 2m 厚抛石夹层的东堤，采用“三轴搅拌桩（两列）+ 高压旋喷（一夹）”组合式防渗墙结构，属国内外首创。

（4）创新的地基加固技术：泵闸两侧水力充填连接堤坝，研发的采用高压旋喷桩进行阶梯式地基加固技术处理连接堤与泵闸相接处沉降变形协调问题尚属首次。

（5）独特的流态控制技术：关于水闸侧向 90° 进出水、改善水流态的整流技术，有以下几类：导流栅、导流墩、导流墙整流方式，立柱、底坎、压水板整流方式，配水孔整流方式。本工程同时采用侧向进水导流墩整流和出水渠弯道潜坝整流技术，属国内外首创。

（6）创新的基坑复合围护技术：本工程上游取水泵闸施工采用“围堰 + 放坡开挖 + 地下连续墙”深基坑复合围护体系，具有独创性。

（7）高效的大型泵站设计：取水泵站总装机设计流量 200m^3/s（单泵流量 33.3m^3/s），扬程变幅 0 ~ 7.1m，运用条件介于混流与轴流泵型边际，水泵装置效率高达 81.3%。

上海虹桥综合交通枢纽水系整治工程

设计单位：上海市水利工程设计研究院

主要设计人员：石正宝、李国林、张宝秀、胡建忠、李凤珍、张根宝、王小艳、刘海青、朱云鹃 何刚强、倪国华

该工程是为了满足虹桥枢纽建设的要求、确保区域防汛排水安全、改善区域水质和生态环境的重大工程。虹桥枢纽总用地面积约 26.26km^2。虹桥枢纽水系属上海市“淀北片”范围，水系研究范围 179.28km^2。工程内容包括整治新角浦等 9 条河道，开挖疏浚河道 16.49km，总开挖土方 451 万 m^3。护岸总长 31.05km，建设道路长 26.69km（机动车道长 9.13km，亲水步道长 17.56km），绿化岸坡绿化面积 13.53 万 m^2，新建立体生态系统河段 400m。

设计的特点有：

（1）深化论证水系布局与河道断面布置方案，保证水面率、调蓄量、排水断面三项指标，采用一维河网非恒定流数学模型精确模拟河网水流特征，综合防汛影响等多种因素，合理确定工程规模。

（2）坚持“排蓄结合，蓄排并重”的治涝原则，研究应用平原地区城市河道断面布置方案，即复式断面最为经济，有效解决防汛排水断面与节约用地之间的突出矛盾。

（3）充分利用现状护岸，提出河道蓝线优化调整意见。设计从实际情况出发，节约工程费用，提出河道蓝线优化调整意见，利用一侧现状护岸按规划标准向另一侧疏浚拓宽。根据枢纽土地使用规划，不同地块，人流密度不同，对亲水与景观环境要求标准存在较大差异。设计从抗冲刷效果、生态效果、环境景观效果、施工难度、工程造价等多方面进行客观的科学比较，并根据不同性质用地的分布情况，进行景观河道、景观河段、景观河岸识别，合理布置护岸形式。

（4）以总体景观规划为依据，进行沿河防汛道路与绿化设计，精心打造枢纽地区沿河生态绿化长廊，坚持“生态自然、以人为本、重点突出”的原则，合理布置机动车道与亲水步道，融防汛抢险与亲

水功能为一体，提出绿化设计构思、绿化空间布置、休闲步道设置、树种配置，打造枢纽地区沿河生态绿化长廊。

（5）根据动迁进度提出河道实施进度安排，确定施工导流方案与河道开挖方法，有效解决虹桥枢纽建设期间的防汛排水问题，新开河道与断流施工河道开挖，主要采用机械开挖。疏浚拓宽河道，陆上拓宽部分土方采用挖掘机进行开挖，临时顺河向挡水围堰和水面以下部分采用小型挖泥船开挖。

（6）全面分析土方需求，区别挖土质量，分类堆放处理，合理利用土方资源，安全处置污染底泥，部分有污染的河底淤泥弃土运至环卫部门指定的垃圾堆场集中处理，其余优质土方根据枢纽总体土方平衡情况运往指定地点集中堆放使用，或用于枢纽地区地面垫高造型，或作为弃土运出枢纽外。

（7）研究应用水环境生态构建与工程示范课题研究成果，指导水环境生态设计，实现理论研究成果向实践应用的快速转化。

通过现场和中试的系统试验，获得了适用于虹桥枢纽地区并体现高效集约低耗的控源截污技术、立体生态修复技术和人工强化修复技术。

上海苏州河长宁环卫（市政）码头搬迁工程

设计单位：上海市政工程设计研究总院（集团）有限公司

主要设计人员：石广甫、周磊、方建民、俞士静、卢成洪、李娟、曹伟华、毛红华、符晖、吴筱川、卞文、俞士洵、邹仪、陈萍、徐靓慧

作为国内首个“5+1”综合性环卫基地，主要建设内容包括：生活垃圾中转站（设计规模800t/d、横式压缩工艺）、大件垃圾处理车间（设计规模70t/d、两级破碎工艺）、粪便预处理车间（设计规模550m^3/d、固液分离＋絮凝脱水工艺）、通沟污泥处理车间（设计规模80t/d、水力淘洗工艺）、餐厨垃圾预处理车间（设计规模60t/d、分选＋压榨脱水工艺），充分贯彻了现代化、先进性、集约化、环保化兼顾的原则，体现以人为本的设计理念，并在单体设计过程中，对横式压缩工艺的垃圾散落、通沟污泥处理的工艺选择、粪便预处理储存池结垢、多子项的除臭系统设计等众多关键技术进行了攻关研究，运营实践证明取得良好效果，对类似项目建设具有典型的示范作用，主要体现在以下方面：

（1）作为国内首个综合性环卫基地，将多个固废处置设施集约化布置，不但减少了环境污染，节约了土地资源，而且通过基地物料平衡分析、水平衡分析，实现了环卫资源的充分共享，达到了环卫资源节约、节能减排的设计目标。

（2）针对水平压缩中转工艺，为克服其机箱分离时垃圾易散落的不足，创造性地将压缩机送料推板设计成阶梯状（缓解箱体垃圾体的崩塌），并结合“三重门”

式箱体结构，以时间换空间，在最短时间实现箱体的关门密封，显著减少了站内垃圾散落。同时，对压缩作业中易出现垃圾散落的部位，首次设计了散落垃圾收集系统，通过气体输送管道，将少量散落垃圾及时输送至卸料槽，大大减小了劳动强度，改善了站内作业环境。

（3）对于通沟污泥处理，引进日本较为成熟的水力淘洗技术，将浮渣、沉渣和污水三相分离，国内首次实现了通沟污泥的无害化处理和资源化利用。

（4）以实践资源节约、提高资源化率为目标，创建低碳环保的环卫基地。大件垃圾通过破碎、分选，实现对可回收物料的回收利用；餐厨垃圾预处理将脱水和沥出的污水进行油水分离，实现了油脂的回收利用；粪便预处理通过配备了絮凝脱水装置，在改善了出水水质的同时，实现了对粪渣的资源化利用。

（5）主体车间建筑设计充分贯彻“以人为本”的设计理念，首次提出在处理车间设置独立的管理巡视通道，与生产作业区有效隔离。通过管理巡视通道不但可以实现对整个作业流程的巡视和监控，确保安全生产，而且为工作人员提供了良好的工作环境，降低了整个车间的处理能耗。

（6）除臭设计针对处理子项分散、污染源差异大的特点，采取分散处理、集中排放的总体思路，并结合生活垃圾、餐厨垃圾、粪便、通沟污泥的不同臭源特点，有针对性地对离子法、植物提取液法进行了组合，确保了项目总体和子项的除臭效果。同时，创造性地采用离子风循环利用技术，大幅降低能耗。

（7）作为集约了多个处理工艺的环卫基地，自控系统是项目成败的关键。对于基地自动化控制系统，除了在各子项中通过计算机技术完成了生产的自动化控制外，并将各子项的自动控制及运营工况信息上传至位于环卫综合楼的基地中央控制室，便于集中监控管理，同时，与市、区两级环卫办公自动化系统对接，为环卫管理、决策提供实时数据。

青草沙水源地原水工程五号沟泵站工程

设计单位：上海市政工程设计研究总院（集团）有限公司

主要设计人员：王如华、李静毅、沈晔、唐旭东、朱雪明、程斌、周磊、辛琦敏、陈虹、卫丹、王海英、王晏、刘澄波、杜一鸣、周质炎

浦东五号沟泵站是一个大型城市供水泵站，输水规模 708 万 m^3/d，受纳青草沙水库重力流而来的原水，通过水泵增压后向下游凌桥、严桥、金海—南汇三个方向的 14 座水厂供水，以满足 1300 万上海市民对优质供水的需求。

设计的主要特点有：

（1）采用数值模拟与物理模型相结合的方法对泵站水力条件进行优化，在工艺设计中对泵站布置进行了方案比较，对每种方案的水力条件进行 CFD 数值模拟，从中选出了较优的方案。在此基础上进行了泵站的 1 ：8 实体模型水力试验，对数模的整流方案进行验证及优化。通过 CFD 数值模拟与模型水力试验的交互验证优化，实现了一侧进水、三向出水泵站总体布置，对进、配水系统进行了优化，克服了水流在泵站转折超 90° 的不利水条件，达到稳定流态和流量平衡的目的，使得五号沟泵站前池中不会产生不利的涡流，实行了泵站的安全运行。

（2）在国内平原城市化地区大口径长距离多系统输水工程中首次采用了安全可靠的单向补压塔水锤消除控制技术，克服了平原地区单向塔设置受限的不利因素，发挥补压塔、开停机和阀门关闭协同作用，形成平原城市化地区长距离大口径管道系统防水锤破坏安全设计体系。

（3）编制软件对变频水泵设置方案进行优化分析，在水泵配置分析期间，编制了计算机软件，加快了方案比较的速度，同时提高了方案分析的准确性，提出优化的水泵运行组合。泵站投运近两年来，水泵平均效率达到 85% 以上，年节电可达 553 万 kWh。

（4）安全可靠的基坑设计。五号沟泵房内部结构属于典型的三维大型空腔结构，尤其是前池区域平面尺寸达到 30m × 35m，顶标高 8.500，底标高 –15.000，水位标高 7.200，承受巨大水土荷载，确保基坑安全。在结构设计的过程中，采用 ROBOBAT 以及 ANSYS 两种三维有限元软件对结构进行整体建模计算，构建软土地区高水压超深超大型地下输水泵房基坑围护、结构抗裂、抗浮以及沉降计算关键技术体系，解决了软土地区高水压超深超大型地下输水泵房的结构设计难点。

（5）安全可靠的电气设计。五号沟泵站规模 708 万 m^3/d，采用了 24 台大功率水泵，装机容量 83.9MW，供水量占全市水量的一半以上，主接线采用了双回路 110kV 线路变压器组接线，6kV 采用了母排四分段接线。系统接线形式新颖简洁可靠，负荷分配均匀，调度灵活。

青草沙水源地原水工程严桥支线

设计单位：上海市政工程设计研究总院（集团）有限公司

主要设计人员：郑国兴、许龙、钟俊彬、张晔明、辛琦敏、樊华青、高宇、郑志民、吴绍珍

工程设计输水规模 440 万 m^3/d，采用两根 DN3600 钢管，全长 27.1km（双线 54.2km），设计工作压力 0.8MPa，全线顶管施工。严桥支线工程输水规模大，压力高，沿线均为人口密集区，建构筑多，实施非常困难。

设计的主要特点有：

（1）优化设计，节能、节地、节投资。经过对大流量高扬程混流泵国内外应用情况、输水钢管运行压力和水力过渡过程等关键技术和问题的研究，推荐采用五号沟泵站一次提升方案。减少了工程用地 84 亩（5.6hm^2）以及泵站工程费用约 2.5 亿元，年运行电耗节省约 1350 万 kWh，避免了约 200 户居民的拆迁。将严桥支线 2 根管道分压运行，又能实现同压运行，每年节省能耗约 1250 万 kWh。通过优化平面和高程方向的转弯设计，采用合理的 R/D，节省输水能耗。将沿线的排气、排水功能井进行优化布置，采用大井套小井方案，大井采用临时顶管井，施工完成后回填，只留下小井作为检修用，节省了大量的地下空间资源。通过线路优化、曲线顶管、增加顶距等技术，将可行性研究报告中 13000m^2 拆迁面积优化为 1200m^2，并减少顶管井 5 座，折合工程投资约 3000 万元（未计拆迁等费用）。

（2）国内外首次运用大口径、小曲率半径曲线钢顶管技术，攻克了曲线钢顶管的理论、设计和施工关键难题。该技术采用了单元管节曲线顶进法，通过对钢管进行适当长度的分节和采用特殊接头，使其能够适应偏转形成设计需要的曲线，并通过较少的节头后处理，形成永久性的刚性连接（已申请专利）。

（3）全线为双线钢管顶管，顶管口径和长度均创国内第一。为减少施工造成的环境影响，在国内长距离输水管线中首次采用全线双管钢顶管敷管技术。本工程还攻克了埋设深度深（覆土深度达 23m）、单次顶进距离超长（单程顶距 1960m）的难题。

（4）专门进行水锤仿真分析，采取特殊措施确保运行安全。首次在平原地区采用了单向补压塔增加进排水阀组合的水锤防护措施，优化管线高程布置，提出了平坦地势下充分利用管道埋深的单向塔设置方法，发挥稳压塔、开停机和阀门关闭协同作用，形成平原城市长距离大口径输水管道系统安全设计技术。

（5）提出了新型注浆孔封堵形式，无需焊接封堵，避免对管道防腐层的破坏。优化了中继间的闭合形式及防腐要求，避免中继间率先腐蚀漏水。首次在大口径全线顶管工程中采用熔结环氧粉末防腐层，并完善了钢顶管内外防腐性能和施工质量控制要求，避免顶

管过程中的损坏。通过系统性的细节控制，形成了钢顶管耐久性设计集成技术。

（6）顶管井因地制宜，采用不同的结构形式。严桥支线工程的顶管井数量共计58座。顶管井分别采用不同的结构形式，达到了因地制宜、经济合理的效果，主要有沉井、灌注桩和地下连续墙三种。

泉州五里桥文化公园景观设计

设计单位：上海市园林设计院有限公司

主要设计人员：朱祥明、方尉元、王冬冬、江卫、缪珊珊、张春华、李珺玉、李雯、周乐燕

项目位于福建省泉州市，基地总面积 70 万 m^2，其中绿地面积 33 万 m^2，园林小品和建筑面积 0.4 万 m^2。本项目还涉及对历史文化遗产的保护、生态环境的回复、水体的治理及文化生态公园的建设。

由于原始海湾的退化以及桥周边污泥的淤积，加之 20 世纪 60 年代的围海造田，五里桥全国重点文物保护单位由原先的“水上桥”逐渐变成了“陆上桥”。桥周边的自然环境和场地的特征正在逐渐消失。桥周围的违章建筑在逐渐靠近桥体，严重破坏了文物周边环境的原有风貌。环境破坏与水体污染、土壤盐碱化使桥周边的生物正在逐渐减少甚至面临灭绝。

经过对现场的缜密分析以及与业主的深度沟通，将本项目定位为“一座以城市历史文化遗产与生态环境恢复为主要特征的生态文化公园”。城市历史文化遗产保护与生态环境恢复是本公园的两大特征。在这两大特征的定位下，提出三大建设目标：保护与修缮古代文化景观；恢复其周边的生态环境，重点是水环境的治理；为社区居民提供良好的了解历史、亲近自然、体验生态恢复带来的自然生活。

对现状的水质、植被、土壤、其他生物、微生物进行深入的调研取样研究，并取得科学的调研数据，为生态环境的恢复研究与实践提供了详尽的基础资料。

用生态水处理的办法治理盐碱度高的水体污染，并取得了一定的成效，这个对整个福建地区乃至全国沿海地区河流咸淡水污染水体的生态修复有重大的现实意义。

对当地地域文化及五里桥文化内涵进行提炼，在建筑设计和景观设计时以设计“元素”加以体现，并赋予新的内涵形式。

总之，本项目在对古桥保护、环境治理、水体治理、公共环境建设等方面取得了良好的效果。

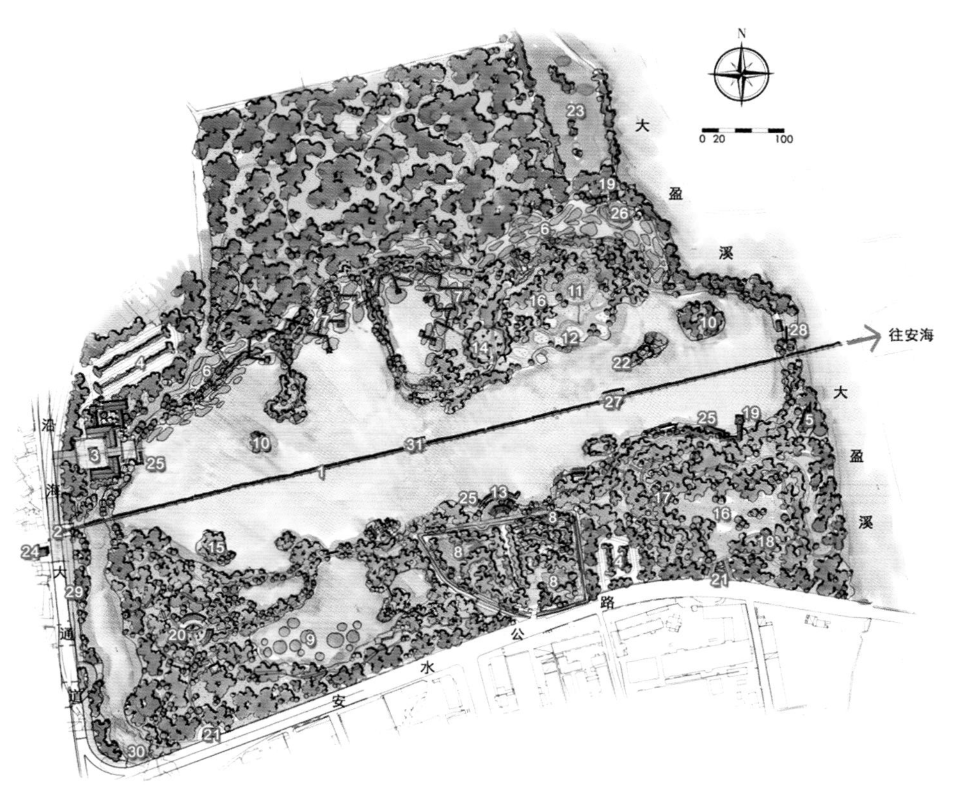

1 五里桥
2 桥头堡
3 公园主入口
4 停车场
5 飞虹塔
6 景观湿地
7 滨水栈道
8 振万园原有水系
9 生态景观浮岛
10 鸟趣岛
11 景观地景艺术
12 艺术景观滩
13 滨水平台
14 岩石花园
15 棕榈岛
16 景观草坪
17 缤纷花带
18 景观林
19 景观亭
20 景观廊
21 次入口
22 候鸟堤
23 水处理沉淀池
24 海潮庵
25 游船码头
26 水处理池
27 桥中庙
28 规划水闸
29 滨水景观
30 愚公闸（现有）
31 风雨亭

湘江株洲段生态治理及防洪工程（园林景观）

设计单位：上海市政工程设计研究总院（集团）有限公司

主要设计人员：钟律、凌跃、顾红、张翼飞、卢琼、杨学憧、徐杨君、秦磊、周佳毅、邵奕敏、马莎子、陆云帆、张海容、章俊骏、丁琳

本次景观工程呈半圆形，位于株洲的湘江西岸，工程北起石峰大桥北侧，南至滨江路黄河南路路口，全线长度为10.7km，滩面平均宽度120m，面积约11hm^{2}景观通过10km长的滨江自行车道将各个平台、广场及活动设置串联起来，形成一个连续、自然、丰富的城市滨江景观带。

保留原有植物群落，补充本土植被，再织原有环境体系，根据其自身特色自我演替，形成低养护、生态型的绿色江滩。同时利用多样滩地形式，因地制宜地营造特色湿地景观，再现昔日沙滩美景，形成随江水及大自然的生长的特色滩涂景观。

利用并改造原有水利防洪挡墙及护坡、平台，延续了多层岸线的设计理念，通过花堤草滩、自行车道、广场平台和雕塑画卷等界面形式柔化了原来生硬的防洪岸线，丰富了城市的滨水空间。

开拓多样的活动空间将市民的休闲活动引入城市滨水空间，设计航模、极限运动、篮球、游戏沙坑、门球等体育活动场地，还将休闲广场、湾池栈道、艺术墙、沙滩、码头、酒吧街、剧场、水涧等功能空间植入到景观带中，为株洲市民提供丰富多彩的公共活动场所。

注重生态与景观、植被与文化相协调的原则，坚持生态造绿、植物造景。充分挖掘场地景观资源的灵魂，充分利用植被、地貌和文化等造景元素，注重视觉空间结构、形态、外延邻近空间的关系，营造不同的文化主题和景观格局、整体的美感和韵律，体现不同的季节气候和时序变化与不同的文化品位和园林意境。并根据“以人为本、环境优美、可持续发展”的株洲城市建设目标，应用生物生态和园林艺术的理论，通过植物、景观小品、建筑的有机配置与组合，共同构成优美的滨江生态景观。

太仓市文化中心、图博中心景观工程

设计单位：上海市园林设计院有限公司

主要设计人员：朱祥明、王艳春、任梦非、许曼、叶忠豫、陈琼、张毅、李娟、金迪佳

太仓市文化中心、图博中心景观工程位于太仓市上海路、大半泾河、东亭路之间，设计面积约 $10hm^2$，其中绿化面积 7.3 万 m^2，铺装广场面积 1.9 万 m^2，道路面积 0.8 万 m^2，是太仓市城市中心的公共服务、文化设施景观区。

鉴于本项目是现代城市公共景观，设计试图用艺术化的手法，将艺术、建筑与景观相融合，针对地块内大剧院、图书、展览馆等文化建筑及中心广场对不同功能和不同空间尺度、空间序列的景观需求，将诸如雕塑小品、硬质设计、植物造型等景观元素艺术化地浓缩为抽象形态表现出来，形成一次城市环境艺术化的景观设计尝试。

整个地块定位为由场地特征衍生出的艺术有机体，即：将街区和单位建筑作为“画布”，体现艺术型、园艺型、生态型、科学型等设计理念，将新技术、新材料应用在具体设计工作中，使硬质景观、植物配置、雕塑小品等各个表露在外的元素突破传统景观设计框架，创作出不同艺术效果的景观作品。

本工程在景观构筑物、道路铺装、特色小品、硬质铺装造型、表皮材质上以体现艺术性为目标，材质大胆选择不锈钢、玻璃、海晶石等，通过景观营造出光线穿透、材质变化、植物造型、地形地貌塑造等，将景观中可能转瞬即逝的元素提炼和强化后，展现在公共大众面前。如：中心广场设计曲线优美的音乐喷泉与旱喷结合，用音乐与喷流而出、变幻舞动的水柱形成剧场的表现效果，使大众在室外也能体验艺术的魅力；大剧院、文化中心内部设计造型现代的几何形式植物种植池，用植物、光影和铺装形成封闭空间内静谧的小环境；在室外花园里，通过波浪形的艺术修剪植物、彩色海晶石、映射环境特质的不锈钢雕塑等，创造出戏剧化、色彩明快的艺术造型。

在植物配置上，将艺术化应用在重点和主要区域（如中心广场上、屋顶花园等），配合硬质、雕塑小品的需要，选择树形飘逸、季相变化明显、可塑性强的特色植物，既体现意境又符合公共区域大众审美需求；在背景植物品种选择上，仍以生态化为主，尽量以适合太仓地区生长的乡土、效果好的植物品种为主。

昆山市夏驾河“水之韵”城市休闲文化公园

设计单位：上海亦境建筑景观有限公司
合作设计单位：上海交通大学风景园林研究所、上海上农园林环境建设有限公司

主要设计人员：汤晓敏、王云、朱报国、毕晓来、战旗、曹珺、池志炜、桂国华、龚美雄、汤志辉、张亮、姚素梅、陈辉、陈路路、林华斌

项目位于昆山经济技术开发区，南北长4500m，东西宽约300m。昆山东部新城的总体规划将夏驾河公园定位为东部新城功能性景观轴与城市客厅，以生态、科技、人文三条主线展现东部新城主要城市精神与形象。全园包括五个功能区：城市庆典广场、滨水娱乐区、生态休闲区、水上信息科技展示主题区、水上培训度假主题区。

强调“连接、渗透、聚合”的核心规划理念。规划旨在将夏驾河公园打造成生态水网、生态绿网、低碳生活网络的连接与空间转换的媒介，构建市民活动、城市庆典活动的聚集地，实现公园与城市边界的渗透、休闲文化生活与公园景观的渗透。

规划以营建文化型、生态型、安全型、景观型的边界空间为主线，以“生态与人文、景观与生活、商业与娱乐”为功能目标，从“水、林、景、城”相融共生的角度，构建“文化、生活、景观三体系、蓝绿两空间、沿河一网络”的城市滨水空间，精心构筑集知识、趣味、休闲、娱乐于一体的城市客厅。

结合现状资源条件、以多元游憩需求与周边地块的功能为依据，强化游憩度与自然度的“梯度”演进。

总体布局以城市庆典广场为中心，向南北衍生形成“中间动、两侧静”的布局特色，构建活动强度与开发强度渐次递减、而自然度渐升的梯度渐变格局，形成“三线、五区、二十景”的景观格局，创造蓝（水）、绿（绿化）、红（文化）三色辉映的自然生态廊道，构筑层次多样、季相丰富、动态变化的景观效果。

基于地域文脉，运用隐喻的手法，从景观要素、活动设施以及游憩项目导入等方面诠释城市公园的休

闲文化性。

设计以时间为线索，运用水中“涟漪”为设计母题，以建筑、山石、景观小品与设施、雕塑、灯光等为载体，围绕“活力昆山、启航之旅”的文化主线，提炼出“船、波浪、水分子、彩虹、云朵、水珠、水舞、飞雁”等具象要素，合理配置现代休闲活动，艺术地再现昆山历史与人文，体现“水之韵”的景观意向。

基于低冲击设计（LID）的理念，强化休闲文化公园的生态性。充分保留现状植被，开辟林下活动空间；选用高透水性的铺装材料，硬质地面可透水率达50%以上；注重道路场地的雨水收集与净化，应用生物净水技术构建公园的水循环体系；将太阳能技术巧妙运用于灯具、建筑与景观设施中；植物配置乡土化与近自然化；采用自然的水岸处理手法，透水率达90%以上。

南园滨江绿地（公园）改扩建工程

设计单位：同济大学建筑设计研究院（集团）有限公司

主要设计人员：陆伟宏、王准、葛春霞、贺爽、黄清、文铭、王磊、蒋霞红、周建、袁雯雯、张枫、唐彪
吴佳培、王琴、王丹

项目位于上海市新黄浦区南部，西侧紧邻上海世博会场址浦西片区，北与世博会场址浦东片区隔黄浦江相望。用地面积 7.3 万 m^2，其中绿地面积 4.9 万 m^2，沿黄浦江岸线长 650m。内有管理服务用房、区级规划展览示馆，为上海新黄浦区最大的一处滨水绿地公园。

设计将自然界最简单微小的元素——水滴，以五种最熟知的变化形态纳入总体规划中。入口保留的绿丘，犹如水滴凝结，汇聚人气；延展的小南湖水面，犹如一面历史的镜子，折射过去与未来；老南园在新南园孕育出一片全新的绿丘园；主路向南渗透划出一道优美的“S”形弧线；整个过程又如水的流动。

在景观总体布局中充分考虑到该地块的实际情况，巧妙构思、因地制宜，采用“一线一轴、四区、四中心”的景观布局结构，把整块绿地分为“新欣南园”、“都市绿野”、“工业像素”和“滨江华灯”四个景区。

选择了一些极具场地记忆功能的建筑物进行改造，根据保留元素的特色，分别采取封存、衍生、关联、拓展、装饰等建筑语言，使之成为公园功能性建构和承载场地历史记忆的标志。

采用了大量透水地坪并建造地下雨水调蓄池收集建筑屋面和场地雨水用于补充景观水体和植物浇灌。建筑屋顶和外墙采用新型无土栽培绿化进行美化，增强景观性的同时，也减少屋顶荷载和结构厚度，并成为建筑节能环保的重要措施。

公园内的规划展示馆造型如一朵含苞待放的白玉兰花蕾，设计在屋面上布置了数十个圆形透明太阳能电池板，作为景观水的动力电源。同时屋面采用新型无土栽培技术，种植基础厚度不足 15cm，大大降低了建筑荷载和结构构件厚度。

合理配置园林植物，坚持生态效益优先，营造安全舒适的生态环境，在适地适树原则基础上，充分利用地形、河岸、水系递变的环境，创造丰富多彩的植物群落，形成多功能复合结构的绿化网络。

张家港市城北新区三条道路景观绿化工程

设计单位：上海市园林设计院有限公司

主要设计人员：王艳春、刘定华、潘鸣婷、任梦非、许曼、祁佳莹、叶忠豫、雷文宁

该工程由长兴路、振兴路、华昌路三条紧邻的道路构成，其中长兴路、振兴路为新建道路景观设计，华昌路为道路景观提升设计，项目总面积约25.6hm^2，其中绿化面积21万m^2。

通过空间尺度控制、景观形态、景观段落、序列构建，凸现“园艺、简洁、大气”的整体道路生态景观风貌，对于张家港乡土植物特色、地方文化元素的进一步挖掘与体现。打造兼具生态性、标识性、文化性、功能性、安全性、环保性、科技性的国际化高品质景观道路绿化。

设计构思从生态、色彩、人的参与性、滨水四个方面出发，以大地绿色基底、蓝色水系以及多彩、缤纷植物的艺术融合，重点体现张家港市独具魅力的“灵秀、绮丽”特质，通过艺术与人的心灵沟通、震撼，营造强烈、冲击的视觉感受，最终实现张家港城北新区的“面绿、景美、水清、人悦”。

以简洁大气的设计手法，作为本次道路的整体风格，融合色彩景观表现、浪漫曲线造型、现代园艺小

绿荫花廊

该景观节点段落以常绿大乔木如香樟、红果冬青形成背景林、骨架林，同时依道路有节奏性地布局立体藤蔓花廊，形成“立体、园艺、多彩”的展示空间，一系列健身、活动场地也穿插在绿林之中，“生态、自然、和谐、人性”的设计理念也因此发挥到极致，空间，也点题性地体现张家港城市内在的“母亲”绿色情怀。

七彩之舟

该景观节点通过竖向堆土形成立体空间，以东西纵向展开的曲线为该区域构成要素，以不同“色系、花期、高度、层次”的花灌木及宿根花卉、草坪组合成“流畅、动感、柔美”的线性空间，视觉上形成强烈的冲击力，再辅以彩色的矮墙、矮柱等硬质元素构建出热烈的景观界面。

清渠抚岸

该景观段落充分利用临水的优势，以直线为主要构成线形，通过穿插、切割形成趣味性、层次感的滨水开放空间，再配以长廊、长条坐凳、草阶、造型草坡、景观栏杆、灯柱等元素，营造出滨水活力长廊的空间特质。

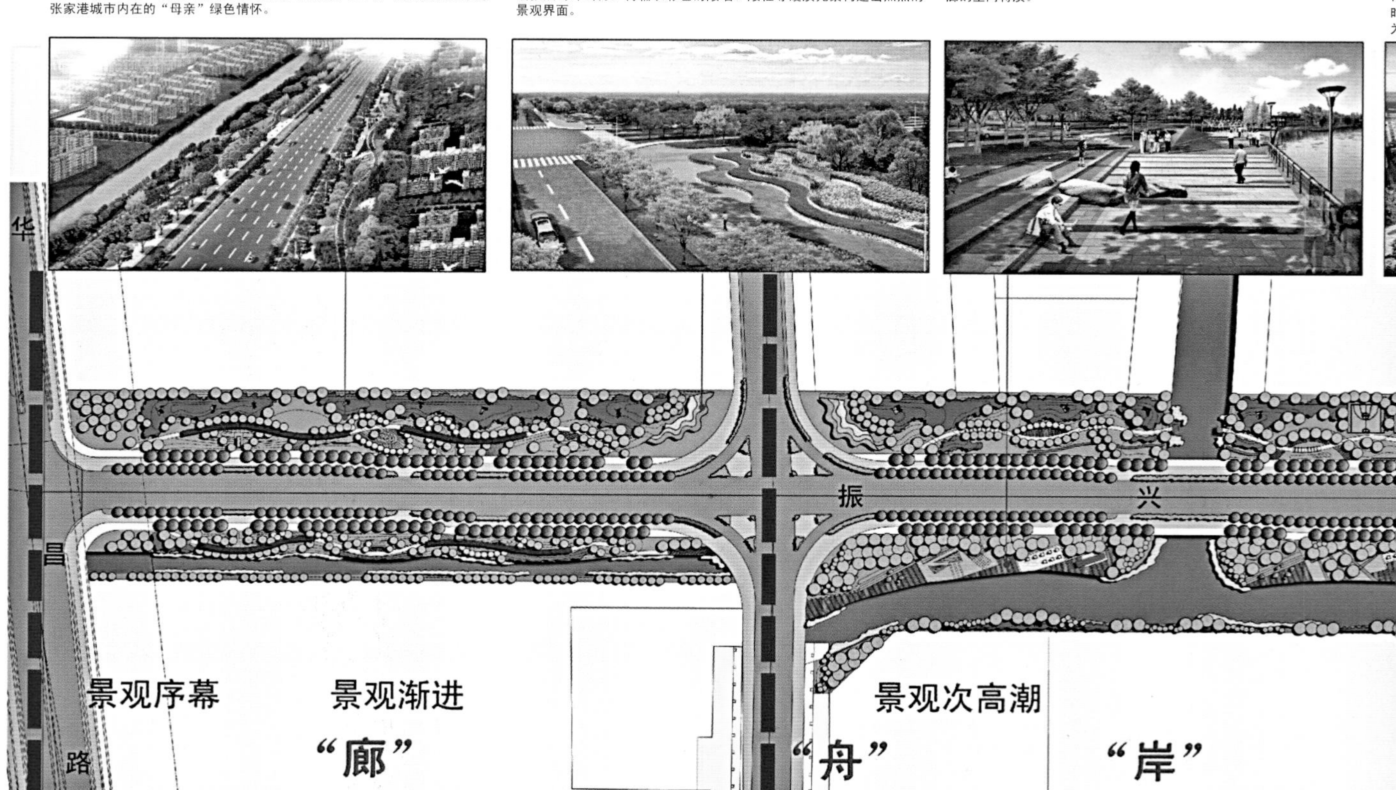

品造景、植物造景等多样化的国际景观设计手段创造人与环境和谐共存的生态区景观绿色生态长廊。

充分挖掘道路周边的水、林、果、石等自然资源优势，凸现园艺化、国际化、科技化的休闲旅游氛围营造，营造有别于张家港市其他的道路景观形象。

对于华昌路景观提升工程，主要通过局部中层花灌木、地被、大乔木的增种，营造疏密有致的植物空间。特别体现中分带两侧道路的线性空间变化，形成以半通透为主，通透和半通透连绵变化的视觉空间，充分体现了差异性设计的特点，对于重要节点的景观设计，强化道路路口、桥头等节点设计，突出以植物为特色的主题。在景观生态性与后续低成本养护管理相结合的前提下，进一步加强重点区域景点设计，充分体现设计的概念延续，强调道路绿化与周边建筑的空间分隔与界定，强调道路景观的标识性。一般区域以局部改造和保留为主，局部区域增加花灌木、地被、缀花草坪，强化“园艺化设计”特色，提升整条道路景观品质。

由于基地现状有高压走廊穿过，对景观风貌产生一定的制约。设计充分考虑限高等相关控制规范框架，在生态道路绿化的规划原则下进行植物配置，选择适合张家港地区气候、土壤，易成活、生长佳的地带性植物，有效地缓解高压走廊对于整个区域所形成的消极影响，从而形成理想的城市生态走廊。

中间位置，设计上通过高差构建竖向景观，
花池、草阶，背面则以自然草坡相隔离，通
就近布局面积约400m²的社区集中活动场地，
练 、健身、休闲活动场地，周边再配以临
放点、综合健身器材等配套设施，最大限度
康”“人性”的场所、空间。

缤纷园艺

该景观段落通过局部地形处理，形成高低错落的竖向景观，曲线道路也随之蜿蜒变化。在植物造景方面，通过多品种、多层次的搭配，重点体现园林“艺术之美、色彩之美、形态之美”。在营造绿色大生态环境的前提下，有效提升植物造景的品味与格调，形成与周边现代城市风貌相匹配的园林特色艺术空间、场所。

田园紫湾

该节点依托东西穿越的河道，局部拓宽形成大小、形态对比的小岛，通过连续的栈道串联空间，并以景观亭、景观长廊作为市民的停留、休憩点，绿化种植上以水杉、池杉、柳树、桃花等上层树木作为主景树，下层以长线条、大块面菖蒲、千屈菜、水葱形成“自然、野趣”的景观，凸现“田园”特色与“紫色”花系的视觉感受。

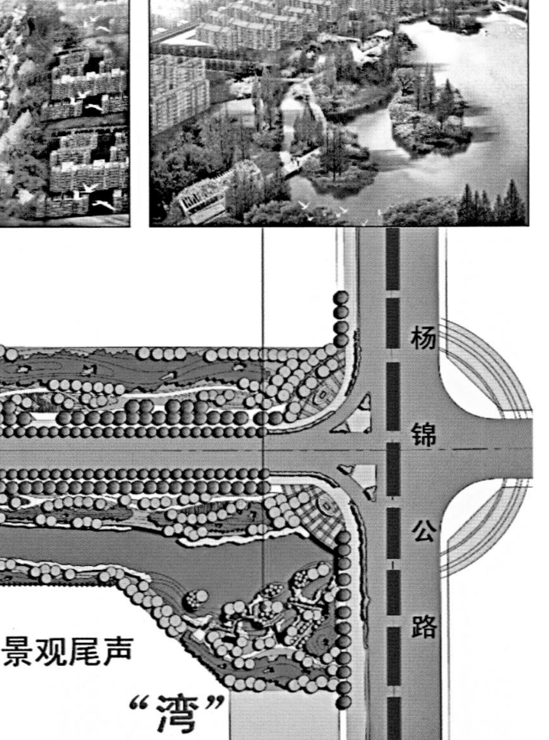

青草沙五号沟泵站与输水管道岩土工程勘察、咨询、监测及测试

设计单位：上海岩土工程勘察设计研究院有限公司

主要设计人员：金宗川、孙莉、徐枫、褚伟洪、陈琛、兰宏亮、顾国荣、张银海、王艳玲、邓海荣、胡建强、徐青、唐坚、朱家文、唐亮

本项目为青草沙原水工程中的 3 个子项。五号沟泵站为陆域输水枢纽泵站，是整个青草沙水库的心脏，供水规模 708 万 m^3/d，泵房是泵站的主体建筑，配水渠、前池、吸水池开挖深度 28.2m，盾构工作井开挖深度 35.2m。严桥支线：长度约为 27.1km，全顶管施工，开挖深度达 16 ~ 19m。金海支线：长度约为 9km，全顶管施工，开挖深度约 10m。沿途涉及较多地下障碍物、河流，地质条件复杂。

技术特点如下：

（1）前期地质风险分析确定了地基变形、边坡失稳、砂土液化和水土突涌为可能遭遇的主要地质风险。

采用类似工程比拟法、定性与定量评价相结合的方法，对各种地质风险的影响因素、发生可能性和危害程度进行分析，特别对深基坑开挖造成的周边地基变形采用有限元数值模拟，并结合类似工程经验，分析其影响范围和程度，技术分析方法合理，分析结论可信。

（2）岩土工程勘察。

除常规勘察外，采用扁铲侧胀试验、旁压试验等，以获取各类土性参数。采取可靠的止水和隔水措施，准确获取第⑨层承压含水层的水头埋深情况。

推荐了合适的基坑围护方案，提供了合理的基坑围护设计参数。提出的深基坑开挖、围护设计施工应注意的重点岩土工程问题及环境保护措施具有针对性。

对盾构法施工近距离穿越地下障碍物，建议了可采取的技术措施；对隧道沉降问题进行了详细的分析，并提供了相关参数。

（3）岩土工程咨询。

对五号沟泵站深基坑围护设计方案进行优化。

结合大直径顶管施工工艺和机械设备水平、沿线具体地层特点，对输水管线顶管井设置、工作井施工工法、地基处理措施提出建议。

（4）基坑工程监测技术。

建立了以光纤光栅传感器为基础的健康监测系统，保证了基坑开挖及地下结构施工过程中泵房内部结构的安全；对泵房结构进行长期健康监测。

探索出了在混凝土结构中预埋光纤光栅传感器有效的方法。

将手持红外测距仪作为监测工具引入变形观测工作。

（5）振动测试。

根据本工程特点及环境条件，对泵房楼板和钢柱进行多指标（加速度、速度、位移）振动测试，合理确定测试方案。

经系统总结，形成一套振动对建（构）筑物安全影响的评价指标及标准，其应用于本项目的振动影响评价中。

为分析泵站的振动模态特性，在水泵正常运行条件下，对泵站（高度 19.8m）东西与南北两个方向上的前 3 阶振型与固有频率进行测试。通过测试得到建筑模态特性，为泵站工程设计提供重要的技术依据。

分析泵房结构在不同位置的振幅变化，准确评估振源对建筑物振动影响，具有创新性和实用性。

杭州金沙湖绿轴下沉式广场工程基坑原位监测及地铁隧道保护监测项目

设计单位：上海市政工程设计研究总院（集团）有限公司

主要设计人员：魏国平、詹武魁、郭金根、刘敏、王德刚、王烈、高梦怡、李杰、李雄飞、瞿云、汪中卫、罗永权、邬逢时、杨庆丰、刘福东

金沙湖绿轴下沉式广场位于九沙大道和彩虹绿轴交叉口处，杭州地铁 1 号线隧道卧穿广场而过，与地铁下沙西站、彩虹绿轴及九沙大道实现统一对接，基坑平面直径约 200m，基底与地铁隧道顶最近距离 3.17m。施工过程中需对隧道进行实时连续自动化监测。基坑监测中密切配合参建各方及杭州地铁集团公司，及时、准确提交监测资料；在水泥搅拌桩施工、钻孔灌注桩施工、土方开挖等过程中多次在隧道变形临近预警值前准确判断发展趋势，提出咨询处置意见，施工单位根据监测信息及时调整施工参数，采取卸载减荷、堆载反压及分步跳序开挖等措施，有效扼制了位移和变形发展，确保了地铁隧道及车站不受施工影响，取得了良好的经济和社会效益。项目特点如下：

（1）大规模地铁隧道自动化监测系统的设计、构建与运行管理。

因紧邻地铁隧道，施工过程中如果出现危险情况，需第一时间及时准确掌握其位移和形变数据，有针对性地调整施工参数、施工方案直至采取应急措施，确保基坑及地铁隧道安全。经反复试验论证，设计并建成一套高质量的自动化监测系统，并形成规范化、系统化的实施监控管理制度，确保顺利完成监测任务。

（2）开展静力水准自动化监测系统在地铁隧道保护监测中的应用研究，在 100 余米的核心监测区，双线布设了 223 套静力水准仪自动监测设备，提高了监测精度、密度及信息化程度，取得了良好效果。

（3）为解决隧道内控制网复测及自动化监测系统复核测量，研制成无光条件下一种水准尺尺面照明固位装置，并申请取得国家专利。与传统做法相比，光照更稳定、均匀，并可节省大量人力成本，大幅提高测量作业效率和监测精度。

（4）为提高水平位移监测精度，研制出一种水平位移监测照准量测装置，该设计也已申请专利。该专利的应用使得一直严重受限的水平位移监测精度获得了一定幅度的提高，测量的便捷化程度也得到了明显改善。

（5）水平位移监测精度得到大幅度提高。通过测量机器人（Leica 自动伺服全站仪）+ 固定徕卡圆棱镜方式及适当的质量控制措施成功将隧道内水平位移监测精度提高到优于 1mm 的水平。

上海天文台 65m 射电望远镜岩土工程勘察、测试及咨询

设计单位：上海岩土工程勘察设计研究院有限公司

主要设计人员：金宗川、兰宏亮、孙莉、陈琛、李晓勇、徐枫、夏群、张亚军、张志飞、顾国荣、赵伟越、钟正雄、孙小刚 、朱家文、蔡彩君

上海天文台 65m 射电望远镜是中国科学院和上海市合作的重大项目，位于上海市松江区佘山以西，天马山以北。65m 单口径大型射电望远镜，抗震等级高，需进行地震安全性评价工作；设备自重大且质心高，基础需承受较大竖向荷载；基础设计要求“地基沉降一年内不均匀沉降小于 0.5mm，三年小于 1mm，五年内均匀沉降小于 2mm，并保持稳定”；对基础的水平承载力要求高，同时还要求抵抗运行期间很大的倾覆力矩和扭转力矩；高指向精度，除静止状态外，还要求在运行的动力条件下基础保持高可靠性、高稳定性。面对地基基础（变形、抗倾和动力特性）设计的严格要求，项目通过前期基础方案咨询、地震安评、岩土工程勘察和现场基础检测、测试各阶段工作，以高质量、高水平的技术成果保证了工程的设计水平和建造质量，确保了项目成功。

（1）地震安全性评价：

详细收集了区域地质构造和近场区大地构造、新构造、现代构造应力场等资料，以及 1500 ~ 2009 年间区域和近场区地震活动历史资料，为地震安全性评价建立了基础。

抗震针对特殊的结构特性，增加竖向衰减地震危险性分析，进行竖向土层地震反应分析。

由于结构自振周期长，还考虑了远大地震的影响，选用长周期衰减关系，衰减关系采用到 10s。

（2）岩土工程勘察：

就桩型及桩基持力层选择，针对第⑦、第⑨层进行了深入的对比分析，结合类同工程（上海光源）在桩基持力层选择方面的经验，提出采用⑨$_1$层作为桩基持力层的建议。

采用包括二维有限元等多种方法估算桩基沉降量，并收集了类似工程的实测沉降资料，与本工程进行对比、分析，更加准确、可靠地估算了本工程射电望远镜的沉降量和差异沉降量。

为配合地震安全性评价工作，勘察阶段现场进行了深孔波速测试和地表场地微振动测试，室内同时进行了共振柱和动三轴试验，获得场地和地基土的动力特性参数。

针对抗震设计要求，根据测试成果拟合获得准基岩面，计算场地不同深度位置至准基岩面的基本周期，并进行浅部软土震陷和砂土液化判别。

（3）前期基础方案咨询：

①针对本工程性质特点，在项目建设前期进行了基础方案选型分析，对三种“箱形基础 + 桩基础”方案进行对比分析，提出了最优基础选型。

②对基础方案进行了各工况下包括单桩竖向承载力、单桩水平承载力、基础沉降、基础倾覆刚度、基础扭转刚度以及底板受荷受力等 6 项技术性能指标的验算。

采用 TBSP 桩筏基础专业软件计算和 ABACUS 大型通用有限元软件进行二次复核，提出了工程可行性结论。

（4）桩基检测和基础动力测试：

①大块体基础动力测试，首次采用了 5t 重锤解决了振源问题，进行了竖向振动、水平回转自由振动和扭转自由振动测试。

②提出了用有阻尼的自由振动测试方法，探索形成了大体积桩基承台的桩基抗压刚度、桩基抗剪和抗扭刚度系数、桩基竖向和水平回转向第一振型、扭转向的阻尼比、桩基竖向和水平回转向以及扭转向的参振质量的测试方法。

（5）主体完成后半年内，沉降量已基本稳定，最大累计沉降量为 1.66mm，基本满足设计要求。

崇明至启东长江公路通道工程岩土工程勘察（上海段）

设计单位：中船勘察设计研究院有限公司
合作设计单位：上海市城市建设设计研究总院

主要设计人员：徐四一、李红波、沈日庚、帅常娥、储岳虎、石成、项培林、许来香、沈文苑、彭满华、汪孝炯、安小锐、蒋益平、张海顺、蒋燕

崇明至启东长江公路通道工程起点接上海崇明越江通道（上海长江隧道），终点与江苏宁通启高速公路顺接，上海段长约30.9km，双向6车道，路基顶面宽度为33.5m（主线桥梁宽度为33m）。跨长江北支流特大桥全长2296.5m，主跨150m，设计时速100km/h。其他各类型桥梁22座，沿线路堤最高约4.8m。本工程线路长，拟建物较多，且性质复杂多样，对勘察要求较高；沿线地形地貌多变，河流、明浜、沟渠发育，有大面积滩涂；长江北支流水下地形复杂，分布有潮滩；长江北支跨线桥对承载力要求高，勘探孔最深达150m，且水域作业，困难较大。

（1）综合勘察技术

运用取土及原位测试（钻探取土、静力触探试验、标准贯入试验、十字板剪切试验、波速测试、小螺纹钻孔）、室内土、水试验等多种勘察方法，浅水区、鱼塘、堡镇港河处钻孔采用自制水上钻探平台，深水区钻孔采用钻探船实施，操作平台为钢结构钻探平台；所有钻孔均采用泥浆护壁，回转钻进。在长江北支水域选部分勘探孔全断面取芯。对项目沿线的地质环境条件、对沿线的不良地质（区域地面沉降、天然气害、砂土液化、软土震陷、岸坡稳定、地下障碍物、明暗浜）及河势的变化、负摩阻力等问题进行分析；根据各工点结构特点、基础形式、荷载和沉降等具体设计要求，在积极分析收集资料的前提下，与设计交流，了解不同类型桥梁上部荷载情况和桩基、路基处理设计施工经验，对拟建物可能采用的基础形式、基础埋深作了详细的分析，并合理布置勘探工作量，桥梁工程主要按墩台位置布，勘察成果很好地指导了项目的设计和施工，为项目的优质高效的完成提供了有力保障。

（2）开展了桩基负摩阻力综合影响研究

周围地基或填土越高，中性点越下移，负摩阻力越大。

桩顶荷载与负摩阻力共同作用下，中性点上移，正摩阻力未超规范极限。

在桩顶荷载与负摩阻力的共同作用下，根据勘察报告和有关规范推荐的正摩阻力，桩基承载力安全系数为2.5以上，单桩最小安全系数为1.9，可以满足规范要求。

上海辰山植物园工程勘察与岩土工程

设计单位：上海申元岩土工程有限公司

主要设计人员：梁志荣、水伟厚、梁永辉、陈佚梓、洪昌地、贾海、徐骏、何立军、陈国民、李伟、宋美娜、孙斌、林卫星、瞿少尉、刘坤

上海辰山植物园位于上海松江区松江新城北侧，佘山西南，规划用地面积约为 228.2hm^2，总建筑面积为 26 万 m^2，包括入口综合建筑、科研中心、展览温室三大主体建筑和专家公寓、维护点和登船码头等附属建筑。

辰山植物园是上海软土地基上罕见的超大规模人工填土造山项目。场地地基土分布有 8 ~ 15m 较厚的软塑 ~ 流塑、高压缩性的不均匀的软弱土层。根据建筑方案，三个主要建筑单体（科研中心、温室、南入口）坐落于填土高 5 ~ 13.5m 不等的人造假山之中，形成填土与建筑以及周围水系自然融合的建筑景观。

此类软基上的高填土工程，不仅存在软土地基整体滑移稳定问题，同时也存在高填土自身边坡稳定以及对邻近重要建筑结构及基础的安全和长期使用影响问题。岩土工程包括岩土工程详细勘察，邻近建筑的高填土软基处理、填筑体加固及环境影响关键技术的岩土工程设计咨询与试验研究工作，三个主要建筑单体的基桩静载荷试验及桩基检测，基坑围护设计与监测，长期沉降观测等。主要技术创新如下：

（1）在上海软土地基上首次进行现场原型高填方软基处理、支挡结构及环境影响评价综合试验研究，获得了大量的实测成果，为项目的优化设计提供了基础和依据；

（2）获得高填土沉降固结变形规律，在确保技术经济、施工安全的前提下，充分利用高填土地基强度固结增长特性，降低工程造价；

（3）基于原位大型反包式加筋挡墙的试验研究及室内模型试验的研究，获得了本项目土工材料与土体间的相互作用特征和参数，为邻近建筑高填方支挡结构的优化设计提供了基础和依据；

（4）首次在上海软土地区采用桩承式加筋土复合支挡结构成功解决高填土对邻近建筑的水平侧压力问题；

（5）采取了堆载预压 + 减沉路堤桩 + 桩承式加筋复合支挡结构的综合解决措施，确保了建筑结构及邻近填土工程的成功实施，在确保既有建筑安全的前提下，达到技术经济和安全的最优。

采用水泥搅拌桩复合地基结合加筋陡坡的加固方案，解决了植物园大量高填方与邻近河道开挖的难题。

苏州东方之门岩土工程勘察、监测及咨询

设计单位：上海岩土工程勘察设计研究院有限公司

主要设计人员：孙莉、夏群、许丽萍、陈波、褚伟洪、魏建华、顾国荣、周本辰、唐坚、韦信赧、奚铭基、蔡彩君

东方之门位于苏州工业园区东西向中轴线上，项目由塔楼（88层）、裙房（6层）和地下室（5层）三部分组成，占地约24000m²，总建筑面积约46.3万m²。

塔楼采用混凝土核心筒+伸臂桁架+周边框架柱混合结构体系，两幢塔楼上部刚性连接，形成门洞高246m，跨度68m，同时双塔之间设有地铁车站，采用框架结构，地下室埋深最大深度为30m。主楼、裙房、纯地下室区域均采用桩基+筏板基础，整个地下室采用统底板，地下室与双塔中间的地铁车站相连。塔楼沉降对地铁车站正常运营影响大，塔楼、裙楼和地铁车站之间桩基协调变形要求高。

项目技术特点有：

（1）超长桩基础方案选型与承载力确定：工程场地覆盖深厚的松散土层，合理选择桩型、桩长，确保单桩承载力满足布桩要求是首要的问题。场地地层有一定的起伏变化，通过深入的方案比选，推荐桩基持力层和桩型，采用多种测试参数准确估算单桩承载力，并针对大直径超长钻孔灌注桩成孔和浇筑过程中普遍存在的沉渣和泥皮过厚技术难题，大力推荐当时业界鲜有使用的后注浆工艺，确保了单桩承载力满足设计要求。

（2）桩基绝对沉降量和差异沉降量预测：工程属超高层建筑，双塔之间存在较大的荷载差异，控制桩基础绝对沉降量和差异沉降量是本工程的关键技术问题。通过现场钻探、多种原位测试手段和计算方法，经分析对比，准确预测了南北塔楼的桩基沉降和差异沉降，通过工程类比数据，对沉降发展历程和塔楼对地铁车站的拖带沉降量作出预测，提供经验数据，均在本工程中得到良好的验证。

（3）超高层建筑抗震设计动力特性参数提供：针对超限高层建筑抗震设计的特殊要求，配合地震安全性评价工作，进行了深孔检测法波速、场地地脉动测试和室内地基土共振柱试验，提供了场地和地基土的动力特性参数，并对地震反应分析和结构抗震的关键问题提出了建设性意见。

（4）深大基坑开挖围护形式及降水方案推荐：基坑实际挖深30m，同时涉及潜水、微承压水和承压含水层，环境保护要求高。为此，采用多方案对比分析，推荐了适宜的围护施工方案及降排水方案，以及有关施工、降水和监测方面的措施，指导和确保了基坑工程的安全顺利建设。

（5）基坑施工工程环境影响评估：基坑开挖深度大，且周边环境复杂，系统分析了基坑工程的环境特点以及开挖与降水可能对周边环境影响的因素，采用数值计算方法定量预测坑外地表沉降、围护墙侧向位移及坑底回弹降起量，并根据计算分析结果，对减少土体变形、保护环境提出了系列建议。

郑州绿地广场岩土工程勘察及咨询

设计单位：上海岩土工程勘察设计研究院有限公司
合作设计单位：河南省建筑设计研究院有限公司

主要设计人员：顾国荣、傅进省、赵福生、钟士国、陈波、马伟召、韩国武、李小杰

郑州绿地广场为中原五省第一高楼，位于郑州市东部，郑东新区CBD的中心，场地西北侧与河南省艺术中心相邻。包括主楼、大型商业裙房和地下室三部分，地上56层，主楼高度280m，地下室开挖深度约20m。项目特性：（1）结构复杂，总荷载大，主裙楼荷载差异显著；（2）基坑面积达20000m^2，开挖深；（3）场地工程地质条件与水文地质条件复杂，存在诸如桩基选型、地下室抗浮、基坑潜蚀和流砂等一系列突出的岩土工程问题；（4）周边环境极为复杂，土体失稳对基坑周边环境及地下结构施工影响严重。

岩土工程勘察针对项目特性和场地工程地质特点，采用钻探取土、标准贯入、静力触探、现场抽水和波速测试等综合勘察手段，查明场地工程地质与水文地质条件，并结合除常规物理学性质试验之外布置的共振柱、静三轴、高压固结、静止侧压力系数K_0等室内试验，取得了各土层和地下水（含水层）数据，结合本工程特点进行了全面的地基基础分析，推荐了各类设计参数，有关参数和建议被设计采纳并经工程实际验证是合理的。在传统工程勘察的基础上，开展了地基基础优化设计咨询，为业主节约了投资，缩短了工期，取得了显著的经济和社会效益。主要技术创新如下：

（1）深孔静力触探测试作业工艺改进：当地的静力触探设备贯入能力仅为30m，采用“护管”技术，静探贯入深度达到67m，为桩基参数的正确选择提供了有力帮助。

（2）桩基方案优化：采用钻孔灌注桩加后注浆工艺，不但解决了桩底沉渣问题，大大提高了桩的侧壁承载力，因此桩长也减到67m（塔楼核心筒区域）和60m（塔楼边框柱区域）。

（3）桩基设计参数优化：依据长期从事桩基理论研究的成果与大量工程实践的经验，提出注浆前后桩基设计参数与试桩方案，并全程参与试桩方案的编制与施工监督；经静载荷试桩验证，咨询报告建议的参数合理，并根据试桩结果，对桩长与桩数进行了优化，并编制了该项目钻孔灌注桩施工及后注浆的施工工艺，供监理在工程桩施工过程中作为监督依据。

（4）沉降分析计算与预测：本工程主楼核心筒及边框柱区域荷载差异大，且为整板基础，差异沉降控制严格。运用前期固结压力等更能反映地基土应力历史的参数，采用自主开发的沉降计算软件进行计算与综合分析，并根据计算结果按严格控制主楼变形总量与整个底板变形协调的原则，合理调整主楼、边框柱的桩长、桩间距，使其满足设计对变形控制的要求，实践证明沉降分析与预测正确。

（5）基坑围护设计：设计方案采用灌注桩及锚索+内支撑的方案，并采用三轴搅拌桩止水。考虑三轴搅拌桩是在密实的砂性土中进行的，成桩质量控制较为困难，在场地外侧布置一定数量的降水井，当三轴搅拌桩漏水时可用于抢险救急，确保工程安全。

（6）环境保护：为确保基坑施工期安全与环境保护，咨询报告对基坑围护工程施工、挖土、监测等环节中应注意的问题及环境保护措施提出了详细咨询建议，实践证明环境保护措施有效。

上海市白龙港城市污水处理厂升级改造、扩建、污泥处理工程勘察

设计单位：上海市政工程设计研究总院（集团）有限公司

主要设计人员：鲁俊平、周黎月、万鹏、胡立明、曹黎明、高大铭、俞皓、李蕾、邢春艳、吴英、杨光、刘福东、费翔、林杰豹、黄星

上海市白龙港城市污水处理厂升级改造、扩建、污泥处理工程位于浦东新区合庆镇，长江口围海填滩区。项目技术特点如下：

（1）地质条件复杂，工程规模大，技术要求高。

上海市白龙港城市污水处理厂为世界第二、亚洲第一大污水处理厂，其升级改造、扩建、污泥处理项目建成后，可承担上海市 1/3 的污水处理量，同时，对保护长江和杭州湾的水环境和提升上海市整体环境质量发挥极为重要的作用。

本项目新建构筑物 50 多个，一般采用桩基础，部分构筑物涉及基坑开挖，最大开挖深度 15m。部分构筑物采用沉井施工，最大埋深 23.1m。生物反应池是工程的主要构筑物，共 4 座，平面尺寸为 295m × 250m，现浇钢筋混凝土池体结构，对不均匀沉降控制要求高；卵形消化池是污泥处理工程的主要构筑物，总高度达 45m，基坑开挖深度达 15m，荷载大，预应力壳体结构，对单桩承载力和不均匀沉降要求高。

场地地质条件、环境条件复杂，高灵敏度软土坍塌流变、饱和粉（砂）土流砂、（微）承压水突涌，基础沉降与不均匀沉降控制等是主要岩土技术难题。

（2）勘察方案合理、经济，勘察测试方法多元、有效。

工程规模大，构筑物数量多，地基基础设计方案各异，场地环境条件、地质条件复杂，给勘察工作带来了较大困难，技术人员根据工程特点，结合以往类同工程经验合理布置勘察方案，对勘察方案进行调整和优化，编制详细的勘察纲要，以指导勘探施工。

工程的重点是控制构筑物的不均匀沉降，在勘察中根据工程特点、地质条件合理选用有效性、针对性强的勘察测试方法，以确保勘察测试成果准确。如在浅层冲积土，采用静力触探和轻型动力触探试验，为特殊地基的评价提供了参数；在桩基工程，采用标准贯入试验和静力触探试验，为桩基持力层的评价提供了依据；基坑工程进行扁铲试验、十字板剪切试验，获得了地基土的相关参数；对工程施工有影响的地下水，布置了现场注水试验（测试含水层渗透系数），室内试验进行了软土三轴试验、基床系数试验、静止侧压力系数试验、回弹试验、颗粒分析试验等综合勘察测试方法，查明场地工程地质、水文地质条件，综合评价地基土的工程特性，合理确定各项地质参数，为设计、施工提供了地质资料。

（3）勘察成果准确、合理。

勘察报告对场地工程地质、水文地质条件进行全面分析和评价，对构筑物地基基础方案，提出了合理化建议，对地下工程涉及的岩土工程技术问题进行了详细分析与评价，建议了合理的预防、防治处理措施。并根据原位测试和室内试验成果合理确定设计所需的各类地质参数。经设计和施工检验，勘察成果与实际情况吻合。

中朝鸭绿江界河公路大桥工程测量

设计单位：上海市测绘院

主要设计人员：姚文强、康明、朱鸣、陈东亮、崔华、吴广荣、王传江、王云飞、陈莉莉、孙彪、蒋晓俊、周而复、陈建峰、姚磊、李华

鸭绿江界河公路大桥起于丹东至大连高速公路丹东西（汤池）互通立交，跨丹东临港产业园区兴丹路，之后跨鸭绿江到达朝鲜，在南新义州光城南侧接新义州至平壤公路。鸭绿江界河公路大桥路线全长16.97km，其中中方侧10.9km、朝方侧6.07km。特大桥长5106m（其中主桥620m）；中方侧桥长3603m，朝方侧桥长1503m。引线全长11.864km：其中中方侧引线长7.297km，朝方侧引线长4.567km。工程测量包括鸭绿江界河公路大桥基础测绘和建立鸭绿江界河公路大桥平面、高程控制网的任务，为大桥工程设计、施工放样以及营运期间的监测提供统一、可靠的基准和地形图保障。于2009年底至2010年初完成了公路大桥线路沿线带状地形图的测量，并于2011年8月完成了控制点布设工作，于2011年9月完成了首级控制网的测量工作。

中朝鸭绿江界河公路大桥涉及两个国家，对测绘项目的生产管理提出了很高要求。项目的先进性如下：

（1）测量控制网的布设充分考虑了大桥施工放样的要求，结合控制点在施工中的作用，合理选择了控制点的位置，使得建立的控制网实用、有效；现场客观原因，部分边长校验无法测量，项目组临时增加测角检测的工作，有效地保证了平面控制网的精度和可靠性。

（2）平面控制测量，采用静态GPS布设首级控制网，以此作为单机站的控制基准。测图区域较大，并且地物分布稀疏不均，故采用单机站RTK方式进行平面控制点布设，部分施测困难地区采用支导线测量。部分区域建筑物密集区域采用三级导线及图根导线加密。

①采用Trimble R8 GNSS接收机（多频双星）进行静态GPS测量，精度指标为5mm+1ppm，能够满足四等精度标准，并提交最终成果数据。

②采用Trimble R8 GNSS接收机（多频双星）进行RTK测量，精度指标为5mm+1ppm，能够满足二级导线的精度标准，并提交最终成果数据。

③导线采用SOKKIA SET230RK3全站仪施测，测距精度 $\pm(5+5ppm\times D)mm$，测角精度2″。

（3）高程控制测量，在丹东境内采用三等水准测量将高程控制引测到鸭绿江边，图根高程控制测量采用动态GPS测高方法进行。水准路线测量采用TRIMBLE Dini 12电子水准仪进行观测，水准支线及散点标高采用Trimble R8 GNSS接收机施测。高程控制网按照三等水准网的精度实施，水准测量满足国家三等水准测量的技术要求。

（4）带状地形图测绘，陆域带状地形图散点数据采集实行全野外数字方法采集。野外平面数据采集采用极坐标法测定。外业采集数据完毕后，进行内业编辑成图。本次带状地形图施测的范围为：朝方桥轴线带状图施测以设计中线为中心线，带宽为2000m。1 ：2000带状地形图测绘。

（5）根据现场实地状况和自然环境，本次测量桩位建造分为深桩（基岩）点、观测墩、埋石和六角钉四种类型。

（6）克服了人员长距离调动、异地组织生产、起算数据收集、区域跨越两国的困难，按照要求按时保质保量地完成了任务，为中朝友谊做出了贡献。

上海市轨道交通 7 号线工程勘察

设计单位：上海市城市建设设计研究总院
合作设计单位：上海岩土工程勘察设计研究院有限公司、上海申元岩土工程有限公司、上海市隧道工程轨道交通设计研究院、上海市政工程设计研究总院（集团）有限公司、上海广联建设发展有限公司

主要设计人员：项培林、沈日庚、李平、张银海、贾海、石长礼、黄星、顾迪鸣、徐敏生、李民、汪孝炯、陈强、陈佚梓、周新权、胡立明

轨道交通 7 号线从宝山区外环路起，途经普陀区、静安区和徐汇区，斜贯上海市区，终点设在浦东新区新国际博览中心，线路全长约 44.37km，设车站 33 座，工程总投资约 225.5 亿元。全线由地下车站、地下线区间、高架车站、高架区间等多种形式组成，同时包括 29 个旁通道和陈太路停车场、龙阳路停车场等两个停车场。其线路长，建筑结构物类型多（地下、高架、停车场、旁通道），环境条件、地质和水文地质条件十分复杂，车站开挖深度大，穿越黄浦江，4 次穿越既有铁路，4 次穿越既有运营地铁，3 次穿越高架道路，多次穿越雨、污水管等构筑物，技术要求高，勘察难度大。

根据构筑物的结构特点、基础形式、荷载和沉降具体设计要求，在充分分析收集资料的前提下，合理布置勘探工作量，高架桥梁工程主要按墩台位置布置勘探孔，地下车站和地下线明挖段依据基坑宽度分别采用网格状布置和“之”字形布置方案，车辆段根据拟建建筑物边界按网格状布孔。高架部分及车辆段充分分析地基土的分布情况，尤其是可能采用的桩基持力层分布情况，为桩基设计方案比选提供充分依据。

采用了取土试样孔、静力触探、标贯试验、十字板试验、扁铲试验、现场注水试验、现场抽水试验、承压水观测、小螺纹钻孔等多种勘察手段互相印证，尤其是侧重原位测试其中的扁铲侧胀试验是国际上新型的先进原位测试手段，当时在国内尚处于起步学习阶段，本次勘察率先应用在隧道和深基坑中，取得了良好的效果。工程中首次采用新的结构与材料制成的“隐形轴阀式厚壁取土器”，对存在的问题进行了全面解决，操作方便且避免对土样产生扰动，保证了取土质量，对室内土工试验的真实性提供了有利保证。

室内土工试验项目全面合理，桩基础重点是深部的压缩性指标，深基坑除提供常规物理力学性质指标外，还提供了土的渗透性指标、静止侧压力系数指标，力学性质试验提供了固结直剪快剪、无侧限抗压强度试验、三轴 CU 和 UU 试验、固结回弹指标，供设计在不同的应力状况下选取相应的指标。区间盾构施工段提供了通过及影响范围内土层的地层抗力系数建议值。

南浦站—耀华站旁通道及泵站位于黄浦江边，场地分布有⑤$_2$微承压含水层和⑦$_2$承压含水层，旁通道开挖深度达 35.2m，⑦$_2$层有突涌可能性。鉴于 4 号线（类同工程位置）惨痛的事故经验教训，详细查明场地水文地质条件尤为重要。本次布置了 3 个抽水试验井，分别对⑤$_2$砂质粉土、⑤$_3$粉质黏土及⑦$_2$粉砂层进行了水位、渗透系数试验，并进行了基坑突涌可能性分析，提供了各项水文地质参数，为专项降水设计提供了可靠依据。

按照不同的地铁基坑的性质、工程地质与水文地质条件及周边环境的保护要求，地铁基坑工程降水采取不同的降水设计方案，并通过降水验证进行降水方案优化，实现动态控制，使降水方案在充分满足基坑工程降水的要求的同时控制降水对周边环境的影响。

在减压降水过程中，不仅是在基坑及保护性建构筑物、管线周边布设了水位观测井和 d 地表沉降监测点，同时应用了孔隙水压力监测以及土体的分层沉降监测等。通过多种监测措施收集了基坑降水过程中周边地下水位和土体变形的数据，为其他同类工程的实施积累了工程经验。

2012—2013上海优秀勘察设计

二等奖

上海古北国际财富中心（二期）

设计单位：上海建筑设计研究院有限公司
合作设计单位：久米新生设计咨询（上海）有限公司

主要设计人员：林蔚、陈颖、贾水钟、万阳、叶谋杰、赵俊、胡戎、龚娅、蔡兹红、殷春蕾、陈楠、黄勇、陆雍健、周怡、潘利

本项目地处上海市长宁区，由甲级立方体办公塔楼和台形商业楼嵌合成一体的一栋商业办公楼组成，总建筑面积约 184677m^2，办公塔楼的最高高度为 140.05m，地上 30 层，商业 7 层，地下 4 层。

设计的主要特点有：

利用自然公园景观，创造和谐、透彻、通透、开敞、眺望的城市景观，把自然和都市、文化和技术、购物和工作融为一体，是最尖端节能型商务办公、环境生态型景观眺望办公建筑。平面布置和空间构成满足国际型、高品位大型商业的功能要求。建立新型的国际性商务空间，强调竖线条使建筑刚劲挺拔、纤细犹如一个编织的手工艺品，协调周围风格各异的历史文化，建筑裙房以彩釉图案印刷玻璃为主，局部采用天然素材的陶板砖同塔楼形成对比。

布局错落及外墙的变化使建筑与人、自然相呼应，随着时间季节的阴影变化也使建筑带有丰富的表情色彩。通过低层建筑对人、自然的动态反射及建筑开口大小的不同，使建筑内外空间融为一体。犹如手工纺织交织纹理的外装，用细腻的竖线条来表现东方特有的传统工艺，同时成为整个古北新区商业分区的建筑形象的整体性。线条简洁，避免多余花哨的装饰，明了而洗练的美感给人清晰、柔和而不晦涩难懂的感觉。在简洁的表现之下，含有柔和的人性化，同时不损其功能性。

城市空间：办公楼后退北侧道路红线 23m，商业部分后退西侧道路红线 20m，在西北侧地块布置地铁出入口和下沉式花园，同时设置可以遮阳遮雨的屋顶，有利于人流的集散、诱导及市民利用，在东侧布置竹林花园等绿化景观点缀，既可协调周围风格各异的历史文化建筑，也可缓冲虹桥路高速干道的交通空气及噪声影响，成为标志及柔和景观绿带。

商业街景：考虑周边商业客流情况，合理利用地块在东南侧布置商业楼，在玛瑙路形成一个新型商业空间。

为满足轴压比及提高结构延性，塔楼低区框架柱采用型钢混凝土柱，并加配芯柱和井字复合箍，由于楼板缺失，楼面构件与竖向构件采用柔性连接。对侧向刚度较弱的商业裙房，增加周边框架梁、柱截面，增加结构的侧向刚度并减小扭转位移比。对重心偏向东侧的商业裙房，有针对性地增加左侧框架的刚度，以使商业裙房的重心和刚心尽量接近，以减小结构的扭转位移比。针对大悬臂梁采用有粘结预应力筋技术。

上海城投控股大厦

设计单位：同济大学建筑设计研究院（集团）有限公司
合作设计单位：上海市隧道工程轨道交通设计研究院

主要设计人员：任力之、张丽萍、董建宁、章蓉妍、虞终军、包顺德、钱必华、金海、王昌、王建峰、刘魁、李楚婧、徐旭、韦建成、孟静

本项目位于上海北外滩西部区域，该区域作为外滩整体开发的新起点，与外滩源隔岸相望，有着浓厚的历史风貌特色，是集历史与现代、保护与发展于一身的重要城市节点。总建筑面积 59261m^2，建筑高度 99.5m，地上 21 层，地下 3 层。

交通流线主要沿地块南侧外围将峨眉路和吴淞路与建筑主要出入口相连接，同时实现车辆便捷地进入地下车库。人行区域主要集中在地块中间的绿化区域，结合绿化景观，为行人提供舒适宜人的步行空间。除了商业办公空间外，地下室内有外滩通道自南向北穿过；高层与裙房分别独立设置，仅将需要高空排放的隧道风井设置在主楼核心筒内，确保了高层商业办公楼的品质和空间效益的最大化。为了降低隧道排风对周边环境的影响，同时提高核心区域土地的利用率，将隧道排风在近 100m 的最高点进行排放。

结合功能需求，建筑突破传统的高层建筑与裙房相连的设计，建筑独立成为高层和多层两栋办公楼，在两者之间留出可供城市共享的广场绿地空间，并在多层办公楼设置底层架空空间及空中花园，以丰富广场的空间层次。高层办公楼建筑形体从建筑所处的城市主要道路交叉口的特点出发，采用了导圆角的设计，使建筑形态能够更加柔和地融入环境；多层建筑在面向广场一侧采用了弧线立面，形成一定的空间张力，为两个建筑之间的广场空间注入了动感与活力。

建筑的立面处理借鉴了“装饰艺术风格”的立面手法，与基地周围传统历史氛围保持协调；现代化的金属构件与玻璃石材幕墙形成的竖向线条，使得建筑在与传统建筑的对话中仍不失现代感；透明幕墙与非透明幕墙相间隔的设计，避免大面积的玻璃幕墙，并在高层办公楼的东、西北侧朝向适当调整窗墙比，以提高建筑的节能效果。

本项目采用桩—筏板基础，为减小环境影响，采用非挤土的钻孔灌注桩。优化措施为抗侧力构件分布均匀对称，使结构刚心和质心尽量一致，对外围框架梁进行加强。通过底部楼层加厚核心筒壁厚墙等措施，使竖向刚度无突变，无薄弱层的产生。对应力较大部位采取集中配置斜向钢筋。加强约束边缘构件的箍筋配置，加强延性和抗剪强度。

上海一七八八国际大厦

设计单位：华东建筑设计研究院有限公司

主要设计人员：司耘、王丹芗、周健、王宇红、薛磊、印骏、陈新、许栋、狄玲玲、雷敏、张辉、蔡学勤、王伟宏、孙静

本项目位于上海市南京西路1788号，靠近华山路路口，处于静安寺西侧。总建筑面积112863m^2，其中地下3层，地上29层，建筑高度126.3m，建筑功能为商业和办公楼。

塔楼位于基地相对居中的东南部，受日照条件和退界条件的限制，外廓呈近似同心扇形布置。商业裙房位于基地中北部，裙楼商业业态上也有两大功能区，靠南京西路的商业品牌店及沿愚园支路展开的餐饮功能区，两者之间通过室内的不同形态的挑空形式贯通南北，连接南京西路与愚园支路，成为引人入胜的商业主轴，带动整个项目的业态气氛。

办公主楼立面面南，充分享受阳光，西向立面设计垂直遮阳板，北侧商业多用实体造型。塔楼平面呈扇形展开，建筑体态则自东向南向上层叠。呼应塔楼体量，商业裙楼屋顶退台则自南向北层层爬高，为商业及餐饮的业态提供户外活动的平台。结合建筑形态，在商业裙楼及办公塔楼的各层屋顶增加绿化，提高商

业办公品质。办公主楼立面的造型以“层叠的势态”为意象，富有诗意，建筑的外形顺应建设日照条件层叠而上，创造挺拔感。外立面采用7种幕墙系统，特殊的造型为裙房商业营造丰富空间形态，又为办公平面在各个面向上都创造出多个空中屋顶花园，而在其主立面装饰幕墙配合夜间灯光照明，虚实相映，使之成为标志性的景观建筑。

在外围护结构采用8厚双银钢化中空玻璃幕墙或满版彩釉钢化中空玻璃幕墙，外挂铝合金装饰遮阳条。地下车库预留新型燃料专用停车位并预留充电插座。每层设置分类垃圾回收点。建筑屋面选用本地节水型植物，并采用虹吸法收集屋面雨水用于景观灌溉。

本项目采用桩筏基础，基桩采用桩径850mm钻孔灌注桩，以第⑨层为桩基持力层，地下室为钢筋混凝土框架结构，为外墙与维护墙共享之两墙合一形式。地上塔楼部分采用钢筋混凝土框架—核心筒结构，建筑平面呈三片扇形展开状，有两版扇形分别于22层及26层退缩成阶梯状，核心筒为办公大楼主要抗侧力结构，配合墙开孔调整墙厚分布使大楼自振形态以平动振型先出现，外周梁柱框架结构主要提供垂直载重之要求，并可有效减少扭转振型周期。

上海音乐学院改扩建排演中心

设计单位：同济大学建筑设计研究院（集团）有限公司

主要设计人员：徐风、吕晓钧、马长宁、周韵冰、陆秀丽、金章才、奚震勇、李意德、周鹏、程青、周莹

本项目位于上海市衡山、复兴历史风貌保护区的心脏地段，总建筑面积 4997m^2，建筑高度 17m，分排演区及办公区，两大功能区在各层平面均有走廊联通，方便交通往来，也便于管理。

排演区、入口设置在建筑东侧，结合室外舞台，设置了架空木地板大平台，活跃空间环境，与实验剧场形成景观互动。排演部分底层为作曲指挥排练厅、多功能排练厅和报告厅，其中报告厅在建筑南侧设独立出入口，方便管理与使用；二层为排练厅上空；三层为音乐剧排练厅，附设男女化妆间；四层为贵宾休息和会议室。地下室设置音乐剧排练厅、合唱兼管弦乐排练厅、民族乐队排练厅、音乐剧排练室和若干乐器储藏室及空调机房。地下室有三个排练厅，对振动比较敏感，结构上采取“房中房”的整体隔振形式进行隔振。为减少地铁 1 号线对排练厅的振动影响，在基础底板上设置隔振弹簧，其上再设一层结构梁板，四周墙体与主体脱开，使地铁运行引起的振动能降低到一定水平，保证建筑物的使用。办公区位于建筑西侧，为“L”形平面，在北侧形成一个室外庭院，从而保留一棵现有大树，营造了颇有趣味的空间环境。

为了强调排演中心休闲及展示功能，展示音乐学院优雅的对外形象，在形态塑造上，通过控制窗墙比及表面肌理的处理求得与保留建筑的和谐关系，以变异的坡顶和柱廊等元素与老建筑求得统一。建筑外立面注重近人尺度细节的设计，在东侧设有架空木地板室外舞台和柱廊，并在办公区设计有室外景观内庭院，在活跃空间气氛的同时，也使立面效果更为丰富。

在建筑颜色的选择上，也力求能与周围的历史环境和老建筑发生对话，外墙采用黄色涂料，屋顶采用暗红色，这些都是周边老建筑所传达出的颜色信号，从而能与周围的历史环境更好地融为一体。

上海会馆史陈列馆

设计单位：同济大学建筑设计研究院（集团）有限公司

主要设计人员：郑时龄、章明、张姿、肖镭、万月荣、杨杰、唐平、刘毅、唐振中、李维祥、施锦岳

本项目位于中山南路1551号，三山会馆古建筑东侧，是三山会馆主体建筑的配套设施，新建为2层建筑，1层地下层，总建筑面积1956m^2，其主要功能为陈列馆、会议等。

入口虚体空间作为序列演进的第一层次，界定出一个渗入与溢出并存的领域；实体中出挑的二层走廊以及廊下的通道，成为较入口空间略微内向的第二层次，由此形成了一个由开到合层层穿越的空间收放序列。设计致力于使新馆在历史与未来的纵向延展中达到一种再生，新建的会馆史陈列馆以积极而非谄媚的态度予以回应。立面材料采用的陶板与陶棍，与原清水砖墙具有相近似的饱和度和反光度，间隔架空的处理方法使陶棍摆脱了红砖砌筑的局限性，在横向与纵向肌理调节上具有更大的自由度，这种由间隙产生的半透明质感也使得新界面的饱和度适度降低，与老建筑最直接的对应界面呈现低调从容而蓄意的朦胧面貌，折线形屋面形式无疑是对老馆内坡屋面的重新演绎。

设计采取了一种渐进式的演绎方式，与老馆山墙同样高度、尺度、色彩的完整界面与之对应，形成一组强烈的影像关系，它使人们在体验初期较易达成视觉经验上的共识，同时在新馆中改变了建筑的立面属性，通透性的加入将其原本明确的界面变得模糊起来。在新旧相对而立的场地上，对比与融合是显而易见的，场地两边直曲并存，刚柔相济，看似浑然一体。新建筑对原体系的突破随处可见，完整到不加任何装饰的均质山墙，硬朗的交错屋脊线，同老馆的起伏跌宕、浅吟低唱的性格形成反差。设计中各种看似不经意为之的处理，实则是在探索与复杂环境、多元价值相融合共生的策略与方法，并将各种因素综合统筹，在设计过程中进行有效平衡，最终达到被普遍价值体系认同的和谐状态。

复旦大学附属金山医院迁建工程

设计单位：华东建筑设计研究院有限公司

主要设计人员：邱茂新、王馥、邵兵、韩磊峰、何宏涛、吴孟卿、蔡漪雯、谈荔辰、吴筑海、汪凯、郑若、王晔、杨琦、王进军、高斐

本项目位于金山区新城北部，总建筑面积 84324m^2，建筑高度 52.45 m，地上 12 层，地下 1 层；采用环形的交通轴串联了医疗区三大功能块——门诊、住院、急诊及核化救治，使得各部门的联系更为密切，是一所普通医疗与核化救治相结合的医院。

门诊区设在院前区，方便对外，门诊采用功能模块化方式，相对独立，自成体系，易于管理。急诊急救及核化救治区设在院区西侧，临近次入口，既满足应急时进行隔离，独立成区，又满足平时与门诊区的资源共享，使平急结合。住院区在院区北部，四至十二层，设 18 个病区；病房楼每幢每层设两个护理单元，朝向为东南，都可以获得良好的朝向和室外视觉景观。

结合基地内人流量、功能分区、防疫安全、洁污分流、应急作业的流线组织和控制管理，采取的措施：一是各功能区从局部到整体的联系畅通、便捷，易于控制管理；二是针对不同人群、不同状态、不同病况采取相应措施，提高公共卫生防疫安全；三是院区内道路在各功能分区环通，沿建筑四周环通，既便于功能的衔接，又便于消防等应急作业；四是根据医院内部功能环节，将污废物品流线加以限制，达到洁污分流；五是维护稳定的区域，降低和减少不必要的穿越。

建筑立面采用涂料、玻璃和混凝土格栅等高品质的材料，为不同的功能设施提供统一的视觉组织元素，形成一种秩序感。每栋建筑都考虑了环保技术的应用，以降低对能源和资源的消耗，如遮阳格栅可以在夏季减少建筑吸热量，并调整建筑尺度、立面肌理和建筑空间的整体风格，病房楼北侧采用格栅，对于冬季北侧风向形成紊流。

上部采用框架－剪力墙结构体系；屋面采用现浇钢筋混凝土梁板，因温差变化较大，设置两道伸缩缝；住院楼与裙房之间不设永久性结构缝。针对住院楼平面、竖向不规则，调整剪力墙平面布置，减小刚度中心与质量中心的偏差，加大周边框架梁的梁高，减小结构的扭转效应；洞口楼板适当加厚，双向双层配筋。

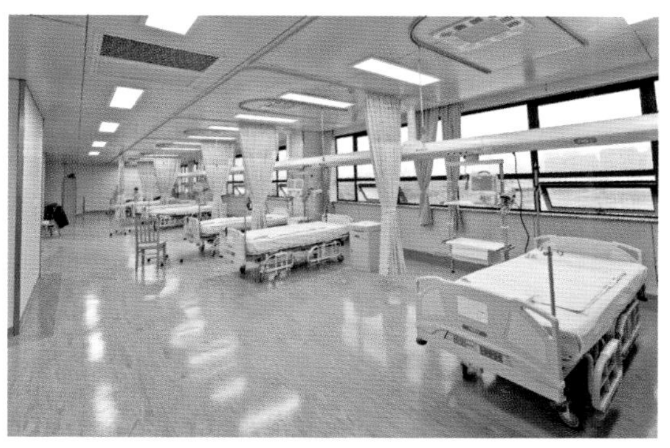

三亚市凤凰岛国际养生度假中心酒店式公寓

设计单位：上海江欢成建筑设计有限公司
合作设计单位：MAD 建筑事务所

主要设计人员：马岩松、党群、程之春、吴云缓、王伟、陈颖、王臻、孙林、陈炜、关永红、周仁、彭建、叶剑、徐明超、李翔

本项目总建筑面积 121321m^2，地上 28 层，地下 1 层，由 5 栋外形似鹅卵石、高度约 100m 左右的建筑组成。分两个地块，两地块之间通过岛中主干道相连，分设出入口；共设三块地下室汽车库，以及必要的公建配套设施。

5 栋渐变双曲面的高层建筑每层的建筑轮廓都不相同，360° 向外出挑的弧形连续大阳台在为公寓提供极大视野和户外体验的同时，其玻璃栏板形成的层层阶梯状效果，形成通透而起伏的空间界面，构成了一种非常契合海滨旅游度假特点的有机的建筑形态。弧形落地玻璃与铝合金包柱饰面，加上顶部钢结构弧形顶冠，以及底部同样弧形的 V 形柱挑空的架空层，整体建筑外观一气呵成，极具现代感。

夜间，在弧形阳台及顶冠上设置的 LED 立面特效照明在酒店式公寓及酒店共 5 栋高层建筑的外立面上形成了 360° 全方位整体的屏幕效果，间或游过的热带鱼图案给周边整体城市空间带来了无尽的遐想。

利用顶部钢结构造型的空间，放置太阳能光伏组件，充分利用三亚充足的太阳能资源，减少市电的使用。地下室顶板采用了导光管技术，白天可将天光汇集后通过镜面反射、漫射到地下室，大大减少地下车库人工照明。

框架柱采用曲柱上下联通，并加强配筋。调整剪力墙体厚度，控制扭转变形。洞口周围楼板按弹性板模型进行分析，采取措施。由于本建筑地下水与海水连通，针对海水对混凝土腐蚀性，采取添加渗入型阻锈剂，提高混凝土强度等级。地下室底板采用后浇带分块浇捣，减少混凝土收缩应力。

上海临港新城皇冠假日酒店

设计单位：上海建筑设计研究院有限公司
合作设计单位：阿特金斯顾问（深圳）有限公司

主要设计人员：张行健、李磊、邵宇卓、伍代琴、徐晓明、包佐、张世昌、黄怡、吴敏奕、杨明、束庆、葛春申、孙刚、戴鹏、朱锐根

本项目地处上海市浦东新区滴水湖南岛，总建筑面积为69196m^2，建筑高度23.7m，主要包括酒店大堂、宴会厅及会议区域、餐饮、酒店客房及其他娱乐休闲设施。

酒店形态如一个花蕾连接着五个叶片，中心区为大堂，包含前台接待处、大厅及主要通道，而叶片部分设置为酒店客房，餐厅及会议室。由五个“叶片”构成的酒店形态，使每间客房均有良好的景观。平面形态呈现双曲面造型，多数房间内有弧形的墙体。内部空间的中庭设置能充分利用自然光，有利于各空间的通风。服务区及厨房设置于叶片的下方，可直达会议区及餐饮区。多数设备及后勤用房，停车场都设置于地下室。平面形态呈现双曲面造型，多数房间内有弧形的墙体。

酒店室内空间设计独具特色。中间的酒店大堂为单层钢结构球形网壳，底层直径40.5m，最大直径46.8m，高约23.5m；树叶形客房为四层钢结构，长约115m，最大宽约43~47m，檐口高度14.45m。宴会厅为椭圆形的单层钢结构，宽约27.6m，长约46.8m，高约23.5m。螺旋状的钢结构构件构成了优美的弧线，结构外的幕墙龙骨与螺旋状的结构柱如影随形，顶部设有可自动开启的通风百叶。5个叶片均设有上下贯通的室内中庭，中庭底层设有绿化庭园，丰富了室内环境，以上楼层每层设回廊作为客房通道。

酒店共设有439个自然间。酒店客房设计充分利用酒店的景观资源，大部分客房直接面向湖面，几乎所有客房都拥有良好的景观朝向。结合本酒店独特而现代的造型，立面材料采用玻璃幕墙、陶板及自然木条板。屋面采用钛金属板作为外饰材料，结合酒店屋面的曲线造型，传递极具现代感的韵味。客房叶片根据平面的变化进行立面材料的呼应，阳台、钢架等元素塑造虚实相印，层层递进的韵律感。不同材料的色泽、质感、纹理的对比及呼应，给人非常新颖独特而又生态自然的美感。

上海市浦东医院

设计单位：同济大学建筑设计研究院（集团）有限公司

主要设计人员：张洛先、王文胜、陆秀丽、程青、冯玮、朱明杰、李正涛、耿耀明、孔庆宇、廖述龙、郑剑锋、李意德、李伟、徐桓、周鹏

本项目总建筑面积 99998 m²，建筑高度 94.1m。以一条贯穿建筑东西的医院街与一个门诊大厅，结合成“L”形交通骨架，串联门诊、急诊、医技、住院部等功能区，门诊大厅与医技部成为建筑群体的主控制轴，其他功能区分列两侧。不同功能入口分开设置，保证就诊医护人流、后勤人流以及污物流线互不交叉。医技部居中布置，其他三个功能区围绕周边。门急诊人流量较大，按其特征布置于基地东部主入口处，面向云台路，其中急救出入口与门诊出入口相对独立布置，位于基地内部环路南侧，有利于人流的疏导与集散。普通住院部位于基地的西北侧，为 23 层板式高层建筑，面向南面，拥有良好的景观通风条件，北向通过城市绿带与城市道路相隔离，保证良好的住院环境。VIP 住院部及行政办公布置在基地南侧，与主医疗区相对独立，便于管理，也避免了人流、物流对就医环境造成干扰，与医技区直接连通，同时紧邻基地内景观区，从而为 VIP 就诊人员提供更为贴近的宜人环境。

主楼和裙房高低起伏的天际线变化，通过体块的穿插、叠合，使立面呈现虚实结合的美感，空间层次丰富多变。裙房以干挂浅灰色石材饰面，多开落地窗，使功能用房具有良好的采光，开窗方式在统一中有变化，并点缀以错落有致的金属板和竖向金属杆，使其和主楼相呼应，在主入口处、立面转折处，设置横向金属百叶。

两栋高层南北错开布置，合理利用自然采光和通风条件。增加室外透水地面面积，减轻排水系统负荷。合理采用屋顶绿化，改善环境，节约土地。开发利用地下空间，地下建筑占总建筑面积 20%，主要设备用房、厨房餐厅、体检、停车库等设置在地下，设计下沉式广场，改善地下空间的自然采光效果。平面布局中结合建筑功能设计内院，增加自然采光通风；选材考虑使用材料的可循环使用性，如内隔墙使用轻钢龙骨石膏板等。

中国科学技术大学环境与资源楼

设计单位：同济大学建筑设计研究院（集团）有限公司

主要设计人员：曾群、顾英、吴敏、周亚军、叶芳菲、谢文黎、武攀、李维祥、施锦岳、刘毅、张心刚、耿柳珣、李煜谨、鲁欣华、孙逍澜

本项目位于中国科技大学校园内，总建筑面积39354m^2，建筑高度38.4m，地上9层，地下1层。在长方形的用地内采用双向凹形的布局，通过广场，连接南北两个半围合的庭院，一方面在满足使用方要求的同时，可以有效地提高使用的效率；另一方面可以使整体建筑的造型更加生动，避免教学建筑呆板单一的感觉，增加空间的层次；同时兼顾到周围环境的情况，使周边的建筑界面更加生动。在原有路网的基础上形成以“便捷疏导，有效控制”的原则组织校园地面机动车与非机动车停车，内部景观为主体的安静环境；形成连续的、立体的绿化景观，丰富的景观层次。

建筑形体采用S形，通过建筑的围合自然形成南北两个内院空间，并通过建筑中部的架空部分加以联系，使得其在空间上得以相互联系和延伸。立面设计上，采用大面积水平低窗与外廊结合的设计，而外廊的设计可以起到较多的东西向房间的遮阳作用。这种有规律的错综的墙体和水平窗的组合，形成一种既有变化又有规律的表皮设计，而建筑的入口、报告厅以及广场等元素则采用较为活泼的设计手法，通过折叠起伏的连续设计将这些元素连为一个整体。通过建筑主体与局部的不同设计手法，以丰富的建筑内涵体现了科研作为理性与激情、规律与矛盾的结合体的设计理念。简洁方正的形体和灰色面砖的使用延续了科大校园的整体风貌，变化的立面又彰显了建筑的内在性格，既是校园整体建筑的重要组成部分，又体现了其独特内涵。

本项目设置了去离子水给水系统，在每个实验室均设置用水点，并设表计量，去离子水处理设备分别设置于屋顶的两个机房。生活给水系统竖向分两区，地下室至三层由市政管网直接供给，四层以上采用“生活水池——变频泵——用水点”的给水系统。实验室废水排水系统单独设置，并经室外酸碱中和池及重金属回收池处理后汇入基地污水管网。

天津津门

设计单位：华东建筑设计研究院有限公司
合作设计单位：美国 SOM 建筑设计事务所、柏诚工程技术（北京）有限公司

主要设计人员：邵亚君、杜希敏、江蓓、王华星、方伟、郑颖、顾蓉蓉、常谦翔、张晓波、王经雨、龚碧野、张亚峰、任怡文、李可、汪艳旻

本项目位于天津市和平区，总建筑面积 244695m^2，由一幢 72.5m 高的五星级酒店和两幢 141.60m 的豪华水景公寓（配有一层商业）组成，地下三层，局部四层；地上地下可停车近千辆。

酒店为一幢门形建筑，为集餐饮、酒店功能为一体的五星级酒店。南向入口大台阶给市民提供了瞭看城市的功用，是一个休闲与聚会的地方。楼梯两侧是一对阶梯式小瀑布，潺湲的水声可作为背景声音来遮掩游览路上车辆的嘈杂。一对细长的住宅大楼与旅游路的曲线几何相呼应，为河畔的公共开放空间提供简洁大方的建筑背景。设置了四个主要车辆入口和两个货车专用出入口，每个都提供坡道直接连接到地下停车处。数个步行入口广场保证到达和通过地块的路线之间的连接，加强都市与河流的联系，步行主入口在南侧，两个次要步行入口在东西两端。酒店平面东西塔楼，在底层和顶部十四、十五层做形体连接。底层的连接体是通高三层近 15m 的酒店大堂。

外立面采用石材、金属和玻璃来表现出不同的质感、倒影和透明度，整个建筑群采用同一系列的用材和设计细节，却营造出不同的建筑风格，以建筑来表现出艺术感并巧妙地与天津的城市中心象征互相呼应。为了节能和减少北方冬天寒流的影响，在大堂的南北两面做了双层玻璃，并设了门斗。在石材幕墙和玻璃阴影盒后都做了保温，玻璃采用双层中空 low-e 玻璃，最大限度地提高幕墙本身的保温能力，大堂顶部有较大的玻璃天窗，利用酒店门字形造型的顶部和两边来作为大堂玻璃顶棚的遮阳，大大地减少了东西两侧太阳对大堂的辐射。

两幢公寓上部结构完全一致，与酒店为中和轴镜向对称。公寓及酒店基础采用钻孔灌注桩 + 厚板，框架 – 剪力墙结构。地下室把公寓、酒店三个不同高度的单体连为一体，且超长，为避免沉降差，地下室在与公寓 B、C 及酒店连接处设沉降后浇带，采用 C40 补偿收缩混凝土、地下二层至首层长边方向楼板钢筋拉通，并在板及梁中部设温度预应力钢筋，考虑到支座连接的可靠性和刚度均匀，加强了连体层的楼板厚度及配筋。

上海市宝山区人民法院

设计单位：上海建筑设计研究院有限公司

主要设计人员：刘晓平、葛宁、王玮、张伟程、刘翼、栾雯俊、俞欢、周春、陆培青、刘琉、陈敏、赵旻

本项目总建筑面积37156.7 m^2，建筑高度57.8m，地上12层，地下1层，呈工字形布局，坐北向南，正对主干道友谊路。临街一侧布置审判大楼，总体5层，局部2层，东西对称，使建筑形态呈现出法院建筑的庄严感。法院行政办公主楼置于基地北侧，层数为12层，使办公人员的流线完全独立于公众流线，立面规整的体形中间嵌入一块大玻璃幕，隐喻“明镜高悬”。通过设置内外走廊将民众活动空间和法官走廊彻底隔开，较好地满足了其功能需求。在刑事法庭区域，羁押入口通过垂直交通体系直接和刑事庭相连，并与法官、公众区域完全隔开，避免了其间的干扰，从最大程度上避免了可能的人流交叉。

审判区调解空间采用门厅+走廊式，门厅两层通高，连接各区和垂直交通。法庭区采用中庭式布局，所有中小法庭分设中庭两边，中庭顶部玻璃采光，中庭有开敞楼梯通道各层。门厅和中庭毗邻处理，创造了既庄重又人性化的高品质公众空间。立案大厅和信访大厅也采用开放大厅式，宽敞明亮。法院大会议室位于办公和审判之间的裙房顶层，会议休息厅屋顶设置采光口，光线明亮柔和。办公楼采用中廊式，主要办公室全部朝南。在友谊路上设当事人和公众的主要入口，利于外来人流的出入和疏散。在北侧的主体塔楼与南侧审判楼间的过街楼下方设法院办公人员的主要入口、审判法官入口，办公和公众交通流线互不交叉。信访和立案人流安排在底层，当事人通道和法官通道分设，严格分流。另外在北侧塔楼建筑的背面设置了后勤出入口，审判区西面设置囚犯押运出入口。

外立面有效控制开窗面积，北西东三个立面窗墙比均小于40%。立面采用了干挂石材幕墙、明框、半隐框玻璃幕墙相结合的幕墙形式，外墙及屋顶全部采用外保温设计，完全满足节能要求。

针对主楼和裙楼的荷载差异，为减小两者的不均匀沉降，主楼和裙楼分别选用不同的桩径、桩长和桩端持力层；局部大空间的大跨度梁，采用了后张法预应力技术，控制了挠度和裂缝。

上海外高桥中国金融大厦

设计单位：上海现代建筑设计（集团）有限公司

主要设计人员：李军、花炳灿、朱晓风、沈顺良、张嘉骏、曹贤林、孟洪武、孔令丽、任超、任尔媛、徐亭、邬大卫、杨勇、张斌、刘颖文

本项目位于上海外高桥保税区，属改造性建筑，原建筑功能定位是办公楼，且结构已建成，地上38层高135m，地下2层深7.15m，总建筑面积约65063m^2。经研究，多次听取意见，拟将原建筑改造为地上45层，地下2层，由酒店客房、大宴会厅、各式餐厅、会议区、水疗、健身中心等配套齐全的设施和较先进高标准的一座国际五星级城市（商务）酒店。

总体在原建筑轮廓线基础上，改造4层裙房为5层，主楼标准层扩大加高，在结构技术允许下原38层改45层，采取塔楼标准层平面左上和右上各增加一排框架柱，以扩大楼层建筑面积，将结构构件全部凿除，加层后大屋面建筑标高为171.70m；补桩满足新结构所需的承载力、重心和群桩形心的偏差要求。新加框架采取重量最轻、强度最有保障的钢管混凝土柱加型钢梁，抗震性能较优的后扩底锚栓加抱箍的形式，满足竖向承载力的要求，也满足抗震要求等措施。力求向空中发展，少占用地，多做绿地，故主入口车道采用两层净空的开放空间，配以精致的景观绿化。东面新兰路的酒店宴会厅入口附近则配以另一套景观设计，力求塑造层次丰富而具特色的酒店景观，北面新增用地做酒店主要景观的后花园。

新增北边用地设与原地下室相衔接的地下车库两层，进入酒店的客流在基隆路和新兰路的两主要出入口，货流和后勤人流在北面的次出入口。

地下一、二层为停车库及相应的设备用房和辅助用房，裙房为酒店配套的大堂餐饮会议休闲娱乐用房，主楼为客房，特点是功能分区明确，主楼、裙房高低错落，形成一个丰富的综合空间，与周围环境协调，平衡了建筑功能和审美的关系。通过处理主楼的位置和高度及与裙房的相互关系配合，对城市景观做了充分的交代。

针对改造建筑的特殊性，充分利用原建筑结构与机电设备用房，科学有机地结合新功能定位，新景观环境，将酒店主要公共及收益功能集中于基地东侧建筑南面与北面。酒店主要后勤服务区及停车场则位于地下和基地及建筑西侧。改造后酒店客人流线、服务流线清晰地予以区分和规划。

上海越洋国际广场

设计单位：华东建筑设计研究院有限公司
合作设计单位：日本株式会社久米设计

主要设计人员：张俊杰、柯宗文、陈缨、黄良、钱涛、张欣波、王晔、陈立宏、方伟、张磊、路海臣、张琦、郑颖、陆丽娜

本项目位于上海市南京西路，包括一栋43层甲级办公楼及附属6层商业设施和一栋23层五星级酒店和3层地下室，建筑高度办公188.9m，酒店97.5m，总建筑面积202797m^2。

基地北侧布置商场和餐厅，办公塔楼布置在基地中央，减少对南京西路的压抑感，办公塔楼与商业裙房用玻璃顶廊相连，基地南侧沿南北向布置酒店，大部分客房拥有面向公园的景观。地下车库出入口设在常德路西侧，避开了行人繁多的南京西路。地下3层设有地铁2号线和7号线的换乘通道。办公楼和酒店之间设有空中建筑，使人流容易地穿梭在公园与南京路、常德路之间，增加了公园的扩散性。为了协调优美的周边环境，体现与城市景观的呼应，采用与周围视野环境相协调的配置、体量、高度，使建筑物面向延安路高架、南京西路都体现为正立面形象，确定建筑物的朝向形成塔楼群体的城市景观。

办公部分主塔楼以办公为主，楼高43层，采用现浇钢筋混凝土框架－核芯筒结构体系，而北面商业裙房楼高6层，以商场为主，采用现浇钢筋混凝土框架结构。酒店楼高23层，平面形状为矩形，采用现浇钢筋混凝土框剪结构体系，由于建筑上的要求，有一部分剪力墙不能落地，结构在第4层设置了转换梁，形成了部分框支剪力墙结构的框剪结构体系。办公、酒店、商场之间均采用抗震缝分开，将整个结构在首层以上分成独立的多个结构单体。裙房设置餐饮、健身等设施，标准层均为客房。地下室主要为机动车库和设备用房。

低层商业的外观用简洁明了的玻璃幕墙来表现品位较高的商业气氛。酒店以整体相协调的外观表现，强调对公园的开放性。办公主楼采用双层幕墙体系，即外层幕墙采用Low-E中空玻璃，内层幕墙采用单层玻璃，两层幕墙之间，由机械助动引导气流流动，从而减少室内空调的负荷，提高了室内温度的均匀性；在两层幕墙之间，设置遮阳百叶，控制阳光的照射。酒店设计利用受光较好的南向立面安装BIPV组件，建造太阳能光伏并网发电系统。

济南山东省立医院东院区一期

设计单位：华东建筑设计研究院有限公司
合作设计单位：斯构莫尼建筑设计咨询（上海有限公司）

主要设计人员：邱茂新、荀巍、李晟、姜文伟、陈伟煜、韩倩雯、陆琼文、袁璐、陈超、林海雄、谢立华、李晶晶、李明、余杰、钱蓉

本项目是“一轴多核”的线形结构，总建筑面积 152262 m²，建筑高度 69.1m。3 条南北向医疗街，串联全院的 8 幢建筑；根据各自承担的功能，由北至南依次为干部保健病房、体检中心、综合病房、门诊、大外科病房、急诊、小外科病房、内科病房，既相互独立，又通过南北连廊相互连接，形成一个有机的整体。

采用发散式流线设计，充分利用 450m 长西入口广场，建立人流与建筑出入口的对应关系，动（西侧）静（东侧）分区，内外有别，使医护、患者、陪护、探视、管理等各种人流各得其所。按不同性质限定区域、限定路线，使来院就诊、探视、出入院、工作、供应、污物及维修的车辆在各自区域内进出或停放或限时作业，并借助管理使车流有序和相对稳定运转，形成一个良好秩序的医疗环境。

以病种为中心，以管理为标尺，将诊、查、治功能设置为尽端式功能模块，配套齐全，提高患者就诊的目标性，缩短就诊路线，减少不同病种的流线穿越，避免交叉感染。严格区分内外、洁污、探视、医患、普通与感染、病患与易感、健康人群等，通过贯通东西的一条医疗主街，一条功能联系廊，一条内部作业廊，串联模块及功能区域，分区分流，服务于不同使用对象。

医院东西两侧沿城市道路各 30m 的范围内为带状绿化，形成景观轴；庭院绿化、屋顶绿化、建筑间绿化分别组成景观核，与 8 幢建筑主体叠加、渗透，打破了建筑与景观各自为政的局面，使空间与景观相互交融，创造出连续的城市景观界面，并带来医院内部场所体验的连续性和建筑室内视线的均好性。

裙房采用弧形体量，从南至北，一气呵成，塔楼山墙嵌入玻璃体块，刚柔并济，虚实结合，实现技术与艺术的完美结合，寓意“荷花满塘，医海绽放”的地域文化特色。立面采用石材、铝板、玻璃和金属百叶等高品质材料，为不同功能设施提供统一的视觉组织元素，形成一种秩序感。建筑高度高低错落，在泛光环境中创造变幻无穷的效果。

嘉兴同济大学浙江学院实验楼

设计单位：同济大学建筑设计研究院（集团）有限公司

主要设计人员：王文胜、郭志明、耿耀明、陆秀丽、徐桓、杨木和、冯玮、黄倍蓉、王坚、郑剑锋

本项目位于浙江嘉兴同济大学浙江学院校园内，总建筑面积 20630 m^2，建筑高度 22.25m，地上 5 层；实验楼建筑整体为围合式结构，南侧为中心廊两边实验室，北侧为单廊一侧实验室。

建筑的外部是一个比较方正的形态，但是内部通过挖空共享，错落高度，出挑等手段，营造尽可能丰富的内部空间。利用部分的屋面作为一个带有屋顶绿化的活动平台，由建筑三层室内直接进入，作为学生实验活动之余的活动空间，也可以作为教学实验制作和展示的室外平台，西侧设置入口共享中庭，创造公共交流空间。

建筑采用简洁现代的造型，立面处理主次分明，和谐统一。利用大块墙面的虚实给人以强烈的视觉冲击力，主体墙面采用浅灰色面砖，西侧大块实墙面拼砌不同机理的面砖形成变化；部分朝向内院的外墙采用与主要外立面不同的错落的外窗排布，彰显内外有别的活跃气氛，此部分立面材料采用红褐色木材面砖；少部分透明玻璃幕墙，与大块面石材形成强烈的对比感，窗框和构架上采用深色、冷色的金属构件。

由于东侧楼板连接较弱，并且在二层和四层该侧楼板缺失，形成不规则体型，采取结构平面角部适当加强，增加结构抗侧刚度以及抗扭刚度。对于楼板开大洞、不连续、弱连接的情况，采用弹性楼板假定，为减小混凝土收缩与徐变、温度的不利影响，采取适当距离设置施工后浇带，在顶层、山墙、内纵墙端开间等温度变化影响较大的部位，适当增加结构构件的配筋率，局部楼板钢筋双层双向拉通。

利用校区市政给水管网，设置无负压给水设备；生活污废水与实验废水分流。

新风入口为土建外墙防水消声百叶，排风口设置均与新风入口保持足够距离，以免新风和排风交叉而降低新风质量。一般实验室、各层的卫生间设有全面通风换气，均设置了电动风幕式窗用排风扇。根据各专业实验室的特点和要求，考虑排除实验进行过程中产生的有害废气、粉尘和污浊空气，不同类型的实验室通风各自独立；根据实验性质、污染物发生范围的不同，并考虑系统安装的空间要求，通风系统形式分为全面通风、局部排风罩排风和通风柜（橱）排风。

天津津塔

设计单位：华东建筑设计研究院有限公司
合作设计单位：美国 SOM 建筑设计事务所、柏诚工程技术（北京）有限公司

主要设计人员：汪大绥、傅海聪、陆道渊、邵亚君、李林、黄良、钱观荣、魏炜、韩风明、梁超、吕宁、张晓波、牛斌、邬宏刚、徐麟

本项目位于天津市和平区，总建筑面积 22257m^2，由一幢 336.9m 高 5A 甲级办公楼和一幢 96m 高的酒店式公寓组成。分津塔（天津环球金融中心）和津门两个地块，中间相隔的是一个小型地下城市污水泵站。本项目是集酒店、办公、高级公寓、餐饮、商业为一体的综合体。

设计有如传统的中国山水画。一栋细长的公寓楼衬托出弯曲的兴安路，高耸入云的塔楼矗立在基地东方；运用特殊造型椭圆平面的纤细柱体，没有裙房附楼，就像一根定海神针，使它轻巧地落在地上，呈现的是四两拨千斤的优雅，巧妙地化解了庞然大物的沉重感，外立面造型寓意中国的折扇，整幢大楼在阳光的照射下熠熠生辉，同时给白领丽人们更广阔的看海河视野；椭圆平面以短边面向海河，也将建筑对海河的压迫减少到最低。

总体平面设置了三个主要车行入口；三个主要步行入口，以加强本地段与周边街道和周边地块的步行网络联系。

办公楼平面呈椭圆状，最大平面层面积 3126m^2，最小平面层面积 2002m^2，平面独特的折面捕捉最充足的日照，为室内的用户提供最大的城市景观。公寓造型为一门形板式高层，分东西塔楼，共有 644 间客房。

属超高层建筑，结构采用“钢管混凝土柱框架 + 核心钢板剪力墙体系 + 外伸刚臂抗侧力体系”。钢板剪力墙作为新型抗侧力构件，具有较大的弹性初始刚度、大变形能力、良好的塑性性能、稳定的滞回特性等，即允许钢板在水平力作用下发生局部屈曲并利用钢板屈曲后强度产生的张力场效应继续抵抗水平力作用。

上海证大喜玛拉雅艺术中心

设计单位：上海现代建筑设计（集团）有限公司
合作设计单位：矶崎新工作室

主要设计人员：戎武杰、刘缨、余飞、花炳灿、江欢成、朱江、陈龙、张沂、史凌杰、贾薇、吴云缓、郑沁宇、王乾、张骥、刘正岳

本项目是一个集当代艺术中心、五星级酒店、艺术家创作中心、商场为一体的复合设施，体现建筑的艺术文化内涵，艺术与商业的完美契合形成城市文化雕塑。总建筑面积 162220m^2，高度为 99.9m，地上 17 层，地下 3 层。两幢塔楼，其中间有大屋盖相连，两幢塔楼之间间距为 85.8m。

办公楼底部呈正方形，边长约 60m，剪力墙由四个楼电梯筒组成。右下角底部设置树干状剪力筒，支撑上部三个框架柱，与楼面梁一起形成局部转换结构。楼面采用梁板结构，梁高度控制不超过 800m。结构设计主要对高位转换结构或多次转换、楼板缺失和开洞较多的楼面结构加强分析和构造，较大洞口周边楼板按弹性板模型进行分析；对三个异形筒体，结构承载特别是抗震性能进行分析论证。并对薄弱连接部位采取相应处理措施，并验算大震下的结构性能。

本项目采用多项技术措施：（1）采用设置后浇带、加强带，采用混凝土后期强度及减少各区域不均匀沉降量等措施控制超长地下室裂缝；（2）地下室一层、二层应用空心楼板技术减少楼板混凝土量；（3）桩基应用灌注桩扩底与注浆技术提高桩基效率，控制底板厚度；（4）酒店转换层以上少量采用位移型阻尼器控制结构位移比；（5）应用弹塑性分析手段和结构试验等手段确定结构薄弱部位，如根据计算有针对性地加强转换梁，对剪力墙适当开洞，调整优化结构设计。

设置两个独立的集中空调系统，其中酒店部分为一个独立的集中空调系统，其他商场、办公楼、多功能艺术中心等非酒店部分合用一个独立的集中空调系统。其特点：室内不做吊顶，大量的空调送、回风口设在异形柱和异形梁上；在剧院内设机械排烟，在剧院周边走道设正压送风的消防排烟方式；商场及地下餐厅将降平衡新风用的排风系统用于变配电机房的补风等。

本项目是由多种性格迥异的设施构成的集合体；在组合理念上也一反常规做法，即艺术馆并非为其他设施的附属品，而是这个项目的核心，深入影响项目中的其他设施，赋予商业设施文化和艺术的灵魂，从而提升商业的价值。

哈大铁路客运专线大连北站站房工程

设计单位：同济大学建筑设计研究院（集团）有限公司
合作设计单位：铁道第三勘察设计院集团有限公司

主要设计人员：丁洁民、魏崴、许笑冰、戚广平、刘传平、蔡珊瑜、张东见、许云飞、杜刚、何志军、张国强、谢立伟、刘天鸾、高文佳、章安志

哈大铁路客运专线纵贯东北三省，线路全长903.94km。大连北站站房是其主要节点，总建筑面积160495m^2，其中站房68965m^2，站台雨棚71400 m^2，是集城市轨道交通、市区公交、出租车以及社会车辆等各种交通设施及交通方式的客运综合交通枢纽。

站区交通疏解采用“两纵两横一通道”的模式，城市轨道交通从北侧平行通过。南、北站房分设落客平台，衔接城市高架进站车道，分流接入南、北两侧城市快速道路；同时也考虑了离站车流与广场出租车、社会车场的链接。出站人流交通组织集中设于站台层下方24m宽的城市南北通廊步行区，方便抵达车站南、北广场接驳地铁、公交、出租车以及社会车场。

车场规模为10个台面20线，站房总体高度35m，檐口高度33m，面宽184m，南北纵深292m，用房主要分为三层，与地面进站大厅同层，方便公交与城市轨道交通客流进站，两侧分设售票厅、贵宾区及设备、后勤用房。高架候车设于10.00m层，纵深覆盖所有铁路轨道与站台，设置了候车大厅及旅客商业服务，功能完备；出站厅结合贯穿城市的南、北通廊，设于铁路轨道下方集安全疏散、交通换乘、城市南、北区域联通的综合性人行交通空间。

硕大的旅客候车空间，作为交通建筑的在重要的空间组成部分，现代钢结构技术设计应用与整体建筑空间的完美糅合成为大连北站的设计创作亮点。候车大厅主空间结构跨度72m，屋盖钢结构选型为张弦正三角形三管桁架，结构矢高4m，桁架最高点结构高度仅1.8m，有效地提高了室内空间高度并节省了巨大屋面结构的用钢量，结构构建裸露，结合建筑功能与采光天窗带及穿孔遮阳铝板重合，组合形成轻盈、有序、优美的空间形态。

杭州圣奥中央商务大厦

设计单位：同济大学建筑设计研究院（集团）有限公司

主要设计人员：任力之、张丽萍、高一鹏、郑毅敏、赵昕、胡宇滨、刘瑾、苏生、钱大勋、严志峰、魏丹、顾勇、徐国彦、王昌、刘峥嵘

本项目位于杭州市钱江新城，总建筑面积 68658 m^2，由一幢建筑高度为 147.75m 的 37 层超高层塔楼和 4 层裙房组成。塔楼的主要功能为写字楼，裙房部分设有商业、配套餐饮等功能，是集办公、商业于一体的生态、节能、智能型办公楼。

五层至三十七层为塔楼，平面规整，进深合理，光线良好，能够提供多种分割选择，是各类商业人士办公租赁的理想场所，标准层平面核心筒居中，采用工字形走道布置方式，有效提高了平面使用率。一层至四层为裙房，主要用于圣奥集团家具展示陈列、商务洽谈等功能，构成了一个面向客户的商务展示区。地下二层是设备用房和平战结合六级人防，平时用途为汽车库，战时为六级二等人员掩蔽部。

塔楼为明框玻璃幕墙，采用透明低反射中空 LOW-E 钢化玻璃，结合竖向氟碳烤漆铝合金型材，既强调了塔楼的竖向线条，又形成了简约而精致的建筑细部。立面富有韵律、错落布置的百叶后部，是可以开启的通风窗，将超高层建筑的自然通风与建筑形象完美结合，起到了很好的装饰效果，为建筑增添了几分个性。裙房同样以玻璃幕墙为主，配合局部干挂石材幕墙。采用透明低反射中空 LOW-E 钢化玻璃并结合氟碳烤漆铝合金型材，强化与塔楼的一体感，与塔楼共同构成具有雕塑感的建筑形象。

基地设有两个机动车出入口，一个地下机动车出入口，两个地下自行车库出入口。写字楼主入口沿东南方向设置，另设商业入口，沿西南侧设辅助出入口。在合理布置道路交通流线的同时，把城市绿地的景观引入了本大厦使用者的视野。沿建筑裙房北侧设计了绿地景观，裙房屋顶设置了屋顶花园，种植大量绿色植物并结合水景与大自然融为一体，改善了办公环境及周边高层建筑的景观环境。

地基基础根据总荷载及结构对沉降敏感性的不同而作出不同的基础形式，其中主楼基础采用桩—筏基础，桩基持力层取圆砾层；裙楼部分因荷载较轻，布置了适量抗拔桩防止地下室上浮。上部结构采用钢筋混凝土框架－核心筒结构。对于超长楼面，采取后浇带、膨胀混凝土，不设伸缩缝。

上海新江湾城公建配套幼儿园（中福会幼儿园）

设计单位：同济大学建筑设计研究院（集团）有限公司

主要设计人员：张斌、周蔚、郑振鹏、乔国强、卢明炜、李朝、王佳琦、钱晶、曲飞、周致芬

本项目总建筑面积 8786 m^2，建筑高度 14.7m；建筑主体在基地北侧一字排开，留出尽量充足的户外活动场地；三层高的主体分为上下两个耦合的体量，底层是一个容纳了幼儿公共活动及办公、后勤空间的伸出的平台，二、三层退缩的是 15 个班的活动室，其中三层的 6 个班成为微微出挑在平台上的 6 个盒子。既为底层的公共活动空间提供了最大的空间弹性及与户外空间联动的可能，又为二层以上的班级活动室提供了巨大的绿色活动平台；略有起伏的平台在西段有一个大台阶联系底层的户外活动场地，在东段伸出“T”字形的一端覆盖门厅空间及最南端两层高的办公及亲子班部分，将场地分为东西两个部分，东侧较小的是入口广场，西侧较大的是户外活动场地。

底层的众多公共活动空间由一条东西贯通的宽大中廊相联系，通过庭院以及半室外架空空间的设置，整个长廊空间有节奏地向南侧的室外空间延展，同时长廊北侧与庭院开口对应的位置设置带有天光的垂直的交通空间。长廊中段向南扩展形成一个开放的多功能活动展示空间，形成与周边各专题活动室、大活动室及游泳池相联系的弹性互动空间。以这一长廊为空间主干，将内外、上下串联成为有机的整体。

二、三层的班级活动室获得良好的南向采光与南北通风，活动室北面设置宽大的连续走廊，成为班级活动空间的延伸，满足各班级个性化的展示需要。建筑通过退台为每个班级留出了大面积的露台，为幼儿的室外活动提供多种可能。

建筑整体采用陶土面砖，在有限的造价内追求高的品质感。通过底层和上层不同面砖色彩的使用，强调出一层灰色基座平台和上层浅米色主体的咬合关系。同时二、三层通过退台、出挑的处理，以及局部立面洞口侧壁的色彩运用，回应幼儿使用空间多变、好动、活泼的空间特色。这种既对比又协调的关系表达了中福会幼儿园的历史底蕴，以及幼儿使用主体的性格特征之间二元共生的关系。

上海嘉瑞国际广场

设计单位：上海中房建筑设计有限公司
合作设计单位：夏邦杰建筑设计咨询（上海）有限公司

主要设计人员：Pierre Chambron、周雯怡、孙宏亮、马林、李永民、卫青、姚健、周安、吴忠林

本项目位于上海浦东新区世纪大道，总建筑面积 60763m^2，建筑高度 99.4m，由地下 4 层车库及设备用房和地上 24 层办公塔楼组成。选用了基地形状吻合的矩形，沿世纪大道一侧矩形被切了两个角，配合幕墙的变化，丰富了界面，同时也增加自身标志性，给整个建筑体形增添了活力。

世纪大道一侧是主要人行出人口，向成路一侧是车行出入口，地下汽车库出入口设置在向成路平行的较远一侧，自行车库入口设置在世纪大道平行的较远一侧，功能发挥比较合理。因受高空限制，办公标准层采用 4m 层高，装修后室内净高为 2.75m；大堂大部分为两层通高，沿世纪大道设置 3 层通高大堂，显示了超高的附加值。

塔楼采用玻璃幕墙，竖向金属肋及横向窗间墙的分隔相互穿插，赋予了建筑精致统一的风格特征；沿世纪大道一侧双层呼吸式玻璃幕墙，精致而通透；其他三面竖明横隐玻璃幕墙，每 5 层设一道层间铝板幕墙，作为横向分隔，与两种玻璃幕墙交接处的铝板幕墙一起构成了立面的主要元素；底层大堂采用全玻璃幕墙，高度随着位置的不同而变化，沿世纪大道一侧为三层通高，其余部分随着雨棚高度的变化而变化。

办公楼采用现浇混凝土框架筒体结构，主体部分框架柱为钢筋混凝土型钢柱，12m 跨框架梁采用有粘结预应力梁。

上海小南国花园大酒店

设计单位：华东建筑设计研究院有限公司
合作设计单位：PETER HAHN

主要设计人员：邵文秀、李立树、徐琴、李云贺、沃立成、吕燕生、邓前进、毛雅芳、吴婧婧、胡小韦、贺军立、殷小明、李伟刚、刘华、庄燕

本项目位于营口路和佳木斯路交汇点附近，总建筑面积 $78970m^2$，建筑高度为 88.2m，是一幢地下 3 层，地上 23 层，集餐饮、娱乐、休闲、客房为一体的多功能建筑。

高级酒店、裙房、SPA 各设施功能整合在三个各自独立又相互联系的建筑中；服务区位于建筑后部，方便各设施之间的人员来往；严格功能分区，形成清晰的前后台关系，利用基地周围及基地内的景观生态资源，营造优美、别致的室内外空间环境。

酒店处于北面基地主入口，大堂均局部两层通高，客人进入大堂可方便到达主楼电梯厅；服务区的核心位于建筑的后部，方便各设施之间的人流来往。

建筑立面采用玻璃幕墙与铝板、石材幕墙相结合，整个建筑既挺拔有力又赋有精美细部；主楼立面对建筑顶部和底部采用不同的处理手法，以石材幕墙在近人处体现高贵的气质，而通透的大面积落地玻璃既是将周围景观引入室内，展现室内外环境的交融，又突出了夜晚的灯光效果；裙房部分使用了石材幕墙与玻璃幕墙，塔楼部分将对应的石材幕墙变为仿石材质感的进口铝塑板，体现了对环境保护、日常维护及视觉感受的考验。

本项目地上为大底盘双塔结构，在四层以下连为一体，基础采用桩筏大底板形式；为解决主楼和裙房的不均匀沉降，采取主塔楼和次塔楼，裙房采用不同直径及不同桩基持力层，根据柱底轴力布桩，控制绝对沉降量；施工时，主楼和裙房采用沉降后浇带分开，待主楼上部结构封顶且沉降稳定一段时间后，采用强度等级高一级的微膨胀混凝土将后浇带封闭。

江苏省天目湖涵田度假村中央酒店

设计单位：华东建筑设计研究院有限公司
合作设计单位：BBG-BBGM 美国建筑事务所

主要设计人员：许瑾、蔡亦龙、蔡增谊、陈锴、王学良、肖瞰、陈超、缪兴、温泉、常耘、刘敏华、高林萍、袁兴方、宋伟、王浩

本项目位于溧阳市天目湖，总建筑面积 $55461m^2$，呈 П 形，分为主楼和南、北两翼各八层的嵌山体建筑，背山面湖，形态舒展，呈现出一种欢迎的姿态，与周围的自然山脉相呼应。在立面设计上尽量采用原有地方材料，在室内空间特色的营造方面尽量借用原有环境和地势地貌，最大限度地挖掘休闲度假村的特色。

主楼共 10 层。一层为游泳池、健身房、SPA 会所等休闲健身场所，二、三层为局部客房及水泵房；四层集中了大量的设备机房、员工办公室；向湖部位为客房，客房与其他部分由走道、隔墙等严格分开，互不干扰；五层为局部客房及其他用房的上空；六层是主要入口层，包括大堂、行政办公、全日餐厅、糕点房、厨房等；七、八层以会议室为主，包括主会议厅、各大中小型会议室、商务中心及宴会厅等，九、十层为中餐厅和 15 个餐厅包房。酒店南北翼共八层，有 400 间客房，其中六层主要入口层的北翼设置了 12 间无障碍客房。

主要客流由六层西侧进入，经酒店客梯到达各层。贵宾则可由酒店六层的独立入口到 VIP 电梯直接到达七层的主会议厅。夜总会也设有独立入口并拥有单独的两部电梯为来酒店夜总会的客人服务。酒店货物、机械可由酒店四层南北侧的入口进入；在四层的南侧设有卸货区，货物可由货梯进入其他楼层的库房或经粗加工后由货梯运至各层厨房，货梯在有需要的楼层可以双向开门。酒店垃圾在各层收集后经分设在各区的货物电梯运达四层，汇总至垃圾收集间，再由车辆经车道运出。员工由酒店四层南侧的入口进入，直接在该楼层进行更衣淋浴，再由分设在各区的客货梯到达各楼层。

整个基地内的建筑均以优雅现代的风格加以表现。立面以石材幕墙与条形隔栅窗、玻璃幕墙相结合。采用虚实对比的手法，将大片玻璃和石材对比使用。

上海朱家角人文艺术馆新建工程

设计单位：上海现代华盖建筑设计研究院有限公司
合作设计单位：上海山水秀建筑设计顾问有限公司

主要设计人员：钟瑜、祝晓峰、李启同、吴延因、郑海安、李瑶瑛、经烨涛、任民、朱泓

本项目位于上海市青浦区朱家角镇，总建筑面积2700m²，建筑高度9.60 m。中庭是动线的核心；首层环绕式的展厅从中庭引入自然光，是相对大面积而集中的展厅；二层展室分散在几间小屋中，借由中庭外圈的环廊联系在一起，展厅之间则形成了气氛各异的庭院，适合举办多个小型的展览活动；这种室内外配对的院落空间参照了古镇的空间肌理，使参观者游走于艺术作品和古镇的真实风景之间，体会物心相映的情境。在二楼东侧的小院，一泓清水映照出老银杏的倒影，完成了一次借景式的收藏。

中型展厅和小型展室两类不同尺度的展览空间，以满足不同展览的具体需求，并提供户外的展览场地。一层东北角连接入口广场布置门厅，便于引导进入古镇的人流入馆参观；东南角布置后勤办公入口；西南角布置疏散出口；中部布置一个一、二层通高的中庭，垂直交通围绕中庭布置；中庭周圈布置大面积的展厅。二层围绕中庭布置一圈走廊连接各个小型展厅，展厅和户外的院子围绕中庭交错布置。

参观的流线为环状流线，以保证参观者便捷顺畅，依次是：门厅、一层展厅、中庭 、二层展厅、中庭、门厅。外墙以白色涂料和玻璃窗为主，勒脚采用当地石材，二层的屋面为金属屋面。

本项目展厅、中庭、办公等房间均采用室内机＋新风独立处理的空调形式；室内机款式根据房间的不同功能、格局而定，大办公采用天花板嵌入式，送风形式均为上送上回，咖啡阅览室采用侧送侧回的形式。供电局提供两路低压进线柜，两路电源互为备用；主要区域的照明光源和灯具采用高效节能型荧光灯，荧光灯均采用节能型谐波含量较低的电子镇流器，根据博物馆建筑的特点，展厅内光源的布置及灯具的选用方面充分考虑照明的质量，包括照明色温的选择及眩光的抑制。

无锡市人民医院二期工程

设计单位：上海建筑设计研究院有限公司

主要设计人员：陈国亮、孙燕心、郑亚丰、黄慧、周雪雁、梁保荣、李敏华、徐雪芳、钱锋、周海山、蒋明、高晓明、张帆、冯杰、李玲燕

本项目位于无锡市医疗中心基地内，由儿童医疗中心、心肺诊治中心及特需诊治中心三个分诊中心组成。总建筑面积 122509m^2，建筑高度 54.7m，总病房床位数 943 床。

根据医院的发展趋向及一期建筑的总体风格，结合医院的平面功能布置，医院的建筑风格追求简洁统一，贴近自然环境，错落有致。将规模最大的儿童医疗中心设置于院内主体交通一侧，方便儿童急诊、住院、门诊大量人流的疏导；将特需诊治中心设置于东南角，相对别的区域有较强的私密性和隐蔽性，并能利用东南角大面积的绿化形成优美的环境；将心肺诊治中心设于北侧靠近医院主体建筑，可最为便捷地到达主体医疗区。

整个建筑内部交通组织通过一线性的南北向廊道串联各个功能区，形成内部回路，门诊、住院以及医技等空间组团围绕这条医院街组织；在医院街内组织了一系列的中庭空间和公共交通核，使得内部交通便捷高效，又丰富了建筑空间，同时为建筑提供了舒适宜人的内部环境景观。竖向交通进行内外区分，儿童医疗中心就诊人员主要通过南北向廊道内的两组楼电梯和自动扶梯到达各层；内部人员则由各功能块内部交通单独疏散，三个二期项目各有一组主要垂直医用电梯直接到达住院部各个楼层。

特需诊治中心、儿童医疗中心及心肺诊治中心结构为钢筋混凝土框架——剪力墙，基础为桩筏，预应力混凝土管桩；门急诊医技楼为框架结构，桩筏基础，预应力混凝土管桩；纯地下室部分采用抗拔预制混凝土方桩。

给排水专业系统多，管线多，主要特点：冷水分层计量，热水在进热交换器的冷水管上计量，有利于节能，便于科室管理；热水管网敷设为下行上给式，热水供回水管基本上同程布置，节水节能效果好；设置空调系统热回收凝结水作为裙房的生活热水预加热水；设置太阳能集中热水系统作为儿童医疗中心和特诊中心九至十一层的生活热水预加热水。

上海十六铺地区综合改造一期工程

设计单位：上海现代建筑设计（集团）有限公司

主要设计人员：邢同和、方旦、蔡晖、马伟中、许晓敏、李小浩、沈南生、潘群、乌伟、朱雯、李明、盛凯、朱金鸣

本项目位于都市旅游圈的黄金地区。重建后的新十六铺集黄浦江水上旅游、公共滨江绿地、地下商业、地下社会停车和地面休闲商业功能为一体。占地面积30400m^2，地上面积4997m^2，地下面积62314m^2，地上三层商业用房，地下部分共设三层，其中一、二层为地下商业用房，地下二层局部及地下三层为社会停车场。

本项目用地范围西至中山路，东临黄浦江，北至新开河路，南至东门路；大面积的景观休闲平台与建筑屋顶绿化，蜿蜒飘逸的空间结构玻璃顶盖，三栋典雅、精致的地面建筑共同构成独具特色的城市滨江形象。滨江区域还设有层层跌落的亲水平台及游览黄浦江的12座游船浮码头，码头总岸线长达630m。

采用园林推广的色叶、开花乔灌木等植物品种，景观效果明显；园路采用生态透水地坪，地面不积水；景观照明采用LED节能灯具，强调顶层景观玻璃顶棚的星光效果与观光平台底层照明、亲水平台节奏连续灯带的呼应，保留中层夜景游客无限的遐想和漫步空间。

十六铺地区综合改造项目纳入整个城市绿化系统，既有整体性又具有独特个性。强调“纯林、纯色、纯形”，形成现代、简洁、大气的滨江绿色氛围。地下建筑顶部绿地以植物造景为主，乔灌草结合。树种选择乡土、地域性树种为主，适地适树，体现本地区特色；绿化种植材料结合浦江沿岸及生境情况，选择适应性强、抗风能力强、不易倒伏的园林植物。整个地下空间，设置了不同标高的四处中庭空间，四个下沉式广场和六组采光天窗，把阳光和空气引人地下，体现生态设计理念，运用了“三墙合一”、“江水源热泵冷热源系统”、“太阳能光伏系统”等创新设计和技术，新十六铺成了一座真正意义的绿色建筑。

华东理工大学新建奉贤校区体育馆

设计单位：中船第九设计研究院工程有限公司

主要设计人员：全笲、王方敏、代林、金松、王利娟、傅益君、蔡宽宏、杨士清、黄青青、顾小峰、钱峰、杜鹏、金祎清、李啸、金文欢

本项目位于校园东南侧，总建筑面积 14285 m^2，建筑高度 21.7m，总的长宽约为 130m×110m；分别由 3 个独立单体组成：1500 座的综合比赛馆，体操、武术、乒乓、健身馆、篮排球训练馆，二期标准游泳馆；各自有独立入口，同时通过廊道实现联系和自然通风采光。

比赛馆作为整个群体中最重要的空间，需要兼顾学校和社会两方面的使用；设置于用地西南侧，能便利地通过学校路网服务学校师生，同时也能够通过南侧次出入口服务社会。

训练馆区位于用地北侧，靠近比赛馆区；平时主要用于学校上课和学生的体育活动，北侧运动场和学生公寓与教学楼的方向相对应，便于学生进入训练馆进行锻炼和运动；比赛时是热身、训练场所，也方便各方的联系。

西侧广场与校前区空间正对大气独特的入口空间，形成了非常具有礼仪气度的空间界面，同时引导人流走向体育馆；入口广场呈带状，为来自校园西侧北侧的学生人流提供了宽敞的集散休闲的场所。东侧广场正对南侧次入口，为社会来的人流提供了进入建筑的场所，两主广场同时也为体育馆人员疏散提供了两个方向的疏散场地。北侧广场与体育场联系紧密，满足体育课训练和课外活动的需要。

庭院空间位于比赛馆区与训练馆区和游泳馆区之间，既联系了西侧广场与东侧广场的人流，同时也是比赛训练人员的休息交流的场所。平时作为半室外公共空间，也为学生提供了一个休闲的空间环境。

各场馆基础均采用桩 + 钢筋混凝土承台的结构形式，其中桩采用桩径 400mm 的 PHC 预应力混凝土管桩，桩长 26m。比赛馆分上下 2 层，除 54m 直径比赛场地上空屋盖采用钢结构网壳外，其余上部结构均采用现浇钢筋混凝土框架体系；采用双层施威德勒型球面网壳，网壳杆件为热轧无缝钢管，用螺栓球节点连接；网壳支座采用了双曲面抗拉球形单向支座；支座上还设置了水平及竖向限位器进行限位。

杭州市浙江财富金融中心

设计单位：上海建筑设计研究院有限公司
合作设计单位：美国约翰波特曼建筑师事务所

主要设计人员：张行健、蔡淼、汪彦、潘海迅、陈绩明、余梦麟、包佐、顾辉、陈志堂、周晓海、杨明、束庆、葛春申、吴健斌、施辛建

本项目位于杭州新中央商务区的心脏地带，总建筑面积 213010 m^2，建筑高度东 188m、西 258m，由地上东 38 层、西 57 层，地下 3 层组成。建筑部分坐落在一个下沉式花园广场中，有令人印象深刻的水景和自然绿化；从周边顶棚和塔楼开放大堂泻入的自然光将照亮整个下层商业广场。

幕墙采用标准化的玻璃板形成塔楼的弧形。塔楼外立面以玻璃为主，采用一系列对比的银灰色板条；选用颜色玻璃，不仅因为其外观效果，而且因其可防眩而产生的节能效果；在塔楼的长度方向，每隔一段距离设置独特、高度反射的装饰性肋条；装饰性肋片优雅地延伸了塔楼，赋予弧形表面结构感，并且为各个角度增添了整体感；在街面层肋条端部外张形成波浪、褶皱形的雨棚，为塔楼底座周围的人行道提供了遮蔽物。在人行层任何可能的地方将使用透明玻璃以获得最大的透明度，使内外空间之间的交流通畅。在其拥有独特外形的同时，塔楼的简单弧线使其可以采用统一和标准的结构和幕墙系统。

车辆出入口沿公园路布置，另一个出口设在香樟路；人们可以通过坡道和天桥进入塔楼或下沉式广场；一座大楼梯位于天桥的中央，引导人们进入下沉式广场。两座办公楼从街面层以下 4.5m 处的下沉式广场拔地而起。

在东西塔楼的低端顶部，各设置了一个直径 12m 的直升机救援口，当发生火灾等紧急情况时，救援直升机放置救生吊篮或缆索，供人员逃生使用。从每栋楼的交通核体内有两个消防楼梯与楼面救援平台连接。人员可直接从消防楼梯到达救援平台。

地下采用“二墙合一”的地下室外墙结构；其他部位采用抗拔桩，持力层为圆砾层；主体为框架 – 核心筒结构，主楼底板采用变厚度筏板结构，在主楼筏板与其他部位连接处，采取施工后浇带；屋顶采用工字形钢件，顶盖的边环梁采用矩形断面的钢箱梁。

青岛远雄国际广场

设计单位：建学建筑与工程设计所有限公司
合作设计单位：大原建筑设计咨询（上海）有限公司（李祖原联合建筑师事务所）

主要设计人员：张育甫、王灵、高海军、郑代俊、郭鸣、彭国忠、王声翔、黄文旭、许洁、徐长海、杨光宇、李鹤、吴明、董雷、唐利玲

本项目位于青岛市南区，总建筑面积 138501m^2，高度为 181.9m，地下 5 层，地上 42 层，是集商业、现代办公、高级酒店式公寓等多种功能的综合性建筑。地下平时为机械式停车库，战时为人员掩护体，防护等级为五级。

主体由两片弧形幕墙围合而成，指向蔚蓝的海面，片片拨开，使得风帆形象更加生动。金属框架和玻璃作为母题在立面中的反复出现，竖向质感与横向质感的对比统一，简洁而强烈的表皮既隐现了内部变化丰富的空间形式，也赋予了整个建筑清新、现代的特性。

人流集散的前广场，是开放的公共绿地，为市民提供休闲活动的空间；在办公和公寓主入口前均形成各自的入口广场，每个广场均具有自身特殊的可识别性；主要的绿化布置在南侧办公入口广场前；并在裙房屋顶的适当部分设置了绿化，美化第五立面，同时也改善了区域内的小环境。

办公主入口处设置了车行出入口；西侧与黄金广场之间不设围墙，共用道路，主要服务于办公及公寓车流。景观前广场，平时供人们步行使用，火灾发生时可作为整个基地环形道路的一部分。办公的主入口设在主楼南侧，酒店式公寓的主入口设在主楼西侧，主楼与裙楼相连接的中庭部分分别设置了商业出入口。

主楼为型钢混凝土框架－钢筋混凝土筒体结构，裙房为框架结构。屋面上有钢构架围护造型，在地面以上主楼裙房之间设置宽 200mm 的抗震缝。裙房地下部分为地下车库，采用了无梁楼盖体系，无梁楼盖的板下不做吊顶，且地面施工采用随打随抹光工艺，从而使地下车库的整体感觉很明亮。

本项目采用分区、分功能供水，根据功能和标高分区，分别采用市政直接供水、变频供水加压、重力水箱供水等方式。商场、餐饮、办公为分散供水系统，公寓采用集中热水系统。公寓热水系统采用市政热源作为热媒，设置容积式换热器换热，分功能、分区供应热水，热水分区与相应的冷水系统相同，且冷热水同源。

京沪高速铁路上海虹桥铁路客站工程

设计单位：上海现代建筑设计（集团）有限公司
合作设计单位：铁道第三勘察设计院集团有限公司

主要设计人员：曹嘉明、高承勇、方健、周铁征、蔡晖、朱志鹏、殷真铭、孙俊玲、李小浩、许晓敏、潘群、乌伟、盛凯、朱金鸣、程向阳

本项目位于虹桥综合交通枢纽，与机场、磁浮、轨交、公交等有效衔接，集多种交通方式于一体。主要以高速铁路为主，兼顾城际轨道交通、普速铁路客运作业；最高聚集人数为 10000 人。

车站主体位于车场轨道上方，东面以高架连廊和地下大通道与磁浮车站相接，西面与西交通中心的长途汽车站、公交车站、社会车库紧密结合。候车厅层和地下主通道层的标高与虹桥枢纽地上地下的两个主通道标高一致，轨道交通车站在站房西部的地下二层和三层，形成完整的枢纽内部换乘系统；主体站房南北两侧分别是高架匝道和无站台柱雨棚；车场基本以枢纽东西向轴线南北对称，布局合理、紧凑。

交通流线为南进南出，北进北出，按逆时针方向行驶；出租车通过南北两侧的蓄车点分别进入南北两侧的地下一层上客区上客；公交车在西广场地面上客，长途车在西广场地下一层上车，社会车辆在西交通中心地下停车库上车。内部旅客以人行走距离最短的上进下出、下进下出，出站的旅客可以方便地选择各种换乘方式；并设无障碍通道和设施，在细部设计中，力求体现大方、周到、人性化。

通过分析日照影响和遮阳的作用，充分运用自然采光和通风，使空间宽敞通透明亮，用室内建筑室外化感觉的演绎方式，提高人流集散场所的空间舒适度。采用虹吸式雨水排水系统设计确保超大平屋面的排水；用网格状避雷带系统确保大型平屋面的防雷安全；采用了光导照明、地源热泵、热回收、太阳能光伏发电等一系列绿色节能技术，有效减少了建筑能耗，其中车站雨棚上设置的 6 万 m^2 太阳能屋面，形成了一个特大的光伏发电系统，年平均上网电量为 600 万 kWh。

苏州金鸡湖大酒店二期（8 号楼）

设计单位：上海建筑设计研究院有限公司

主要设计人员：沈克文、高志强、王涌、刘兰、朱洁静、孙伟、朱南军、胡圣文、朱文、虞炜、李海超、周健华、王筱莲

本项目位于苏州金鸡湖大酒店（一期国宾馆）东北侧，按五星级要求设计，总建筑面积 34167m^2，126 间（套）客房，地上 6 层，地下 1 层。

项目容量和建筑密度均较低，绿化覆盖率较高，设计遵循一期的理念，沿城市道路留出近 50m 宽的绿化带，进行人工堆土形成小坡，加上植被有效隔绝了市政道路上嘈杂的人、车流声。使酒店有良好的私密性及安静的休憩环境，面对酒店主入口的正南方向设计了开阔的大草坪，独墅湖的美景一览无余。东南侧的人工湖面为土坡提供了足量的土方，营造了江南水乡的风韵。室外网球场隐身在起伏的土坡和绿树之中，曲折的小径将整个绿地景观串接在一起。

地下一层是机动车库及非机动车库，机电设备用房，酒店行政办公及配套生活用房。裙房二层、底层是酒店大堂及大堂吧、宴会厅、多功能厅、中餐厅、自助风味餐厅、贵宾接待厅、特色精品商店、5 泳道 25m 长的室内泳池。二层环绕酒店大堂是 SPA、酒吧、电影厅和健身房；客房区域自成一体，均为落地的景观大窗，中廊南北布房，南眺别墅湖，北望金鸡湖，百分之百的景观客房。建筑平面折线布局，使建筑具有更开阔视野的展开面。

在建筑中部设计了一带状室内庭院，解决了宴会前厅及走道的采光通风问题。有人员活动的地下空间均采用下沉式庭院和采光井的手法，为其创造自然通风和采光的条件；所有南向外窗均设置了铝合金外遮阳百叶帘，有效阻挡了夏季的阳光直晒，使其遮阳系数小于 0.5，可按客人要求自动调节。裙房平屋面处布置了绿化草坪。

各单体均为混凝土框架结构。因地下室东西方向平面最大长度为 139m，南北向最大长度约 110m。为缓解由于体型太长造成温度和混凝土收缩等因素带来的不利影响，采取施工后浇带，平面布置尽量使墙、柱对称，以减少扭转的影响。地下室顶板、底板及外墙板等部位提高配筋率，控制混凝土的强度等级和配比，掺入纤维等。

无锡大剧院

设计单位：上海建筑设计研究院有限公司
合作设计单位：芬兰 PES 建筑设计事务所

主要设计人员：PEKKA SALMINEN、施从伟、胡戎、赵俊、万阳、周晓峰、宗劲松、陈杰甫、殷春蕾、陆雍健、段世峰、袁建平、唐小辉、张良兰、邹莉

本项目总建筑面积 78792m^2。创作灵感在于通过自然、结构、美学等元素的结合，创造一座别致的地标性建筑；有 8 片巨大的钢结构翅膀，像是从石阶基座中生长出来的巨大生物，并且与中间的围护结构有机组合，创造出宛如蝴蝶翅膀的新颖建筑形象；它本身就是一个艺术作品：一个巨大的理性与浪漫相结合的建筑雕塑。

为了全方位利用湖滨的建筑地块，使用大型石材平台将主入口和公共空间整体提升到 6m 标高；在石基之上设有一个 1680 座的主观演厅和一个 700 座的综合演艺厅，二者各自分开，但又有入口大厅相连接，构成面向湖面的一个整体景观。主观演厅具有可上演歌剧、戏剧、舞剧、大型综艺、芭蕾、交响乐和会议功能；综合演艺厅能兼容室内乐、小型歌剧、实验剧、流行乐、时尚秀等功能；建筑西南面的大台阶上种植规则绿篱，形成绿化台阶；北面为主码头和临湖平台，同时配以绿茵停车场，叠水台阶、观演木平台等使整个基地中的建筑与绿化景观融为一体，保证了建筑整体效果。

主观演厅是无锡大剧院的核心部分，它包括一层池座及两层挑台。由完整规格的西方歌剧乐池、主舞台、两个侧舞台、两个后舞台及装配厅组成，并相应布置舞台机械设备台仓等；乐池可容纳 115 人乐队；

舞台灯光系统中的控制、调光、网络传输和灯具都体现了技术先进、系统科学、稳定可靠、功能强大的特点。

基础设计根据上部结构荷载特点，采用六种桩型，有效地解决了钢翼大柱脚超大倾覆力矩、超长地下室的变形协调、深基坑的抗浮和抗侧移等问题。17.2m 的深基坑，采用了垂直加肋和水平加环梁的结构形式，有效地解决了较大深坑的变形和强度。主体结构混凝土斜墙设计，细化了斜墙钢筋的布置，采用一定的构造措施来确保水平力的传递和约束。屋顶是整个无锡大剧院建筑最为重要的部分，是体现建筑师创意及地标建筑的点睛之笔；屋顶结构采用钢结构空间网格结构体系，结构受力体系分为三部分：屋顶、斜支撑桁架墙、根部筒体。

无锡（惠山）生命科技产业园启动区一期工程

设计单位：中石化上海工程有限公司

主要是人员：程华、周瑜、钱骐、王晓红、顾继红、黄国良、陈宇奇、项志鋐、李陈江、刘缨、汪移山、倪节、唐晓方、曾晓虹、黄翊

本项目位于启动区南侧，由孵化大楼、研发服务楼两栋建筑物组成，并附设满铺的地下车库。总建筑面积 42919m²，其中地上面积 32121m²，地下面积 10798m²，建筑高度 23.55m。

针对医药研发的特点，不但考虑人车分流，同时兼顾人货分流，创造一个舒适宜人的科研环境。孵化大楼是集生物实验、化学实验等功能为一体的综合性科学实验建筑。在启动区的西南角，平面呈 U 形布置，人流入口位于单体的东面，货物入口位于单体的西面，处于启动区的组团外侧，避免对组团内部景观空间的影响。孵化大楼为五层建筑，层高均为 4.6m，楼内为满足竖向交通共布置 6 部电梯和 5 部楼梯。建筑平面布局与工艺、暖通等相关专业紧密配合，在主要实验区域采用双走廊的平面布置方式。每层的设备用房布置在双走廊的内侧，实验室布置在双走廊的外侧，靠外墙设置。这种双廊式的平面布局解决了大进深建筑物的采光问题，最大化实现了实验室的自然采光，创造宜人舒适的实验环境。同时这种布局满足了实验建筑的工艺要求，提供了实验室多种布局的可能性，创造了较好的实验条件。研发服务楼是园区内的一栋为研发配套的综合性服务大楼，主要包括产品展示、餐厅、会议、办公服务等功能。

立面采用典雅、稳重的棕红色墙面砖为主的饰面材料，同时铝板、拉索雨棚、轻钢拉索连廊、玻璃幕墙等建筑构件也在建筑局部使用；根据实验建筑的功能需求，外墙及屋顶上会有各种通风口，采用 H 型钢、金属百叶等构件进行美化，使通风口有机地融入整体建筑之中，成为体现实验建筑科技形象特质的积极元素，最终形成稳重与现代、朴实与创新相融的医药研发建筑形象。

上海浦江双辉大厦

设计单位：华东建筑设计研究院有限公司
合作设计单位：ARQ ARUP JRP

主要设计人员：乔伟、宋旭东、童建歆、杨裕敏、陈立宏、常谦祥、王磊、郑君浩、杨琦、钱观荣

本项目位于浦东新区陆家嘴金融中心区 2E2-2 地块（原上海船厂），是陆家嘴金融中心区二期第一个大型综合性商业地产项目；总建筑面积 291152m^2，主体为两幢 49 层 218.6m 高甲级智能化办公楼；塔楼在原保留船台所形成的中轴线上呈对称布置，形成浦东陆家嘴地区沿黄浦江南畔上严谨而又有气势的标志景观。

两幢塔楼在地下一层和首层分设两处大堂。大堂、多功能厅、裙房屋顶平台之间可通过电梯、自动扶梯等交通系统便捷联系又相互独立，办公楼标准层分低、中、高三区，每个分区设 6 台高速电梯，每座塔楼均设 2 座防烟楼梯和 2 台消防电梯兼货运电梯。

对称的塔楼在相对面呈现出曲线轮廓，曲面幕墙至核芯筒跨度为 9m 至 16m 不等，直面幕墙至核芯筒跨度为 11m 至 14m 不等，结构和设备的优化使得幕墙至核芯筒的整个跨度都能达到 2.8m 的净高；符合大空间集团办公和小空间出租办公的转换并满足消防疏散；走廊和办公区域铺设统一网络地板，走廊隔墙采用双层双面轻钢龙骨石膏板墙，金属吊顶采用嵌入式面板并统筹布局。

幕墙玻璃采用夹胶双银 LOW-E 中空玻璃，直面采用石材装饰框架，水平方向为两层一横条，垂直方向按 1500mm 模数的排列看上去比较自由随意，南北向收腰曲线在立面上有较明显的疏密变化，两头疏，腰部密。直面幕墙沿石材装饰条配置灯光照明，曲面幕墙在铝板装饰条等区域配置了不同的灯光照明，并点缀可闪烁的 LED 灯，曲面幕墙的黄色彩釉玻璃使灯带透射出不同于直面幕墙的金黄色。

采用钢筋混凝土框架 - 钢筋混凝土筒体结构；因首层抗侧刚度及抗侧承载力超限，办公楼和裙房之间自 B1 层以上设置结构缝，分成独立部分；斜柱与直柱交接层的框架梁按偏压构件设计，对应处墙体加配型钢；控制底部竖向构件的轴压比，内芯筒角部设置型钢，周边框架柱采用型钢混凝土组合柱；高区混凝土柱设置芯柱；对剪力过大的连梁，设置型钢。

上海市百一店修缮工程

设计单位：上海章明建筑设计事务所
合作设计单位：上海建筑装饰（集团）有限公司、上海尊创建筑设计有限公司

主要设计人员：章明、孙玫、郑斌、李兰英、唐海洋、干红、杨麒

市百一店老大楼解放前是上海南京路四大百货公司之一的大新公司，是市级文物保护单位，1936年建成，建筑外观为中国传统装饰的装饰艺术派风格。本修缮工程对每个修复点的历史内涵进行考证，力求对外立面和室内特色空间的修复有依据，满足其原真性。

对内部商业空间的交通流线、照明空调、服务设施等都进行了人性化设计。

根据人民广场地铁站南京东路出站口位置，底层南京东路正中处增加入口大门，吸引商业人流，将自动扶梯全部上下对齐，并改为剪刀交叉式，方便人流上下。根据新的使用要求，电梯向南移位，近南京东路大门，方便购物。将老大楼北侧与新建大楼连通，沟通了两边商场的人流，体现了新老共生、历史建筑保护与再利用相结合的创意。原六层商场中部有高出地面0.9m的大平台，此次予以拆除，将混凝土楼板补齐，满足商场流畅大空间，将八层屋顶整治补缺后辟为屋顶花园广场，增加厕位、残疾人卫生间，与国际接轨，达到比较先进的水准。

外立面是修缮重点。对外墙面进行了全面清洗、修复、整治。屋面檐口中式挂落装饰按原样式原色泽复制轻质铝合金挂落进行替换。钢窗有锈蚀损坏、变形现象，进行了原物原位矫正、整修加固。

室内装饰简洁大气，与建筑整体风格协调。天花灯具布置均匀明亮，老大楼周边的形态各异的楼梯是内部的特色空间，现状楼梯有些长年封闭，有些堆放杂物。此次保护性修缮，楼梯全部畅通，恢复了其原有疏散功能。原室内楼梯水磨石踏步和护壁按原样清洗修复。

在全面掌握了原结构的受力情况下，按不改变原结构受力路线、不增加整体质量的原则，对一至四层的双向楼板采用碳纤维布进行加固，以满足承载力不足的情况；四层以上，在增设的设备用房的区域（单向楼板）采用粘钢法对楼板进行加固。对增设剪刀式自动扶梯部位的框架梁柱进行结构加固。新老大楼连接通道由新楼结构悬挑过来，不影响老大楼结构。

修缮后老大楼恢复了原有风貌，新老大楼连为一体，成为集购物、休闲、娱乐、餐饮为一体的现代化综合性百货商店。

上海徐汇中学崇思楼保护工程

设计单位：上海交大安地建筑设计有限责任公司

主要设计人员：曹永康、贾成、侯实、吕晓松、李玲、俞鹤根、刘健刚

徐汇中学崇思楼原为天主教会学校——徐汇公学的教学大楼，建成于1918年，砖木结构假四层，建筑面积5455.7m²。立面左右对称，装饰精美，带有法国文艺复兴时期建筑的特征，已被公布为徐汇区“区级文物保护单位”。

本工程包括以下几个方面：

修复清水砖墙：修缮时强调最小干预原则，保留了大面积完好的清水砖墙和砖缝，维持了它的历史沧桑感，对于局部破损的砖面采用雷马士砖粉修复料逐块修复，每块砖的修补都采用随色做旧的原则，使其与原砖面色彩最大限度协调一致，最后勾元宝缝，再整体淋涂隔水、透气的防水剂，对砖面进行保护。修复屋顶，原建筑为高大优美的“孟莎式”屋顶，形态复杂，层次丰富，全屋面铺设蓝灰色石板瓦。但在20世纪80年代被改为机平瓦双坡顶。本次修缮时，根据原始图纸及现场屋架痕迹，全面恢复孟莎式屋顶的屋架、桁条、椽子、屋面板等，并将机平瓦复原为石板瓦，同时加铺防水卷材和保护板，解决渗漏和隔热问题。

修复屋顶山花：原建筑的巴洛克山花墙和老虎窗，在20世纪80年代大修中丢失，本次修缮时根据原始图纸及老照片资料对山花墙进行了复原。

修复门窗：恢复原建筑的所有木门窗，根据现存的百叶窗残件恢复外立面的百叶窗，南北立面各恢复了两处彩色玻璃窗，门窗油漆根据老门窗脱漆后的底层颜色进行重新涂刷。

结构加固：对原建筑单向木大梁采用增加垂直向木梁及钢夹板等方式进行抗震加固，对书库等重点部位进行结构加固，以满足教学使用要求，并对木屋架等木构件存在裂缝的部位采用碳纤维布进行封闭式的缠绕粘贴加固，保证木构件的整体受力，碳纤维布外侧可作相应的油漆，以恢复原有的建筑特色。

外部环境整治：拆除违章搭建，整治庭院和绿化景观，对北侧院落进行整饬，取消原有屋顶生活水箱重力供水系统，采用由小区泵房内生活变频泵组加压直接供水，新做校门、围墙及门卫房等，使学校整体建筑风格与崇思楼相协调。

上海思南公馆保护工程

设计单位：上海江欢成建筑设计有限公司
合作设计单位：夏邦杰建筑设计咨询（上海）有限公司

主要设计人员：周雯怡、叶挺锋、程之春、杜刚、王伟、彭建、王臻、沈晓菁、石怡、许文杰

本项目位于上海市复兴中路，在 20 世纪 20 ~ 40 年代建起一批高档的花园别墅，集中反映了上海近代独立式花园住宅风貌的典型街区。思南公馆改建、新建项目包括历史建筑和新建筑，实施以保护、保留历史建筑为核心，谨慎添加新建筑的原则。列为上海市优秀历史建筑的原花园别墅 24 栋，建筑面积 13761m^2；47 街坊项目完成改造及新建总建筑面积 74627m^2。

坚持整体、综合的保护原则。对该地块的改造保护从总体规划、环境与建筑单体等层面都坚持保护、发展、效益原则。对保护与保留建筑，根据其建筑风格，在不破坏形态的基础上，以旧时原貌作为参考，修旧如故，又加以细节的精致复原。

在基本保持原有建筑布局的基础上，通过改造屋面的同时增加局部夹层，使用功能得以进一步提升与拓展。对楼梯、阳台及其他室内构件的保护修缮整治，极大地恢复了各类构件与室内装饰的功能，提高了使用舒适性、耐久性，室内环境质量得到了显著的改善，满足了现代居住功能的要求。

设备设施的改造更新，如增设家用小电梯，更使其使用功能趋于合理完善。通过对基础、墙体、楼面、阳台、屋面的加固，改造后的结构更安全了，耐久性更高了。

通过增加坡屋面下夹层和外墙保温层和门窗气密性，保持原有建筑风貌的百叶等方式，达到了综合节能效果。保护室外乔木等绿化植被也起到了遮阳及改善小气候的作用。

注重非建筑空间的保护与整治。保护思南路东面独立式花园住宅的庭院空间的完整性、私密性以及宁静、优雅的氛围，不任意破坏庭院分隔，不破坏庭院的绿化植被。保持原有城市单行机动车道的宁静氛围；体现历史文化特色的休闲、观光性质的步行区域。保护新式里弄巷道的两侧界面，采用历史材料作为路面铺砌等。

苏州工业园区5号地块一期别墅区（苏州怡和花园）

设计单位：中船第九设计研究院工程有限公司

主要设计人员：曾志坚、陈丹琳、陈喆、杜洋、傅益君、王海云、许石坚、邓辉、陆萍、胡丹、承梅、王方敏、刘蕊、蔺建平、朱廷顺

项目位于苏州工业园区内，小区内部结合地块内原有的河道，设计一条主要水系贯穿地块南北，将别墅区与公寓区通过景观自然分开，形成傍水组团居住格局。容积率为0.8，绿化率45.4%，总建筑面积12.18万m^2。

规划格局划分为会所、联排别墅、高档别墅三大区域。通过道路错位、环境错位、建筑错位创造富于动感和变化的多视角的道路、环境空间，打破建筑的行列感，创造活跃而灵动的建筑空间肌理。会所作为公共建筑，布置于入口处既避免了对内部居住的干扰，联排别墅位于别墅区中部和西侧。高档别墅位于地块西北角沿河区域以及西侧斜塘河中部最佳的景观区域。

别墅均为地上3层、地下1层，均采用户内小楼梯进行上下联系。联排别墅采用坡道式地下车库停车，针对停车进入方式的不同巧妙设计了“前人后车”、“前车后人”的布局。所有房型设计下沉式花园，以解决地下室通风采光的需要，下沉式花园与地面花园环境私密性较好。建筑立面以宜人典雅的白色为主体色调，注重细部塑造，通过廊柱、螺旋柱、装饰构件与大面积落地窗及观景窗的对比，塑造立面虚实的光影效果。

别墅均采用桩基础，现浇钢筋混凝土框架结构，满足承载力要求的同时严格控制建筑物的沉降，提升整个别墅区的品质。

大连市金海花园广场（双塔）

设计单位：华东建筑设计研究院有限公司

主要设计人员：张俊杰、谭毅杰、陈妍、杨守江、陆道渊、张智广、李明启

该项目位于大连星海广场北侧，包括两栋 42 层的高档公寓塔楼、3 层裙房（连接两栋塔楼），建筑面积 7.808 万 m^2。

两座塔楼的椭圆形平面长轴相互成 163° 夹角对称布置，其下面的一至三层和相连的裙房是公寓配套服务的会所，裙房的一层是连接前后公寓主要入口的大堂。住宅平面布局合理，主要起居空间都朝南，房型为一梯两户，每户享用一台专用电梯，可直接到达入户口。集中绿化以规则几何形体为主题，配合建筑小品、雕塑等，创造了有现代气息的、优雅舒适的居住环境。沿公寓及会所周围有环形通道。汽车的停放分为地上和地下两部分。

塔楼结构体系为混凝土剪力墙结构。裙房及会所部分结构体系为钢筋混凝土框架结构。

采用分区、分质供水，直饮水入户。设主通气立管、环形通气管，污、废水立管均需敷设保温层，以防结露和噪声。消防系统合理分区，变压器室和高、低压开关室布置七氟丙烷体灭火系统。

采用 VRV 多联机空调系统。住宅部分采用散热器采暖，供水支管上采用可调节锁闭阀，回水支管设置关断锁闭阀，管井内立管采用下供下回异程系统，散热器设置自力式两通恒温调节阀。

香港新世界花园 9 号房

设计单位：上海中房建筑设计有限公司
合作设计单位：龚书楷建筑师事务所有限公司（香港）

主要设计人员：陈迎 、杨永葆、卫青、杨光、王翔、王晓棠、李亚平

本工程位于上海市黄浦区中山南一路、制造局路口，9 号房为一栋 21 层的高层住宅，建筑面积 18183.06m^2，住宅南低北高，并与沿江面形成夹角，保持良好的观赏江景效果。

考虑到 9 号房临江观景的位置，在南侧设置主要的居住空间。房型设计舒适宽敞，合理分配各居住空间。卧室客厅、厨房和主卧卫生间直接采光通风。住户之间视觉、声音均做隔断，私密性强，沿江设阳台和较大窗户，以使观景优势体现。底层设豪华宽敞的大门厅，并有人值守。标准层共 4 户，设 4 部电梯，楼栋顶部和底部设复式住宅。造型上稳重大气，品质不凡而又含蓄。外立面采用浅色石材，灰色铝合金门窗框，并与本工程各号房形象上融为一体，形态流畅。

采用局部框支剪力墙结构，四层楼面以下为加强区，暗柱加强区伸至五层楼面。桩基采用 Φ 750 钻孔灌注桩，桩端进入持力层 1.5m 左右（桩长 46m），剪力墙以长墙肢低配筋率为原则，充分发挥抗震墙的抗侧力能力。

户内设置低温热水地板辐射采暖系统，每户采暖水管从采暖炉引出后，先接到集分水器（由采暖炉至集分水器主管采用覆塑铜管），再从集分水器接到户内各供暖环路。每个环路设流量调节装置，地板加热管采用防渗氧 PB 管。

上海好世皇马苑（11 号线马陆站住宅、商业及办公用房项目 B 块）

设计单位：汉嘉设计集团股份有限公司
合作设计单位：日宏（上海）建筑设计咨询有限公司、上海伍玛建筑设计咨询有限公司

主要设计人员：茅红年、莫彩莲、张业巍、商承志、穆立新、赵四辈、吴秋燕、曹野、李蓉荣、万波、缪建波、郭忠、于洋、杨振宇、任伟

本项目位于上海市嘉定区，紧贴轨道交通 11 号线马陆车站南侧，总建筑面积 82504m²，容积率 2.509，绿化率 37.8％ 。共有 6 幢 18 ～ 24 层住宅楼，1 幢 3 层配套建筑以及地下 1 层车库。

住宅南北向布置，中央设地下车库及中心绿化，每幢住宅楼均有主要面直接朝向中心绿地，住宅最近点离轨交站点 35m 左右，设置了与配套商业建筑一体化设计的廊桥，使居民能风雨无阻地进出马陆站，而无需穿越城市道路。

设两个车辆出入口，并以消防车道环通，地下车库出入口设于小区车行入口处，车辆就近进入地下车库与所有住宅连接，方便居民。

为每一单元设计了一座透明的独立门厅，将室外绿意延伸入户，并以简洁现代的装修营造出住户轻松回家的感觉。外立面形象追求严谨的建筑比例和宜人的建筑尺度，给人的感觉是凝重、尊贵、大方。采用经典的三段式，一层基座部分使用深色石材，主体部分使用暗红色仿面砖，头部使用浅色仿面砖。

在住宅下设一层地下室，既可满足基础埋深要求，又有效利用了空间。采用桩筏基础，剪力墙结构。

住宅户内采用了在卫生间吊顶内设置排风设备，各功能空间设置排风口，外窗上框设置自平衡式进风口，依靠排风产生的负压，实现室内换气，满足人员卫生要求，且不需增设新风机组。

上海保利置业新江湾城项目（上海保利维拉家园）

设计单位：上海联创建筑设计有限公司

主要设计人员：黄孟成、顾豪、杨洁、赵巨钢、傅彩霞、林平原、陆家佳、康韶玮

基地位于杨浦区新江湾城内，用地规模 1.1867hm^2，总建筑面积约 1.59 万 m^2，容积率 1.00，绿化率 46.6%，为 6 栋多层的高档住宅小区。

将北欧建筑的特色融入其中，多样的入户方式：从地下门厅直接进地下电梯厅而入户，从景观花园进地面电梯厅而入户，从小区环路直接进自家庭院而入户（针对首层用户）。结合景观形成组团，建筑与建筑间空间灵活，建筑界面连续流畅，高度适中，形成形态丰富、尺度宜人的组团细部空间场所，体现北欧建筑亲切、平和、舒适怡人的空间特征。

通过对住宅的有机组织，形成院落式的组团，一方面通过院落强化人与人之间的交流，另一方面也减少道路面积，增大了绿地面积，再有意识地经过人工水体的导入，形成自然的、生态的花园，让每一户都能拥有美好的园景。

地库底标高抬高，形成半地下车库，并且利用与单体之间交接处直接做地下庭院，这样形成地库顶板上的景观与地下庭院景观的多层景观空间。由于阳光车库的存在，地下庭院空间的美化，直接提升了住宅单体地下室的利用价值，采光、通风、景观都有极佳的改善，大大增加了地下室的经济价值。

上海顾村一号基地"馨佳园"A5-5 地块

设计单位：上海现代建筑设计（集团）有限公司

主要设计人员：袁静、刘炳、洪油然、张琼芳、陈新宇、曹贤林、曹晓晨、仇伟、凌岚

馨佳园基地为市重大工程配套商品房及市级经济适用房基地之一，包含 13 幢多层和高层组成的住宅以及 3 幢配套公建楼，建筑面积 9.4 万 m^2，容积率 2.02，绿化率 35%。

以"大社区——小组团"为原则，高层低密度、组团式布置，单元设计严格遵守 50、70、90m^2 的控制面积，房型设计紧凑实用，流线合理，动静分离，污洁分离。房型设计更为注重南北通风，客厅、餐厅独立成区，工作阳台，双卫生间的优化布局。采用结构体系、节能体系、设备管网体系、环境品质保障体系、建筑防水及保温体系等成套技术，设计和建造高品质的保障性住宅。立面设计方面，对住宅的造型作了细致的推敲，注重平坡结合、墙面构架光影关系、分段式材质组合等。

道路系统与街坊组团空间规划相协调，联系沪联路、菊泉街为小区主干道，宽 7m，该主干道在小区形成环路。通向住宅路口道路为小区次干道，宽 5.5m，相对独立的尽端式街坊减少了各街坊间的互相干扰。

每个组团内多层、小高层成南北纵向组合，在每个街坊的南北纵向设置一条通而不畅的景观通廊，临近建筑底层单元局部架空，配合每个住宅端部的不同变化形成具有归属感的半开放院落空间，给人以不同的空间感受，做到环境景观资源配置的最大优化。

上海新凯家园三期 A 块经济适用房项目

设计单位：上海中房建筑设计有限公司
合作设计单位：上海沪防建筑设计有限公司

主要设计人员：包海泠、濮慧娟、徐文炜、卫青、王卉、罗永谊、周春琦、李换生、徐剑、倪珍珍

项目位于上海市松江区泗泾镇泗通路，建筑面积 24.58 万 m^2，容积率 1.575，绿化率 35%。共建 37 幢 9~14 层高层住宅（局部带一层商业及配套公建），3 幢一层商业建筑，4 座全埋式地下汽车库以及变电站、垃圾房等配套公建。

一梯四户的小高层，得房率较高，45m^2 一室（一厅）、65m^2 二室（一厅）及 80m^2 三室（一厅）通过合理的平面功能布置和精细化的室内设计，实用舒适，并有较高的灵活性。立面采用局部面砖和涂料的有机结合处理，主体色彩采用暖色、米黄色系列，以艺术装饰风格为基调，挺拔的立面竖向线条和高低错落的顶部处理形成丰富的建筑群体天际轮廓，营造出兼具海派韵味和时代气息的建筑形象。

剪力墙抗震等级均为三级，四层楼面以下为加强区，暗柱加强区伸至五层楼面。高层桩基采用 Φ 400PHC 管桩。桩承载能力应与结构体系及结构层数、上部荷载情况等相匹配。

高层住宅采用水泵－屋顶水箱及减压阀的联合供水方式，给水分区合理，均采用环保卫生的不锈钢水箱、水池。排水管材选用新型隔声塑料管，能有效降低噪声，室外雨、污水分流。

苏州龙潭嘉苑

设计单位：中船第九设计研究院工程有限公司

主要设计人员：黄敏、彭文迪、金松、唐智宏、费耀钟、王后军、李越、马征、赵洋、郦峻、常鹏涛、支海斌、倪国荣、俞赟赟、顾小峰

项目地处苏州市甪直镇，用地面积 26761m²，容积率 1.26，建筑面积 3.49 万 m²，绿化率 33.5%，有 13 栋多层住宅及地下车库。

一梯二户，全明设计，户型分为三类：130m² 以上、110m² 和 90m² 左右。布局上，将入口处景观放大，与小区中央景观连成一体，形成小区的生态绿核，住宅分别沿生态绿核展开，使景观资源充分渗透至小区的各个部分。建筑风格采取新江南风格，外立面采用白色面砖、灰色面砖和灰色瓦屋顶相结合的表现手法，配以木纹铝合金百叶等细部，既体现江南水乡白粉墙、皂色压顶等传统韵味，同时又富于新的时代表现特色。

主次出入口分别设于基地西侧和南侧，并在小区内部形成主环路，主干道宽 6m，组团通过 4m 宽的支路与主干道直接连接，形成简明高效的路网格局。

多层住宅采用桩基础，地下车库采用抗拔桩。多层住宅拟采用砌体结构，现浇钢筋混凝土梁板。地下车库采用现浇钢筋混凝土框架结构。

地下车库按防火分区分别设机械排风兼排烟。车库排风采用诱导风机系统，将废气诱导至排风口，由排风机经建筑管道井排出地面。在采用了诱导风机系统后，风管仅承担排烟，管道内风速加大，风管高度降低，节省了安装空间和费用。

无锡新区项目 B 地块（金科米兰花园）5 号楼

设计单位：上海联创建筑设计有限公司

主要设计人员：何茹芬、夏明、李华、尹艳、黄德坤

工程位于无锡新区锡兴路西侧，5 号楼为地上 6 层，地下 2 层，建筑面积 3789.61m^2，天然地基上面的筏板基础，框架—剪力墙结构。

住宅房间方正，大面宽，小进深，采光通风极好，底层入户、架空层、挑空大堂等多种手法结合。户型设计注重平面动静分区，交通组织采用起居室加短廊的形式，流线简捷顺畅，注重人体生活尺度的把握。强调自然采光及通风，按明厅、明厨、明卫、明梯布置设计。

采用 art deco 风格设计，材料以环保型石材和涂料为主，通过精致的细部节点构造设计，让普通材料也能发挥出色的效果。通过形体组织、空间围放、材料搭配、比例推敲、细节考量，营造具有浓郁西班牙风情的、富有历史感与文化感的公共建筑，使之成为本小区重要的标志和组成部分。

住宅主楼地下一层设有储藏用房和非机动车停车库，各单栋住宅通过通道的楼、电梯与小区地下车库相连，同时也作为小区的机动车停车库及设备用房。

在江溪路的主入口处设置了一入口大堂，与地块的中心景观形成很好的对景；5 号楼靠近室外泳池、喷泉嬉水区、儿童活动区，以不同层次的植被绿化将每栋住宅与中央景观紧密结合成有机整体。

苏州龙潭苑

设计单位：中船第九设计研究院工程有限公司

主要设计人员：陈丹琳、金松、曾志坚、费耀钟、张汝波、王后军、郁勇、钱峰、陆岩、黄瓯海、陆萍、许石坚、俞劭晨、季佳

项目位于苏州甪直甫澄东路东侧，振兴路北侧。总建筑面积为 18255m^2，包括 8 栋多层建筑，容积率 0.99，绿化率 38.5%。

户型设置合理，提供 70 ~ 140m^2 多种户型供选择。其中 90m^2 以下小户型占总户数的 42%。两个相邻 70m^2 小户型单元在建筑和结构上考虑了巧妙地合并两户成为 150m^2 一户的可能性。全明设计，采光通风好。起居室和主卧面积较大，有独立的餐厅空间，储存空间，住宅顶层均设阁楼，阁楼设露台，屋顶均设可开启天窗，阁楼空间真正成为实用空间。立面造型为清新淳朴的新江南风格。

总体空间布局：一环、一轴、一庭两院。

一环：在保证小区中部景观的完整性基础上，环行车道，能从场地周边便捷地连接所有住宅。

一轴：住宅围绕水景周围，每栋住宅都有依水之势，中部形成了一条环绕水体的观景路线，多处架桥、设置景观小品又增加了路线的可选择性。

一庭两院：从门庭入口广场到景观轴线中部的小区中心广场，再进入两个半开放的组团院落，直至住宅底层的门厅空间，塑造富有层次、充满生活气息的场所。

采用普通的砖混结构，建筑物底层需作为车库使用，在建筑物南面位置须开设宽度 2.4m 的车库门洞。设计中对该洞口两侧洞边加设构造柱，以提高建筑物的抗震性能，全楼采用现浇板。

上海嘉定新城马陆东方豪园东地块一期德立路东侧地块

设计单位：上海江南建筑设计院有限公司
合作设计单位：上海日清建筑设计有限公司

主要设计人员：李静、赵晶、王磊、易丽、王萍、王莺鹤、金玉平、顾洁珊、龚龙兴、李懿如

本项目位于嘉定新城正中心南部，总建筑面积163303m^2，容积率2.47，绿化率46.7%。

住宅贯彻“四明”设计理念——明厨、明卫、明卧和明厅，保证每户住宅都有良好朝向和景观。住宅设计强调南北通透，合理组织户内穿堂风。高层住宅层高采用2.9m，底层设置架空层，使空间上更舒适，充分满足现代人对居住空间空气流畅、视线通透的要求。提供大小套配置，满足“合居型”（同居于一套住宅内）、“邻居型”（父母和子女同小区、同楼、同层分开居住）等多样化的居住方式。

立面设计高耸、挺拔，给人以拔地而起、傲然屹立的非凡气势，强调直通到顶的竖向线条。

道路交通组织采用人车分流模式，车行道布置在住宅外围，绝大部分停车在地下层解决，最大限度地减少区域内通行车辆的干扰，从而创造宁静安全的居住氛围。中心区域为完全步行系统，使住宅与景观轴线，小区服务设施以及公共活动空间之间得到很好的贯通与联系。

两条河流相互贯通，是整个小区景观体系的主要线索，景观长廊和步行景观道，共同构成整个大景观体系的骨干和脊梁，根据不同年龄层次的需求设置了大量不同特色的休闲场所，为居家休闲与邻里交往提供了理想的场所。

上海万顺水原墅一、二期

设计单位：上海中房建筑设计有限公司

主要设计人员：李理、施丹炜、杨光、蔡震宇、张文进、黄海文、孙抒宇、张宏超

项目位于上海市闵行区都市路 777 弄，总建筑面积 11.98 万 m^2，综合容积率 0.61，绿化率 35.9%，151 幢楼包括低层独立住宅、联排低层住宅、复式多层住宅、小高层公寓楼及商业和综合商办楼相结合的综合居住社区。

住宅组团结合地形采用自由式布局，塑造出富有动感、流畅的多样性建筑形态，住宅设计体现多样化原则，从小户型公寓到独立低层住宅，适应不同需求。立面设计简洁、淡雅，以细部比例协调、舒适来体现一种亲切、自然和典雅的风格，住宅设计平坡结合，体现亲切自然的建筑风格特征，建筑色彩以暖色调为主，各种细部色彩的变化增加住宅的可识别性。

采用环路形式与放射路，尽端路共同组织车行交通，小区主环路宽度为 6m，组团级道路宽度为 4 ~ 5m。主入口设在都市路，与东侧相邻小区的出入口相对，北侧保留一处消防通道，因其距地铁 5 号线北桥镇站约 300m，方便居民出入，南侧设一个次入口。独立低层住宅每户一个车位，在院内还分别设一个停车位，联体底层住宅每户有两个地下停车位，公寓设一个集中的地下停车库。

景观以水系作为骨架，通过水生植物的种植、自然驳岸的处理以及开挖河道的土方进行的微地形的处理，常绿落叶乔木的交互运用，形成一个花园式生态型小区。

上海金山新城 E-8 地块 30 号楼

设计单位：上海天华建筑设计有限公司

主要设计人员：张婧、张宇飞、吴力军、孙宝海、葛芸、邓志勇、罗方田

该工程位于上海市金山新城区，南濒杭州湾，北连松江、青浦，东邻奉贤，西与浙江省接壤，本项目30号楼为地上4层，地下1，框架结构的4层叠拼住宅，建筑面积1976.2m^2。

花园住宅绿化率较高，四层叠拼住宅底层和顶层各有花园、下沉式庭院和露台阁楼相赠；多层住宅区域围合出多道绿化景观长廊及绿地，给居民提供日常的活动场所，提高了小区的居住品质。

立面采用新古典主义风格。以艺术装饰风格为基调，加以提炼、创新，在强调体积感挺拔沉着的基础上，强调时代感和创新性。小区南部的多层以北部的高层为背景，既凸现了小区的品质，又丰富了城市的天际线。以面砖和石材的组合，凹凸变化及窗的不同比例，表现建筑外观变化和丰富的一面，塑造建筑端庄稳重的外在形象。

多层住宅按户设置变频多联形式的集中空调系统，冷媒选用R410A，室外机放在设备阳台上，室内机采用天花板内置薄型风管式室内机，侧送风方式。给水采用市政管网→室外地下生活水池→生活工频泵→屋顶水箱→用水点方式供水。热水系统采用局部热水供应系统。生活污水采用粪便污水与洗浴废水分流排水管道系统。

重庆市金融街彩立方

设计单位：华东建筑设计研究院有限公司

主要设计人员：任健民、张仁健、欧阳君、陈悦、石宪、周健、蔡学勤、张俊华、刘桂、张竹、李佩伦、吴孟卿、姜冰、刘伟、薛磊、

项目位于重庆市沙坪坝区童家桥街道马房湾社，用地规模 19242m^2，建筑面积 11.31 万 m^2，住宅剪力墙结构，公建框架结构，容积率 4.67，绿化率 40.19%，包括 5 幢 29 ~ 30 层的高层住宅。

该工程从整体上统筹考虑建筑、道路、绿化空间之间的和谐，切实探求更好的规划设计模式，体现新型生态绿色社区的特色。

合理布置住宅组团，形成外为带形商业、内为围合小区的居住氛围。创造良好的户外空间环境，提供多层次、多样性的居住环境，满足多种家庭形式的需要。

居住强调邻里关系，组团布置较为开放，给予居住者更多的交流机会，以发展新型小区中的传统邻里关系。以一种“守望相助”的安全感联系社区居民感情。体育设施、区内文化活动中心结合会所及内院住宅底层入口大堂布置，健身场地结合社区公共绿地布置。

小区设有两个主入口，住户进入后直接通过楼梯或电梯等垂直交通上到 213.00 和 217.50 标高的内庭，交通以步行作为优先设计，令规划在行人的适宜尺度中进行。车行道尽量沿外围布置，仅用于解决车辆到户及消防的问题，在中心园林内则以人行为本。在小区内设置宽阔的休闲活动性的绿地、广场，人们在高层社区内也能享受到人行尺度的生活。

上海上广电地块经济适用住房项目（一标段）

设计单位：中国海诚工程科技股份有限公司
合作设计单位：上海市地下空间设计研究总院有限公司

主要设计人员：刘泽明、蒋超、田堃、陈世瑾、张艳艳、刘勇、劳佳靓、郭勇、孙旻、陈振丽、陈哲斌、马上、贝钰垠、周峻明、陈琪

项目位于朱行工业区内，设计地块基地面积 46600m^2，总建筑面积约为 137992m^2，容积率 2.6，绿化率 35%，主要建筑限高 80m，以 18、26 层高层住宅为主。

住宅均采用南北向布局，户型三种：50m^2 一室一厅、70m^2 两室一厅及 85m^2 三室一厅。一梯多户，在建筑体型方面尽量做到平面规整，综合考虑节能、日照、采光和通风等要求，各个套型之间也尽量避免相互遮挡和视线干扰，体现日照和采光的均好性。在房间尺度方面，根据功能房间的用途选择恰当进深和开间尺寸，真正做到经济适用。南阳台上布置给水点，可将洗衣机安装在南阳台，既方便晾晒也满足日常的用水需要，这对于小房型住户的日常生活尤其重要。

实行主路贯通，南北相连，以最经济简洁的方式组织车流。环通道路宽 6m，支路宽 4m，兼顾消防环通，单体一个长边登高及消防回车场地，满足消防要求。步行系统是沿中心景观轴线发散，与车行道主体分离布局。

高层采用剪力墙结构体系，桩筏基础。地下车库均为地下一层建筑，采用钢筋混凝土框架结构体系，通过地下通道与主楼相连，通道与主楼之间通过设置变形缝保证结构独立性。

苏州东环路长风住宅项目

设计单位：上海天华建筑设计有限公司

主要设计人员：陈炯、叶笛、卫鹏晋、聂琳、顾春峰、孙婧、辛月琪、胡启明、任炜炜、任鹏、陈海涛、苏波、白雪、郭晓恩、顾航宇

本项目地处苏州老城区，用地规模 4.87hm²，建筑面积 7.23 万 m²，容积率 1.0，绿化率 37%，为高档住宅社区。由 4 栋 14~18 层的高层住宅及 25 栋 3 层联排别墅组成。

规划上合理分区，高层组团结合地块形状，呈 L 形布置，围合在别墅组团周边，其目的是以建筑体量为别墅组团区隔了来自项目东侧东环路高架带来的部分噪声，以及来自北侧已建居民小区的视线干扰，保证别墅组团相对独立。

建筑立面风格结合原有地块上的植被情况，选择了草原别墅风格。四坡顶大挑檐的设计，展现了舒展的建筑体量与自然环境良好的融合。建筑材料上主体墙面采用西奈珍珠贝，结合质感涂料，檐口及窗套等重点装饰部位采用木纹铝板，整体用材以贴近自然为主，以期让建筑更好地融入环境。

社区道路车行道宽度为 6m，成环状，围绕在整个小区外围，连接整个高层组团与联排组团。联排组团中的宅间道解决入户，灵活处理以连接各个组团和中心绿地。地下车库共有三个，4 栋高层住宅合用一个，联排住宅设有两个。

别墅采用框架结构，上部主体结构竖向构件结合管道井隐蔽；地下室车库部分根据苏州较好的地质情况采用天然地基。

上海市宝山区庙行镇场北村共康二块住宅区 11-1 地块经济适用房项目

设计单位：上海天华建筑设计有限公司

主要设计人员：韩冰、葛斌、朱理、陈鹏、罗方田、李少辉、卫鹏晋、符宇欣、贾海侠、阙尤珍、陈邢、余慧、邵志英、刘思南、于利权

项目位于共康北二块大型居住社区的最南面，用地面积为 3.21hm^2，总建筑面积 79127m^2，采用框架剪力墙结构，容积率 2.00，绿化率 25%，包括 6 幢 11 ~ 14 层高层住宅和 1 幢 8 层多层住宅。

户型设计充分满足业主的共性和个性的需求，充分考虑了功能的合理及生活品质的完善，力求做到每户都有合理的开间和进深设计，保证所有的户型在南侧都能享受到充足的阳光、通风顺畅、空间通透。

建筑风格上与周边的商品房统一，整体造型采用 ARTDECO 建筑风格，三段式处理，强调历史感和价值感；中部造型强调立面的节奏和层次以及细部处理；顶部造型追求跌落感与层次感。材料上采用局部面砖与大面积涂料的有机结合处理，节约造价。主体色彩采用暖色、米黄色系列，体现细腻的质感和高雅的建筑品质。

在基地中部设置小区主出入口，沿康宁路设置车行次入口。在建筑外围形成顺畅的车行环路，保证各组团车行到达和服务的便捷性。同时，结合社区主干道两侧和主要公共服务设施附近设置一部分地面绿化停车场。

小区路灯照明采用太阳能灯具，道路、绿化浇洒及景观用水微灌的喷灌方式。充分利用太阳能，节能环保。

上海地杰国际城 C 街坊住宅项目 C-1 地块(一、二期)12 号楼

设计单位：上海中森建筑与设计顾问有限公司

主要设计人员：李昕、朱林辉、庞志泉、王黎、李新华、路文丽、张海乾

项目位于上海市浦东新区外环线内，北侧靠近中环线，临近御桥路御青路交叉口规划的两条地铁线换乘站。12 号楼地上 18 层，地下 1 层，层高 2.8m，高 50.35m，基础采用桩基 + 防水板，埋深 3.03m，上部采用剪力墙结构，标准层面积 368.16m^2。

住宅单元套型的设计充分考虑各种起居生活功能上的要求，努力做到动静分区，交通流线清晰不交叉，功能分区上强调服务区的设计，以厨房为空间界定的一个环节，把动态的起居空间和静谧的卧室空间以服务区作为分隔，使居室空间的质量得以提高。同时保证起居室或主卧室朝南，采光通风良好。每套均设有生活阳台，方便实用，并留出足够的储藏空间。

立面造型简洁，强调建筑的雕塑感，为达到简洁体量的目的，在高层建筑上强调建筑的水平线条与垂直线条的交叉，完善体量的同时，又强调出建筑的高耸形态。

采用新而可靠的技术、材料、结构形式和设备，并在高层部分引进了香港和日本成熟的外墙体系——PC 产品，努力通过 PC 建造模式来满足客户高品质的要求，建筑的凸窗、阳台、挑台、女儿墙、楼梯等均由 PC 外墙工厂加工完成。工业化住宅生产方式降低建造能耗，减少工程用水。

上海高福坊（闸北区 33 号街坊旧区地块）

设计单位：上海三益建筑设计有限公司

主要设计人员：王超、司漪、虞晓文、钱鑫、杨辉、许轶博、姜莉

高福坊位于上海市内环中心地段，北临永兴路，东临鸿兴路，西临公兴路，南临虬江路，紧邻轻轨宝山路站和长途汽车站，用地面积 23754m^2 上总建筑面积为 89078m^2，容积率 3.75，绿化率 30.3%，包括 6 高层住宅和部分商业。

小区高层住宅由北至南沿用地两侧错落排布，中间形成南北贯穿的中央景观带。住宅房型分为舒适的大房型和紧凑的小房型。大房型注重功能的明确分区，保证主要房间的朝向和舒适的尺度，还通过复合式主卧的设计和八角景观窗等元素的设计来增加大房型的品质。小房型通过厨卫的紧凑布局和餐厅客厅复合空间的设计来凸显居住空间的开阔，同时注重卧室的尺度和朝向，提升了居住舒适度。

采用人车分流的设计理念，机动车在小区入口处直接进入地下车库，非紧急情况不进入小区内部。小区内的道路通过硬质铺装与丰富的景观融为一体，营造出南北贯穿、人行的小区中心景观。

建筑立面为新古典主义风格，通过经典的三段式划分，采用暖色系，给住户温暖亲切的感觉。建筑底部采用石材，建筑上部采用面砖材质。

高层住宅，地下与大地库连成整体。地下室顶板作为嵌固部位，采用剪力墙结构，楼（屋）盖采用现浇钢筋混凝土梁板结构。

上海金球怡云花园

设计单位：上海天华建筑设计有限公司

主要设计人员：聂欣、黄峥、陈杨、苏波、卫鹏晋、杨学宏、孙婧、许洪江、杨军、丁洁、覃旭升、任鹏、张健、张光凯、顾春峰

项目位于闵行区华漕镇，北至幸乐路，南至运乐路，西至金盛路，东至双鹤浦。总建筑面积4.13万m^2，容积率0.696，绿化率35.15%，包括25幢高档别墅及管理用房。

小区为纯低层住宅社区。主要出入口设在运乐路靠近诸翟公园方向，并结合入口区在临河处规划一片自然生态的绿地。

建筑布局使用了分组围合的方式，使整个小区布局紧凑又不失丰富的空间感。建筑布局结合景观高低起伏的造坡处理，使住区的绿化景观丰富并具有层次感，形成怡人舒适的居住环境。同时结合组团绿地布置儿童游乐场地等，丰富了小区居民的生活情趣。景观化的道路贯通南北两入口，在中心部位规划了集中开放的绿地，与周边的河道和诸翟公园的景观相互渗透，共同形成舒适怡人的居住环境。

采用现浇钢筋混凝土异形柱框架结构，楼盖均采用现浇钢筋混凝土肋形梁板结构。平面基本为矩形，平面相对规则。结合建筑功能布局，尽量使结构梁不外漏或尽量减小梁的高度。

楼梯间和部分楼面开洞较大处，以及复杂平面体型的应力集中处（如转角），属抗震薄弱环节，设计中考虑了加强薄弱部位楼板厚度及配筋和梁的配筋，以保证水平力得以有效传递。基础采用筏板基础，在局部柱底应力较大处增加柱下墩，以减小配筋，同时提高底板的抗冲切力。

上海南桥镇 2252 号地块商品房住宅项目（东区）

设计单位：华东建筑设计研究院有限公司

主要设计人员：徐博文、李威、姚广宜、沈元、张雪峰、鲁志锋、李娜、徐宵月、陈未、史宇丰、胡佳林、田宇、周婉文、唐中鹰、蒋莹

本项目位于上海市奉贤区南桥镇，基地面积 16723m^2，总建筑面积共计 52567m^2，容积率 2.68，绿化率35.6%，包括6幢18、24层高层住宅及管理用房。

作为新建的高档楼盘社区，功能完善，分区明确且空间富有特色。在充分考虑用地开发强度的条件下，各单元布局紧凑以提高土地使用率，尽可能增加中心集中绿地面积。考虑周边有利景观条件，使得每个住宅单元均能享受绿化或者河景，充分提升住宅档次。

上部结构形式：高层住宅均采用现浇钢筋混凝土剪力墙结构体系，楼板为现浇钢筋混凝土楼板。商业和会所采用钢筋混凝土框架结构体系，楼板为现浇钢筋混凝土楼板。

基础结构形式：根据建筑情况，高层住宅拟采用桩＋厚板筏基，商业和会所拟采用桩＋承台基础。桩拟采用高强度预应力管桩（PHC 桩），桩型、桩长和桩数需根据地质工程勘察报告定。

水源取自城市自来水管网。从城市市政给水管网上分别引入两路 DN200 自来水管，自来水管在基地内形成 DN200 的环网供生活、消防用水；地下室用水由市政管网直接供给。

住宅内采用 UPVC 塑料光壁排水管，带主通气立管的污废合流排水。商业集中卫生间采用污废合流，设专用通气立管，并设环形透气。餐饮业态厨房排出的废水由专用管道排至室外隔油池后排入市政管网。

上海徐泾大型社区经济适用房基地项目 D 地块

设计单位：上海中房建筑设计有限公司

主要设计人员：虞卫、施丹炜、卫青、吴忠林、王翔、张炜钦、王春、孙抒宇、司建磊、李永民、刘明强

本工程位于青浦区徐泾镇东部，设计建设 11~14 层的高层住宅 19 栋及相应的配套建筑，地上计容面积总计 14.2 万 m^2，容积率 2.04，绿化率 35%。

住宅采用以板式为主、少量点式为辅的规划布局。合理分配各个居住空间，保证尺度的合理性，住宅平面布置紧凑有序，平面功能分区明确，充分利用空间。沿南侧龙联路点、板式相结合，疏密变化，以丰富沿街天际线，并形成通透的界面。南北向设景观中轴线，留出宽阔的视觉景观通廊，住区内道路形成 6m 宽的中心环路，住宅沿主路布置。

建筑控高 40m，造型稳重大气，降低了建筑密度，避免了建筑之间的相互干扰，提高了景观的均好性。设两个机动车出入口，并设 4m 宽的次路入户。小区中央的景观轴线结合中心绿地，形成良好的住区环境。

高层住宅采用剪力墙结构，地下汽车库和配套商业采用框架结构，高层住宅楼采用梁板式纯桩基形式，1~2 层配套公建优先采用天然地基，3 层配套公建采用桩基。

地下车库设机械排风，平时利用车道自然进风。地下车库排风出口距地面不小于 2.5m，距住宅水平距离不小于 10m。车库机械排烟系统与平时排风系统兼用，对有车道的防火分区利用车道低位自然补风，对于无直通室外出口的防火分区，设置机械补风系统。

住区内部中央步道处形象

上海嘉定白银路 A11-1 地块 7 号住宅

设计单位：上海中星志成建筑设计有限公司

主要设计人员：贾冰卉、邵宇炜、赵向阳、杨伊甸、孔晶、夏亚琴、余再峰

嘉定区白银路 A11-1 地块用地面积为 $24461m^2$。7 号住宅建筑面积 $6212.4m^2$，为地上 11 层，地下 1 层，单元式高层住宅，一梯三户，户型二房二厅一卫，建筑面积在 78 m^2~88 m^2 左右。

住房分动静两区：能分能和，以适合现在和将来高度文明生活的需要。设门厅（玄关），可设置摆衣帽、雨具、鞋柜，方便使用。客厅、餐厅、厨房组合成一个流畅的空间，平面构成和空间组合适用性强，自然通风良好。门、窗、墙的布局合理减少对穿交通，易于家具布置。南面设阳台，形式多变，讲求实用，置空调机组，力求既不影响立面效果，又易于保养维修。

7 号房为 11 层剪力墙结构，下有一层地下室，以顶板为嵌固端。s 桩基持力层为⑤ 2 砂质粉土，进入持力层深度 1m 左右，采用 PHC400 管桩，桩长 20m 左右，主楼地下室与地下车库连为一体，车库中间不设沉降缝。

采用集中水泵房变频供水。冷水管均设计到位，避免住户装修时凿墙开洞。楼梯间内的生活给水管采用钢塑复合管，螺纹连接；户内的生活给水管采用 PPR 给水管，减少水质污染。

废水立管、污水立管采用芯层发泡硬聚氯乙烯排水管，设专用通气立管，增强排水能力；室外排水管采用 UPVC 加筋管。

黄浦江上游航道整治工程——横潦泾大桥改造工程

设计单位：上海市城市建设设计研究总院

主要设计人员：彭俊、周良、闫兴非、汪罗英、黄东、何筱进、范澂、徐卫东、朱敏、马军伟、吴勇

横潦泾大桥建于2002年，主桥为三跨变截面预应力混凝土连续梁，跨径组合85m+125m+85m，全长295m，引桥为简支板梁，两侧各11孔，引桥总长2×242m=484m，分为东、西两幅。因老桥不能满足黄浦江上游整治后的内河Ⅲ级航道的通航标准，需要对其进行改造，采用老桥整体顶升的方案。

设计的主要特点有：

（1）根据既有桥梁上部结构的承载能力和恒载内（应）力，确定在升（降）过程中支点不均匀变位效应，依据支点不均匀变位效应确定出升（降）控制过程中各支点变位容许误差。

（2）根据既有桥梁上部结构的承载能力，在扣除其他荷载效应后所能余留给结构承担的支点不均匀变位效应，依据支点不均匀变位效应确定出支撑体系转换过程中最终各支点的残余变位容许误差。

（3）计算机同步液压控制系统的控制精度与结构容许值的匹配性，以及控制系统不失真的传递范围。

针对老桥为上、下行分幅布置的特点，采用半幅施工、半幅通行的施工方案。为降低顶升施工风险、提高顶升控制精度，全桥总体顶升方案采用主、引桥分开顶升，对单幅桥梁分三段进行顶升，依次为：两侧引桥段及主桥段。对主桥采用以原墩柱为支撑基础，在墩柱与箱梁底之间安装顶升千斤顶，通过PLC电脑同步控制进行顶升。由于老桥梁底与墩顶间的净距较小，不满足大吨位千斤顶的安装净高，需对原墩顶部位进行局部切割，引桥则通过顶升抱柱梁的方法实现抬高，将顶升着力点设在抱柱梁底面，将墩柱切断后，通过顶升盖梁（抱柱梁）来改变桥面标高，顶升完成后连接并加强墩柱。为避免顶升过程中桥梁产生横、纵向偏移，设立了钢结构限位装置。

为保证工程安全，本桥顶升过程中的监测工作异常重要。桥梁顶升是一个动态过程，随着桥梁的提升，会产生各种偏差，本工程设置了一套完整的监测系统，对桥梁各部位提出监测要求，设定了必要的预警值和极限值，及时将姿态数据反馈给施工加载过程，以使施工在安全可控的环境下进行。

上海市罗店中心镇公共交通配套工程

设计单位：上海市城市建设设计研究总院
合作设计单位：上海市隧道工程轨道交通设计研究院、中铁上海设计院集团有限公司、中铁电气化勘测设计研究院、同济大学建筑设计研究院（集团）有限公司

主要设计人员：徐正良、刘伟杰、李太文、余斌、黄爱军、王卓瑛、郑强、戴孙放、王世杰、苗彩霞、罗发扬、金崎、王安宇、宁佐利、汤晓燕

罗店工程全长约 9.978km，其中地下段长约 7.01km，过渡段长约 0.45km，高架线路长约 2.518km，设车站 5 座，地下车站 3 座，高架车站 2 座，通过 7 号线与网络中 14 条轨道交通线路换乘。车辆采用最高速度 80km/h 与 7 号线共用陈太路停车场及综合基地、控制中心，工程总投资约 31.57 亿元。

设计的主要特点有：

（1）在轨道交通线路设计、建设中运用交通一体化的建设理念。

优化建筑布置，减小车站体量。对梁跨结构细部处理，提高了区间和车站与周边景观环境的适应性。与规划无缝衔接，在美兰湖站配套建设了公交枢纽，提高了资源使用效率，降低了工程投资。

（2）优化创新高架车站结构及布置，保证了高架景观，提高了与环境的协调性。

钢 – 膜结构的轻盈而赋韵律感的车站造型为沪太路带来一道亮丽的风景线。路中主体结构大胆创新采用独柱墩大悬臂结构（悬臂长度大 10.3m）。

（3）开发应用盾构微扰动技术。

通过有限元数值模拟和数值反分析，研究了建（构）筑物位于不同空间关系引起的土压力分布的差异，以及与盾构施工参数之间的相互关系，提出了盾构微扰动推进施工参数，安全实施了盾构穿越包括单个区间有 31 处敏感地面建筑物。

（4）开发应用了具有自主知识产权的地铁综合监控系统。

集成技术软件和模拟系统，从系统平台、监控功能、数据信息互通三个层次实现了对电力监控、设备监控、售检票、电视、乘客信息、火灾报警、屏蔽门、门禁、广播等系统的集成，与列车自动监控、通信系统综合故障监管等系统的互联，为全线运营和管理提供了统一的操作平台。

（5）采用了大交路车站合并活塞风井技术。

风井比常规车站减少 2 个，减小了车站规模，减少活塞风井 40% 用地。

上海市人民路隧道工程

设计单位：上海市隧道工程轨道交通设计研究院

主要设计人员：杨志豪、贺春宁、张苹、彭子晖、黄巍、李美玲、蒋卫艇、冯爽、金秋雯、沈蓉、李炜、孙佳乐、王曦、许熠、邵臻

根据规划，本工程按城市次干路、双向四车道标准进行建设。工程起点在人民路与淮海东路交叉口，终点在浦东东昌路与浦东南路交叉口，总长 3090m，其中隧道主线总长 2325m，包括江中圆隧道、两岸盾构工作井、暗埋段、引道段、地面接线道路、浦东隧道管理中心大楼及浦西、浦东各一座风塔。

设计的主要特点有：

（1）高效合理地布置圆隧道横断面，将隧道断面分为设备区、车行道区、安全通道、电缆通道区等，功能划分明确。

（2）衬砌结构采用错缝拼装、弯螺栓连接，衬砌环宽 1.5m。

（3）采取科学、合理的技术措施取得了如下“三赢”的良好效果：①对隧道暗埋段与规划待建的轨交 14 号线地下四层车站并行区段，采取深达 55m、宽 1.2m 的地下连续墙作为共同围护结构，满足了两者基坑开挖时的安全需要。②通过三维数值模拟，对下部 10 号线区间采取双门式地基加固，再结合隧道基坑围护结构（坑内设置隔断墙）的设计方案进行分析，很好地控制了基坑回弹和 10 号线已建区间隧道的隆沉（与实际施工监测资料基本一致），满足了轨道交通隧道的变形控制要求。③采用双层两孔十字交叉钢筋混凝土箱形结构，一并解决了隧道暗埋段（下一层）、与垂直相交的轨道交通（10、14 号线）换乘通道（下二层）的施工难题，取得了很好的技术、经济、环境效益。

（4）设“五合一”综合管理中心，以集约化管理，提高了隧道“人性化”、“智能化”管理能力和水平。

（5）浦西高风塔与现有建筑——城隍庙第一购物中心合建，既满足进、排风功能要求，又取得了与周边环境的和谐和协调。

（6）浦西工作井附近盾构双线近距离掘进（隧道最小净距小于 0.4D），采用 Φ 600 钻孔灌注桩作为隔断墙，较好地控制了区间隧道掘进过程中的相互影响。

（7）南线区间隧道穿越浦东地下风井后，采用逆筑开挖井底的排风口和新风口，并对圆隧道顶相应部位开设对应风孔。工艺先进、合理，对环境影响小。

乌鲁木齐市外环路东北段道路工程

设计单位：上海市政工程设计研究总院（集团）有限公司

主要设计人员：张胜、张云龙、葛竞辉、夏炎早、吴忠、林志雄、宋乔、马骉、张杰、姚建、侯文韬、刁洪艳、蒋春海、张风华、王伟

乌鲁木齐外环路东北段（北京南路—南湖东路）为乌鲁木齐外环路的最后一段，全长7.83km。主线为城市快速路，辅道为城市主干路。其中高架快速路长约7.13km，穿越六道湾煤田采空区段地面快速路长约0.6km。工程总投资约18.82亿元，其中建安费为12.06亿元。

设计的主要特点有：

（1）工程方案论述科学充分，角度全面，总体方案合理

本次设计中，通过对路线的比选、路基处理方法的可行性和经济社会效益等多方面综合比选后，确定采用穿越采空区的线路。在对工程规模影响较大的横断面设计、立交节点设计、平行匝道位置、布设方式以及穿越采空区段段面布置形式时，更是经过多个方案的比选，方案比较深入全面细致。穿越采空区及采空区的地基处理方案也是十分详细和全面。

（2）穿越采空区路段处理方案具有创新性

为减少采空区路基段的沉降和加强路基稳定性，设计考虑对采空区段的路基进行特殊处理，首先经过对交通流量的分析，采空区段采用地面快速路形式，主线机动车双向六车道加两侧辅道各单向二车道的断面形式，道路宽度压缩至47m。并对拟建地面快速路中心线两侧各30m，即60m范围内路基地表至安全煤柱范围内进行注浆，注浆长度根据煤柱安全性分析确定，最长达55m。采空区地基处理方面尚没有特别成熟的经验和技术，该方法目前在国内也属首例。本工程以科研研究为依托，通过室内外试验，确定了注浆的胶凝材料和注浆配合比，并编制了注浆施工和验收导则，作为采空区地基处理工程实施指导。工程运行近两年来效果良好，并在乌鲁木齐市克拉玛依西路西延二期工程中得到应用，取得良好的经济和社会效益。

（3）对现状桥梁处理合理

东北段一期高架主线在北京路与原外环高架连接，由于原高架桥挡土墙段和桥梁下坡低净空段占用了地面道路的部分用地，因此将原高架桥挡土墙段拆除，桥梁下坡低净空段部分进行改造，改造段高架上部拆除，基础利用，采用植筋方法，加高墩柱，上部结构重新建设。

上海市内环线浦东段快速化改建工程（龙阳路段）

设计单位：上海市城市建设设计研究总院

主要设计人员：周良、陈曦、朱敏、赵剑、黄蓓、陈奇甦、张栋良、彭丽、杨旻皓、张烨平、张莺、马军伟、范澂、闫兴非、蔡惠莲

该工程是实现上海市内环线快速路全线闭环，由龙阳路段、罗山路段组成，总长约 9.92km，龙阳路段为浦东南路至张江立交，长约 5.5km，罗山路段为张江立交至张杨路，长约 4.42km。主线为 6 车道全封闭快速路，辅道为 6 车道城市主干路。

设计的主要特点有：

（1）道路形式因地制宜、构思新颖，体现"以人为本、环境协调"的理念。采用主线地面快速路、跨线桥、连续高架 3 种不同形式相结合的总体设计方案。南浦大桥引桥抬升跨龙阳路立交作为快速路主线，下穿锦绣路横向跨线桥，主线上跨浦建路形成菱形立交，主线连续上跨白杨路和芳甸路形成高架桥，过芳甸路落地接张江立交。

（2）运用四新技术。运用桥梁顶升技术对南浦大桥予以改建利用，并成功创造了国内目前最大的反坡整体顶升记录。顶升方案包括支座垫块抬升和立柱顶升两种形式。在实施过程中需对原有结构如 T 梁的桥面板、板梁的绞缝、垫块、附属设施等一系列特殊化设计，使顶升不但做到横向同步提升，而且提高了顶升速度。另外，杨高路—浦建路段根据主线道路通过路面加罩改建合理利用老路，路面结构设计提出了施工期间交通便道路面结构与永久性路面结构相结合的路面设计，从而减少废弃工程、降低工程造价。

（3）精心设计，优化方案，减少对轨道交通、重要管线的影响。综合考虑与 5 条轨道交通、规划磁悬浮、电力隧道、污水总管等重要管线的关系，路线平面线形及横断面布置、桥梁下部结构设计等通过精心设计合理避让现状重要污水管道及轨道交通并预留规划磁悬浮实施条件。

（4）交通监控布置合理实现系统平台和各子系统间的信息交换。

上海市申江路（华夏中路北—规划三路）新建工程

设计单位：上海市城市建设设计研究总院

主要设计人员：徐一峰、蒋应红、陆元春、郭卓明、徐莹、胡佳萍、高忭、沙丽新、周晓君、蔡亮、刘玉喆、蒋珮莹、姚玲、王晓明、王磊

申江路（华夏中路北—规划三路）新建工程全长约 2.1km。道路规划红线宽 70m，建设标准为“快速路主线＋主干路辅道”。快速路主线为全封闭高架快速路，双向 8 车道，地面道路为城市主干道双向 8 快 2 慢断面。在高科中路以南布置一对菱形匝道，高架和地面以门墩形式跨越川杨河桥和张江路、马家浜。

设计的主要特点有：

（1）总体设计充分重视道路功能分析，明确通道的服务对象，指导工程方案设计。

采用“整幅式高架快速路＋地面辅道”为工程的总体推荐方案，从中环线交通功能、工程敷设形式、川杨河和马家浜两条航道控制因素、与中环线浦东段东段远期衔接等多方面综合角度出发，最终确定了布局完善、针对性强、近远期易结合的总体布置。

（2）桥梁方案技术新颖，经济节约。

标准梁采用 3m×35m 预应力混凝土连续箱梁，采用的飞燕弧形结构断面。跨越川杨河主桥采用上下层桥梁三幅布置的连续梁结构。地面桥采用上下层挑臂的新型连续箱梁结构。

（3）合理布置排水管网、加强极端条件下排水能力。

针对纵坡较大路段、凹曲线最低点等处，通过加密雨水口、优化立管管径等措施，保证极端气候下各关键节点的应对能力。

（4）大力开展科技创新，提高工程科技含量。

全路段采用新型排水降噪环保路面，提高结构的抗震减灾性能，利用沥青混合料的多孔隙来达到排水、降噪的目的。提高行车安全性和可视性。高架桥梁下部结构设计提出的采用抗震间隙支座的双墩固定的设计思路，大幅度降低了下部结构的材料用量，节约工程投资约占下部结构总造价的 15%。实现了广播、主线车道信号灯、高清卡口、高清网络摄像机等设备在快速路监控中的首次应用。在主线、匝道桥头采用落地梁处理，彻底消除了桥头跳车。

鄂尔多斯市东胜区包茂高速公路跨线桥工程

设计单位：上海林同炎李国豪土建工程咨询有限公司

主要设计人员：潘龙、严国香、郁景波、富利飞、王思安、任淑琰、吉睦斌、杨前彪、姚玉强、涂雪、陈薇

该项目包含两座高速公路跨线桥梁，即苏杨公路一号桥及韩土公路一号桥，总投资约 2.1 亿元。其中苏杨公路一号桥桥型采用“彩虹”形三跨下承式拱梁组合桥，桥梁跨径组合为 35m+90m+35m，全长 160m；韩土公路一号桥桥型采用“月亮”形三跨下承式拱梁组合桥，桥梁跨径组合为 40m+80m+40m，全长 160m。两座桥梁按双向八车道布置，并设非机动车道和人行道，结构全宽 50m。桥梁设计荷载为 1.3 倍公路 –I 级；设计车速为 60km/h。

设计的主要特点有：

（1）两跨线桥主梁采用钢梁格 – 混凝土桥面板叠合梁结构形式，桥拱肋造型新颖，苏杨公路一号桥采用“彩虹”形拱肋，拱券立面线形勾勒出彩虹曲线，由钢箱结构的六边形上肢拱、矩形截面的下肢拱为及“工字”形连接竖杆组成。上肢拱拱轴线为样条曲线、直线段、圆弧组成的光滑曲线，拱轴线最高点距系梁顶面 18.75m。下肢拱拱轴线为抛物线，拱轴线最高点距系梁顶面 17.85m。位于跨中的上、下肢拱结合段断面形式为矩形下肢拱与六边形上拱肋组合成的不规则截面，上、下肢拱与系梁结合段也为不规则截面。韩土公路一号桥采用“月亮”形拱肋，拱肋由六边形主拱肋和两侧拱通过撑杆连接组成，外形简洁大方，线条流畅。主拱肋为抛物线，计算跨径 80m，拱轴线最高点距系梁顶面 14.25m，吊杆上端与主拱以耳板方式销接，吊杆张拉端设置在系梁钢箱内。两座桥梁的两拱肋中心间距均为 33m，不设风撑。

（2）主梁采用钢 – 混凝土叠合梁，是由钢梁格与混凝土桥面板形成的整体组合截面。钢梁格由两根箱形钢系梁、横梁、中横梁、端横梁、挑梁、小纵梁组成。与钢结构结合成一体的钢筋混凝土桥面板除系梁外沿全桥宽布置。桥面板分预制板和现浇缝部分，预制板厚 0.26m。现浇接缝混凝土通过钢梁顶面的抗剪栓钉、预制板的外伸钢筋及接缝纵横向钢筋联结成整体。

泉州市江滨北路道路拓改工程

设计单位：上海市城市建设设计研究总院
合作设计单位：泉州市城市规划设计研究院

主要设计人员：陆显华、王堃、郭卓明、唐祖宁、张方方、赵军、田远、郭阳洋、陈旻、卢兴、田丰、刘燕萍、胡佳萍、俞露、吴展

本工程全长 13.86km，江滨北路为主干路，布置为 6 快 2 慢，总投资约 5.5 亿元。

设计的主要特点有：

（1）改建项目既符合实际需求，又符合总体规划路网规定，结合沿江开发统筹预留过江条件。

作为主要交通干道，对全线各越江通道都予以周详的考虑布设，对于已经存在的越江通道予以梳理完善，保证江滨北路拓改后不会对现状越江通道造成冲击、拥堵。对于规划的越江通道，同步考虑远期多种不同方案，拓改时以不影响远期方案为考量，精心预留了各种条件与远期衔接。

（2）以人为本，全线新建、预留和修复行人过街系统，为渔民考虑，综合整治了渔业码头。

作为一条长距离的沿江通道，现状行人过街设施缺乏，改建工程系统的新建、预留和修复了行人过街系统。同时综合整治了现状脏乱差的临时码头设施，新建了高低大小不同的区域码头，方便了渔民，整治了环境，也提升了景观。

（3）江滨北路不光作为拓改项目满足交通扩容，同时作为滨江大道大幅提升景观效益，综合设置景观节点。

江滨北路道路不光对道路绿带进行了景观改造，对滩涂区域也进行了全新景观设计。

（4）对历史名城泉州注重环境、文物保护。

设计对古榕树、古庙采取了绝对避让的方式，特殊处断面采用了创新非常规断面。对于古码头的保护采用了线形避让，同时在部分附属结构上加铺了沥青面层。

（5）对特殊难点节点的合适处理。

对于顺济桥节点，采用了新开闸口，将此节点改建为一处立交，通过合理的交通组织解决了此特殊节点，建成后使用效果很好。

（6）老路断面变化多而杂，改建后最大程度梳理了全线断面。

部分路段江滨北路为半幅路、半幅桥，半幅路受到防洪堤限制已无法拓宽，在此情况下，设计采用了维持半幅路，在半幅桥靠晋江一侧拓宽的方案，合理解决了此段道路拓宽问题。

（7）结合当地情况，施工材料采用砂包土替换石灰土，保证了质量，又控了造价。

莆田市华林经济开发区樟林大桥工程

设计单位：上海市政工程设计研究总院（集团）有限公司

主要设计人员：盛勇、李阳、李鹏、张春雷、蒋彦征、王天华、诸立嘉、夏春原、高洁、孙晨、陆东辉

樟林大桥全长848m，双向四车道，两侧分别设非机动车道和人行道。主桥为百米跨度蝶形拱桥，引桥采用等高度箱梁和简支板梁，标准断面桥宽24.6m。

设计的主要特点有：

（1）蝶形系杆拱桥桥型

主桥为40+100+40m的蝶形中承式系杆拱桥，全长180m，两个拱肋外倾构成蝶翼造型，属于国内较早建设的蝶形拱桥；拱肋采用四边形截面，线条动感轻盈，造型有新意，为本地区的标志性建筑物。桥面上部两个矩形截面拱肋外倾构成蝶翼造型，拱肋保持在同一倾斜平面内，倾角20°，轻巧的拱肋截面、无横撑的布置方式改变了同类跨径拱桥压抑的感觉，拱桥拱肋桥面下部与V撑顺接。全桥线条清晰流畅。

（2）中跨组合梁体系

中跨组合梁结构与主桥V撑之间设置伸缩缝，成功减轻中跨重量、释放温度内力、优化拱肋截面。在桥面设置接缝释放温度内力，减小结构温度内力，减小基础规模，降低工程造价。主桥结构在顺桥向设置两条伸缩缝，位于拱肋与桥面交界内侧。

（3）预应力V撑体系

主桥预应力V撑顺接蝶形拱肋，使轴力顺畅传至基础；特殊V撑截面满足拱桥整体造型需要外，改善主桥边跨主梁受力。主墩V撑由对称斜腿构成，棱柱形钢筋混凝土实体结构。断面尺寸从下缘3m渐变至梁底位置2m，V撑底部交汇于承台顶面。承台为矩形，平面尺寸10.5m×14.5m，厚4m，配1m封底混凝土。主墩桩基础采用5根直径2.5m钻孔桩，选用微风化凝灰熔岩作为持力层。

（4）结合景观需要设置观景台

主跨两侧人行道变宽使主梁外突构成两个沿桥方向的带状观景台，桥宽24.6～32.6m。

无锡市新华路（金城路—锡东大道）工程

设计单位：上海市政工程设计研究总院（集团）有限公司

主要设计人员：林巧飞、朱世峰、俞臻、李洞明、李敏、王曦、贾彦文、董猛、戴伟、江华、王永鑫、王之峰、徐城华、白旭、袁燕

该工程是城市快速路，全长 6.7km。主线快速路和地面主干路均按双向六车道布置，含枢纽型互通立交 2 座，近期实施 1 座，设上下匝道 5 对。标准段用地宽度为 50m，匝道段用地宽度为 65.5m。

设计的主要特点有：

（1）用交通工程思想指导地面道路交通渠化，在满足各转向交通视距、车速等安全前提下，减小路口中跨跨径，保证所有交叉口范围均采用连续梁混凝土结构，大大降低桥梁结构的造价，并节约后期钢结构养护费用，经济指标优良。

（2）因周边地区交通服务需要，新韵路匝道和山河路匝道间距较近（400m），主线渐变段需作等宽处理。该快速路禁止货车通行，设计采用 5.5m 宽的单车道匝道，相比常规 7.0m 宽的单车道匝道，每条匝道减小宽度 1.5m。

（3）选用一种新型外观城市高架桥梁。在外观上，主梁采用轻盈优美的大挑臂蝶形断面，下部结构配以开花式立柱，上下部外轮廓形成连续的曲线，使线条优美流畅，又刚柔相济，并且桥下空间大，无压抑感。不同桥宽高架桥在梁高、外形、挑臂长度尽量保持一致或衔接平顺外，还注重高架过渡段、防撞护栏、绿化槽、声屏障、灯杆、滴水槽等细部设计，确保了新华路总体景观效果。在结构受力上，既保证结构安全，又具备先进的经济指标，并便于标准化施工。此外还充分考虑支座的可更换性，提高桥梁的使用能力。

上海市内环线浦东段快速化改建工程（罗山路段）

设计单位：上海市政工程设计研究总院（集团）有限公司

主要设计人员：徐健、邵长宇、陈红缨、邓青儿、袁慧芳、高原、陈明清、万英、许世梁、王梅、刘运、王利俊、陈峭、郭俊伟、王培晓

内环线浦东段快速化改建工程（罗山路段）南起罗山路－龙阳路立交，北至杨浦大桥浦东段引桥，全长4.42km，主线为双向6车道城市快速路，辅道双向6车道城市主干路。主线由高架快速路、地面快速路和立交组成，新建出入口4对，改建2座互通式立交。

设计特点如下：

（1）基于性能的城市高架桥梁抗震设计与地震损伤控制技术。

结合两种减隔震支座滞回耗能特性曲线的试验测试，以及非线性时程分析与减震效果评估等，提出了抗震构造措施的设计要求与建议，形成了我国首座城市高架桥系统采用减隔震设计的示范工程。

（2）保障交通畅通的钢－混凝土组合结构桥梁技术研究与示范。

通过考虑从施工到运营全过程的精细化空间有限元分析研究，提出了材料分布合理、结构简洁的真正意义上的组合桥梁构造技术与设计方法，不但确保了结构受力安全，而且显著降低了工程造价，并首次在国内实施了连续组合梁桥从施工至运营的全过程测试工作，验证并完善了该设计方法。推出多排与单排焊钉比较试验，研究了多钉的抗剪承载性能，提出考虑多钉效应的抗剪承载力取值，有效弥补了现行规范的不足。

（3）基于人车路环境安全评价体系的道路交通安全设施研制与应用。

对城市高架道路的安全防护漏洞进行了分析和研究，自主研发了新型防撞垫、活动护栏以及高度自适应护栏过渡段三种安全设施，采用计算机仿真分析对安全设施的防撞性能进行了研究，各项指标满足评价标准要求，并在材料用量以及施工难度等方面与国内外其他产品相比均具明显优势，填补了国内在该领域研究的空白。

贵阳市东二环道路工程

设计单位：上海市政工程设计研究总院（集团）有限公司

主要设计人员：赵广福、陈雍春、赵建新、齐新、周浩、王余富、郑翀、钱文斐、王利俊、王士林、张波波、张晖、秦健、陈多、孙晨

东二环全长 13.2 km，包括道路、桥梁、隧道、立交四种设施形式，含桥梁 7 座，隧道 3 座，立交 4 座，工程总投资约 28.9 亿元。

设计的主要特点有：

（1）以总体规划为依据，充分分析沿线条件，合理评估交通需求，优化线位布置，减少征地拆迁，保护山体林地，保证道路的功能要求和可实施性，保护生态环境。

（2）总体设计在充分评估沿线交通需求的基础上，提出了多种道路布置形式，包括道路、桥梁、隧道，工程总体方案在满足功能的大前提下，具备可实施性强和投资省两大优点。

（3）东二环位于山岭重丘区，根据具体情况提出防护方案，确保边坡稳定，注重生态保护和景观要求。分别采用了喷播植草、拱形护坡、浆砌片石、框架锚杆等多种方式，取得了良好效果。

（4）富源路立交采用独特的鱼腹式弧形连续箱梁、花瓶形立柱，减小了占地，体现了城区桥梁新颖、安全、美观、经济的特点，达到国内、国际先进水平。南明河桥、跨油小线桥采用连续刚构桥，便于标准化、规模化施工，保护水源环境，减少交通干扰。其他桥梁采用简支变连续小箱梁，适用于高墩桥梁，施工方便，造价经济，质量易控制，有利于加快施工进度。

（5）在确保安全施工、降低运营风险和造价、减少征地拆迁等方面进行了翔实论证和比选，克服了诸多关键性制约因素。例如，隧道安全下穿密集居民住宅区，大胆采用陡坡率的正削竹式洞门和新颖的倒削竹式洞门，采用地表注浆、超前支护，加强临时支撑等措施，有效地处理施工时遇到溶洞、浅埋段大变形等复杂多变的工程地质。

上海市嘉闵高架路（联明路—徐泾中路）工程

设计单位：上海市政工程设计研究总院（集团）有限公司

主要设计人员：张胜、徐健、吴庆庆、王浩、马骉、葛竞辉、任烈柯、陈磊、孙晨、郭高贵、陈捷、方宇、王之峰、黄晓清、朱廷

嘉闵高架路主线为全线高架，车道规模为双向 8 ~ 10 车道，路线长约 5.7km，沿线设有 2 座大型互通立交，即徐泾中路立交、G50 立交。

设计特点如下：

（1）工程技术难度大，部门协调量大。

本工程位于 80 ~ 150m 的市政及基础设施综合走廊范围，高架道路与铁路、河道、轨道、高压电力走廊等工程相交、平行甚至重合，相互关系十分复杂，设计难度大，部门协调量大。工程设计成果为国内大城市在用地条件有限的情况下，建设一个资源节约、功能完善、节能环保的综合市政走廊带提供了一个值得借鉴的成功案例。

（2）积极推进技术创新，提高设计中的科技含量。

结合工程特点，在 G50 路基拼接和 PHC 桩、透水防滑低噪声路面、废旧材料合理利用、新老桥纵向拼接、小半径曲梁计算分析、新型隔声降噪设施、照明节能技术等方面展开了研究工作，并将成果应用于该项目，取得了良好的效果。

（3）全方位比选确定了立交节点方案。

项目共设置互通式立交 2 座，解决了高架与其他快速路、地面道路的沟通。G50 立交与原 G50 高速公路的新老路基衔接、新老桥梁拼接均是设计的重点、难点，在处理方法上都进行了仔细研究论证。

（4）桥梁选型安全、经济、美观相结合。

对桥梁的合理选型直接影响工程造价和城市景观。设计首先针对沿线不同路段特点、施工条件、环保和景观要求推荐了合理经济的结构形式，包括预制小箱梁、T 梁、现浇连续大箱梁、钢梁、叠合梁等，几乎涵盖了所有常见的梁桥桥型。其次从结构受力、经济指标分析论证，得出最合理的跨径布置。最后对桥梁造型进行了充分比选，使结构轻盈、简洁、流畅。

合肥市滨湖新区塘西河再生水厂工程

设计单位：上海市城市建设设计研究总院

主要设计人员：胡龙、张善发、周传庭、朱明、张广龙、陈立中、戴栋超、张显忠、姜弘、俞志杰、李庭平、方明、沈燕蓉、张晓天、王遇川

本工程建设规模 3.0 万 m^3/d，创新性地采用半地下式、全绿化覆盖的建设模式，所有的建（构）筑物采用半地下式、一体化组合设计方案，占地约 0.8hm^2，四周及顶部均以绿化覆盖，形成绿意盎然的全室内污水处理再生回用的工厂。厂区内部注重功能分区合理、平面布局优化、竖向空间有效利用。整个一体化处理构筑物平面尺寸约为 105m×70m，分为平行布置的 2 组，每组处理构筑物处理水量 1.5 万 m^3/d，中间为 6m 净宽的车道，以解决内部设备安装、检修、消防等要求。一体化处理构筑物总高度约 15m 左右，分为上、下两层，地下一层为处理构筑物，地上一层为管理、检修空间以及生产性用房。

污水处理工艺采用 A/A/O+MBR 工艺，在确保出水水质稳定达标的前提下，显著节约土地资源，占地约 0.8 hm^2，仅为传统工艺的 1/3 ~ 1/4。

针对半地下式工程的特点，工程设计方案合理划分功能分区、优化平面布局及竖向空间，重点研究了内部通风采用自然通风与强制通风相结合，设置通风分区，便于管理和运行节能；除臭系统注重臭气收集系统设计，根据臭气浓度、气量、间歇 / 连续等特点，设置分区除臭系统。照明采用采光井自然采光与人工照明相结合的方式。设备维护检修以及物料出运注重空间、起吊设备、物流路线的合理设置，通过合理的竖向设置及局部关键节点的特殊设计，保障防洪安全。上述关键技术难点逐一通过合理的工程设计解决，使该厂在建成后运行管理方便，内部空间环境良好，可与周边环境景观交融。

设计方案凸显节能理念，针对 MBR 工艺耗能较高的缺陷，通过调整生物处理系统中的回流方式，以及合理分配利用碳源，达到了节能的目标。

嘉兴市南郊贯泾港水厂二期扩建工程

设计单位：上海市政工程设计研究总院（集团）有限公司

主要设计人员：许嘉炯、于正丰、肖敏杰、王纬宜、黄雄志、孟伟杰、严梅祎、辛琦敏、范玉柱、张晔明、方以清、吴绍珍、高志强、王伟、王非宇

本工程设计规模 15 万 m^3/d，出厂水各项指标优于《生活饮用水卫生标准》(GB5749-2006)，达到浙江省优质水标准。

设计的主要特点有：

（1）结合嘉兴地区原水水质特点采用创新性的净水工艺。利用人工湿地出水作为原水，采用在沉淀以后设两级过滤，内嵌臭氧活性炭深度处理工艺，形成去除有机物、氨氮和铁锰并有效控制出水浊度的多级组合反应器的生物处理、常规处理、深度处理工艺。

（2）运用资源节约、环境友好、循环经济的设计理念。在水厂生产废水处理工艺中首次引入生物景观处理区，将浓缩池上清液废水引入其中，一方面利用水生植物去除上清液中的有机物，减轻达标排放对周边水体的影响，另一方面植物生长可作为生物柴油的原料，经过景观处理区净化的上清液可作为周边景观河道用水。

（3）构筑物采用集约化设计理念。工程净水构筑物多采用叠合、组合设计，这为水厂节约了用地和投资。在总平面布置时因地制宜，二期工程包括常规处理、生物处理、深度处理、污泥处理的总用地面积仅为 52 亩（3.47hm^2），参照国家给水项目建设用地指标中的相同规模水厂，可节省用地约 25%。

（4）运用软土地基减沉复合疏桩基础理论，通过桩型比较，确定适合软土地基的桩基，降低了工程造价。

（5）将节能的理念体现到设计的每个方面。注重节能环境设计，选用高效节能设备、优化工艺设计流程，使水厂的药耗、电耗和水耗大大降低。

工程工艺设计合理，土建结构安全，设备运行稳定，仪表自控先进，建筑环境美观。

青岛市海泊河污水处理厂改扩建工程

设计单位：上海市政工程设计研究总院（集团）有限公司

主要设计人员：金彪、王锡清、王瑾、陆晓桢、李滨、李宝凯、金敦、王蓓、甘晓莉、彭春强、王敏、姚枝良、翟之阳、姚克炯、陆勇雄

该工程污水处理采用沉淀+MSBR+过滤工艺，污泥处理采用浓缩+消化+脱水工艺，污泥气用于发电，实现热点联产，消化液采用厌氧氨氧化(ANAMMOX)工艺。

设计的主要特点有：

（1）采取多种措施稳定水质，强化各处理单元功能，确保出水水质达标。

生物池前端设置短时初沉池和生物选择池，可稳定水质，撇除油脂，保证生物处理的运行稳定可靠，降低进入生物反应池的污染负荷，减少鼓风量降低运行费，同时可减少碳源损失，保证后续生物处理脱氮除磷效果。

采用厌氧氨氧化工艺处理高浓度氨氮和TP的消化液，减少氮、磷对污水处理线的影响，减少污水处理线的投资和运行费用。

（2）采用多单元MSBR池和连续流砂滤池，节约占地，强化处理效果。

污水处理工艺采用多单元组合的集约型一体化改良SBR工艺，通过强化各反应区的功能，强化优势菌种，提高系统的脱氮除磷功能。同时采用FLUENT软件对沉淀区同挡板高度进行流态模拟，确保最佳水力流态，提高沉淀效果。

过滤单元采用较为新颖的连续流砂滤池，具有表面负荷大、占地面积小、操作简单、连续自动清洗、适应变动工艺条件的能力强等特点，水头损失较传统砂滤池减少50%。

（3）污泥气实现热电联产，实现能量综合和循环利用发电产生的余热用于污泥消化热量，实现热电联产。污泥气发电每年提供1190万kWh电能。

（4）结构设计统筹考虑采取在池壁设置完全缝、底板设置引发缝的方法以释放温度应力，有效解决大型构筑物整体现浇时温度应力及混凝土收缩产生的裂缝问题。采取不同的地基处理方案，重要大型构筑物如SMBR池等采用桩基支承抗浮，建筑物采用桩基支承，同时消除液化，小型构筑物如混合反应池等采用压密注浆或级配砂石换填地基处理。

（5）优化供配电设计，MCC设置深入负荷中心，使配电设施与用电负荷紧密结合，维护管理方便，节省投资。

上海市横沙东滩促淤圈围（四期）工程

设计单位：上海市水利工程设计研究院有限公司

主要设计人员：俞相成、张赛生、刘新成、舒叶华、欧阳礼捷、陶玉花、康晓华、张敬国、王月华

该工程建设规模促淤面积 2.26 万亩（1506.67hm^2），新建、加高促淤堤总长 16.40km。

设计的主要特点有：

（1）科学论证，优化总体布置，实现了促淤工程的多重功效。

分别建立大小两套模型，对工程相关水域进行水流数值模拟，经多方案比选，确定了堤线的走向，并考虑与上下游已建或拟建的围堤相衔接，四期工程将纳潮口门设置在北堤，东堤不设口门，并改造一期促淤纳潮口门布局，封堵一期东侧堤、拓宽一期北侧堤口门，阻断了库区之间串流现象。四期围区内淤积土方平均厚度达到 1.4m，促淤土方约 2072 万 m^3，四期东堤至 N23 潜堤范围内淤积土方平均厚度达 1.2m，促淤土方约 4195 万 m^3，节省造地成陆吹填土方费用约 7.5 亿元，既减轻了圈围成陆对土方资源的需求，同时有效降低了低滩筑堤的难度和风险。另外，本工程实施后，一期和二期库区滩面也有一定的回淤，特别是东侧堤的深槽得到大幅的回淤，为一期和二期东侧堤的安全运行提供了保障。

（2）精心设计，创新提出防浪、稳定、保滩及投资最优的促淤堤结构。

收集整理类似工程实例，结合理论分析研究，合理确定促淤坝体结构形式和护底长度，避免了横沙东滩区域以往工程中出现沿堤深槽危及促淤堤安全的现象。

创新提出促淤堤在标准、结构形式上和后期圈围大堤的“无缝对接”，促淤堤按坝体最不利潮位与 10 级风（上限）组合进行设计，与后期围堤的保滩工程设防标准基本一致，不仅节省了保滩护底及堤身结构费用，而且降低了圈围大堤的实施难度。通过波浪物理模型试验，合理确定了不同堤段护面块体的重量和防护范围。

（3）优化施工组织设计，有效保障工程的安全、进度和经济。

提出施工顺序规划设计，完善了复杂流场下堤坝施工作业准则，提出施工总体顺序原则上应遵循一期促淤区内工程先行、四期促淤区的工程稍缓的原则，做到实时指导施工，为工程的顺利完工提供了保障。

青草沙水源地原水工程——凌桥支线工程

设计单位：上海市水利工程设计研究院有限公司
合作设计单位：中国市政工程西南设计研究院

主要设计人员：苏亚志、何丹东、赵远清、聂福胜、王碧波、张海吉、赵兴国、杨科丹、项佩洁 朱颖华、罗秀卿、俞方、韦文博、范国明、黄雅芳

凌桥支线设计规模 70.4 万 m^3/d，管线采用 1 根 DN2200 ~ DN1800 钢管，全长约 19km，管道全线采用顶管施工，共设 39 座顶管井。

设计的主要特点有：

（1）详细踏勘，优化管道走向和井位布置。

在全面细致踏勘现场的基础上，对原可行性研究报告中多处顶管走向和井位作了调整优化，由先前 47 座调整至 39 座。

（2）科学计算水头损失和水锤特性，优化配置管径和防水锤措施。

①水力分析：采用 WaterCAD 建立模型对输水系统进行了近、远期各工况水力计算，并提出了凌桥支线和闸凌线的多种联合运行方案。提出了可降低起点五号沟泵站水泵配置扬程（较前期设计降低约 10m）。另外建议凌桥支线与现状闸凌线接通，优化接通点凌桥支线的口径（从 DN2200 缩减至 DN1800），在保证双水源安全供水的同时，降低了工程投资。

②水锤防护：对复杂系统的水力过渡过程进行了数值模拟计算，并根据模拟结果提出了在管道沿线设置 2 座单向补压塔，沿线一定距离布置排气阀等多项措施，可使正、负压水锤消除，确保系统不发生水锤破坏。

（3）合理建模，确定钢管壁厚和管道轴向温差变形。

根据钢管在土层中的埋深、受力和管内水压，采用有限元法，进行数值模拟。在空管、试水、运行 3 种工况，分别取不同壁厚计算位移、应力、应变。

详细分析了管道温差引起的轴向变形，以及管道与土体的摩擦，得出在埋深条件下，当原水温度有 ±15℃变化时，管道纵向变形可由土壤摩擦力抵消的结论，设计中不再另安装伸缩装置，降低了渗漏水风险。

（4）采用曲线顶管，全线共减少顶管井 4 座，其中将玻璃钢管、树脂混凝土管用于曲线顶管，拓宽管材的适用领域，实行钢管曲线顶管特制管节的设计，降低了顶管过程中铰接管偏转和失稳问题。

宁波市周公宅皎口水库引水及城市供水环网工程

设计单位：上海市政工程设计研究总院（集团）有限公司

主要设计人员：郑国兴、于正丰、高志强、袁丁、张晔明、靳长青、沙玉平、郭建华、王琳、肖敏杰、曹玉萍、吴绍珍、黄雄志、陈奇灵

本工程净水厂一座，工程规模 50 万 m^3/d，清水输水干管约 30.2km，管径 DN2600~DN1800，城市供水环网约 47.3km，管径 DN2000~DN1800。

设计的主要特点有：

（1）充分利用地形采用重力流供水，节约能耗

皎口水库正常水位 68.08m。毛家坪水厂出厂水位为 47.70m，可满足供水要求。经比选，最终选定了重力进水和水泵提升互为备用，充分利用水库水位，节约工程日常运行的能耗。

毛家坪水厂每年约有 9 个月能够通过水库水位重力进水，出水则全部实现重力流。

（2）采用先进处理工艺，结合多种药剂多点投加确保水质

采用了投加熟石灰、PAM 等手段，还投加石灰清液调节出厂水的 pH 值，保持管网水质的稳定和健康。

按设计加药量加药时，沉淀池出水浊度在 0.50NTU 以下，出厂水浊度达 0.05 ~ 0.10NTU。

（3）同步建设实施生产污泥处理系统，满足环境保护要求

对滤池反冲洗水和初滤水均设置了回收池回流至处理工艺前端，避免了废水排放对环境的影响。仅本项措施每天即可节约水资源 10300m^3。对于生产过程中产生的污泥，采用了污泥收集、调节调质、投药及浓缩等组合工艺，最终将生产污泥处理为含固率达到 35% 以上的干化泥饼。

（4）国内首创“城市供水高速公路”模式，提高

供水安全性和灵活性

①水量调度灵活，能较好适应城市的快速发展和发展区域的不确定性。

②适合多水源联合供水，供水保证率高。环网是一个大型的中转站，每个水厂的出水都可以通过环网进行最经济的分布，如果一个水源出现问题，其余水源的供水马上可以通过环网进行补给和调度。

③减少城市管网的改造频率和影响范围。

宁波市江南污水处理厂工程

设计单位：上海市政工程设计研究总院（集团）有限公司

主要设计人员：俞士静、顾建嗣、彭弘、周娟娟、曹志杰、李翊君、陈萍、徐震、朱熊、张亚勤、徐昊旻、乔勇、方路、周磊、俞士洵

宁波江南污水处理厂近期处理规模为 16 万 m^3/d，远期污水处理规模为 40 万 m^3/d。还包括再生水处理规模近期 5 万 m^3/d，远期 12 万 m^3/d。

设计的主要特点有：

（1）因地制宜，充分利用不规则用地营造“绿色花园单位”。

在平面布置中充分利用地形地貌按工艺系统布置各功能区块，将 40 万 m^3/d 的进水和预处理区、污泥处理区、出水区等公用构筑物以及近期 16 万 m^3/d 的污水处理区布置在中间 2 号地块，便于近期运行管理。东侧地块布置远期建设的 24 万 m^3/d 的污水处理区。厂区设置 50m 宽绿化分隔带，生反池、清水池等大型加盖水池顶部均种植绿化。

（2）采用先进水处理工艺，应对进水水质的变化。

根据进、出水水质目标不同，可按常规 A/A/O、倒置 A/A/O、强化 A/O 法等各种不同模式运行。污水厂尾水采用甬江江心排放，使处理后尾水对水环境的影响降至最低。

（3）体现“循环经济”理念，发展再生水回用工程，处理工艺采用成熟可靠的混合反应沉淀 + 高效纤维滤池 + 二氧化氯消毒工艺。

（4）污泥机械浓缩脱水、料仓贮存后外运。

污泥处理处置采用机械浓缩脱水技术，污泥经浓缩、脱水后，贮存采用全封闭污泥料仓。

（5）运用资源节约、环境友好的设计理念。

采用了加盖除臭工艺，在生物反应池池顶上采用绿化覆土，既提高了压重，减少了大型水池需抗浮的桩基工程量，又可使厂区的绿化覆盖率超过 60%，真正成为一个花园式的工厂。

舟山市小干污水处理厂（一期）工程

设计单位：上海市城市建设设计研究总院

主要设计人员：黄瑾、谢勇、陈新、金冶、张毅忠、李晶玮、刘玉喆、汪胜、方明、张显忠、俞珏瑾、周传庭、杨恒声、周敏华、张赛芳

舟山市小干污水处理厂为舟山市东部片区首座城镇污水处理厂，工程设计规模为 2.5 万 m^3/d，服务面积约 20km^2，服务人口约 19 万人。

设计的主要特点有：

（1）明晰的厂内功能分区，营造良好的生产工作环境

注重厂前区与污水处理区及污泥处理区的分隔，为厂内员工创造良好的工作环境。

（2）采用近远期有效结合和衔接的改良型 SBR—CAST 工艺

该工艺流程简单灵活、自动化程度高，可满足进水水质、水量的变化等工况，并可设计成组合式模块化结构。这种组合式的结构使得总图布置紧凑，最大程度地节约了工程用地和工程费用。

CAST 工艺可以深度去除有机物，通过同时硝化反硝化过程去除大量的氮，同时完成生物除磷过程，出水中氮和磷的浓度较低。

（3）灵活多变的运行控制模式

CAST 工艺可通过水位控制和时间控制两种方法针对不同的水力负荷自动调整运行工况，实现灵活运转、极强的纠偏能力，实现经济、节能的控制。通过对沉淀、排水时间的优化设计，适应水质水量的变化。

（4）引进新型污泥处理设备

新型螺旋挤压式过滤机应用于污泥机械浓缩脱水，脱水效果稳定，电耗低。

（5）设计带高位井的多功能出水泵房

在多年平均潮位以下时，采用重力自排，高于多年平均潮位时，开启出水泵强排，降低水厂运行能耗。

上海市白龙港污泥预处理应急工程

设计单位：上海市政工程设计研究总院（集团）有限公司
合作设计单位：上海环境卫生工程设计院

主要设计人员：张辰、卢峰、徐俊伟、邹伟国、张欣、杨新海、张毅、王敏、李滨、甘晓莉、徐靓慧、赵岳翔、余毅、陈和谦、尹冠霖

该工程建设规模为污泥处理 1500t/d（按含水率 80% 计），折合干泥 300tDS/d，处理能力接近上海市中心城区污水处理厂污泥量的 70%。

设计的主要特点有：

（1）采用多种组合运行模式，工艺流程灵活多变。处理对象分为两类：一是白龙港污水厂浓缩污泥约 150tDS/d，包括未稳定污泥（剩余污泥和一级强化化学污泥）和消化污泥，含水率约 95%；二是中心城区其他污水处理厂外运来的脱水污泥约 150tDS/d，含水率约 80%。

根据进泥含水率的特点，流程设计上考虑了多种组合模式，实际运行中，既能对浓缩污泥或脱水污泥分别处理，也可以采用浓缩污泥代替中水稀释脱水污泥，两者混合稀释后共同调理。

（2）采用“化学调理 + 隔膜压滤”的污泥处理工艺。采用工程设计与中试研究相结合的方式，利用土建施工、设备安装工作面无法全面展开的空档期，安装试验压滤机并展开调试研究，完全模拟满负荷的运行环境，验证工程设计的可行性、合理性和经济性。

污泥的化学调理采用铁盐 + 石灰作为调理剂，并进行了优化设计，当 $FeCl_3$ 投加比控制在 6% ~ 8%、石灰投加比控制在 22% ~ 25% 时，可满足工艺的正常运行，污泥产量及含水率达到设计要求，并能有效节约药剂用量。

（3）充分考虑了污泥的非牛顿流体特性及其泥质特征（如含砂量、含渣量等），对工艺管道的走向进行了防堵塞、防沉积的合理优化，对污泥螺旋输送机、调理池搅拌装置、药剂制备和投加装置等非标设备进行了有针对性的定制设计，使其与污泥处理工艺相适应。

（4）配套设施完善，体现人性化设计。污泥处理全过程采用相对密闭的处理设施，生物除臭装置对构建筑物实施臭气收集处理，达标后排放。生产车间内设有玻璃隔断，保证压滤机组在密闭的环境下运行，有效控制了臭气外逸。

崇明环岛运河南河中段及周边水系整治工程

设计单位：上海市水利工程设计研究院有限公司

主要设计人员：吴维军、程松明、张宝秀、傅建彬、张根宝、张敬国、刘海青、倪琴丽、王小艳、李国林、张尧、李凤珍、王军、朱嫣红

工程主要包括整治环岛运河南河中段 26.866km，整治周边水系三沙洪 7.5km、老滧港 3.7km、东平河 2.9km、堡镇港 10.6km。崇明新城公园湖泊与老滧港交汇处新建 8m 净宽水闸 1 座，新建跨河桥梁 4 座（包括支河桥 1 座），人工湿地 1 处，防汛通道 6.14 万 m^2，景观绿化 40.65 万 m^2。工程总投资约 8.42 亿元。

设计的主要特点有：

（1）遵循“安全、经济、生态”相统一的原则。在满足防汛安全的前提下，选用经济可行的设计方案，融入水环境保护理论，充分利用水资源，体现崇明生态岛特色。

（2）经过现场调研，结合二维数学模型分析，多方案比选，逐段协调、优化、落实河道选址，确保线形优美、水力优良、动拆迁小、砍伐树木少、河道与桥梁管线等交叉节点顺畅，减少了工程占地，节省了投资。

（3）护坡设计突出“亲水性、多样性、生态性、经济性、创新性、观赏性”。护岸采用低矮型直立护岸及斜坡式亲水护岸，力求突破陈规。采用了多种形式的护坡结构，断面设计新颖、巧妙，形成一河一风格、一河一景的河道风貌。综合采用绿化混凝土护坡、干砌块石护坡、合金钢丝网石笼挡墙、浆砌块石挡墙以及仿木桩护岸等多种护坡新材料和新技术。在老滧港处结合市科委的课题研究设置表流人工湿地一处，对水质、水环境、生物多样性等进行研究。

在满足安全可靠的前提下，尽量采用经济适用的斜坡式护坡结构，受征地限制的岸段则采用直立式护。

对崇明传统的桩板式护岸结构做了功能和景观两方面的改进。

（4）水闸平面布置美观协调，与周边环境协调统一。结合湖岸线型，门型采用了横拉门结构，横拉门轨道顶部兼做人行通道，门库置于护岸结构中间，景观效果好。

（5）工程的实施疏通了崇明中部水系，解决了崇明中部防汛除涝问题，形成了南引北排、西引东排的调水格局，改善了崇明岛水质。

即墨市污水处理厂升级工程

设计单位：上海市政工程设计研究总院（集团）有限公司

主要设计人员：金彪、金敦、孟元龙、甘晓莉、姚克炯、王坚、范狄、袁弘、彭春强、王敏、李滨、李迎根、陆勇雄、姚枝良、俞皓

即墨市污水处理厂升级工程规模为 15 万 m^3/d，工程实施后，出水水质提升至一级 A 标准。因出水水质全面提高，原有的二级处理设施减量运行，处理规模减至 12.5 万 m^3/d，增设一座生物反应池，设计规模为 2.5 万 m^3/d，生物反应池采用纯氧曝气 A/A/O 反应池形式。二级处理后的污水进行混凝＋过滤＋臭氧脱色、消毒的深度处理，臭氧脱色后尾气经作为纯氧曝气 A/A/O 反应池的氧源予以利用。处理后尾水经新建排放管排至墨水河。

即墨市污水处理厂工业废水比重大、色度高，针对这些特点，采用了创新、先进、节能、节地的污水处理工艺，确保出水水质稳定达标。

主要的设计特点有：

（1）国内首个将纯氧曝气工艺应用于市政污水处理的污水厂。

（2）采用了臭氧氧化工艺，一并解决了脱色、去除 nbsCODcr、消毒的问题。

（3）国内首次采用了臭氧尾气回用的工艺，将臭氧尾气回用作为生物处理的氧源，节约了污水厂的运行成本。

（4）采用了占地较省的处理工艺，如连续流砂滤池过滤工艺、集约化反应池（生物反应池与二沉池合建），节约了工程占地面积。

（5）通过设置水位观测井，观测地下水位。当地下水位超过设计规定的地下水位时不允许放空的方法，解决构筑物抗浮问题，采用紧凑的配电系统设计，缩短施工时间，降低了工程造价。

苏州市七子山垃圾填埋场渗沥液处理站升级改造

设计单位：上海市政工程设计研究总院（集团）有限公司

主要设计人员：俞士静、曹晶、胡维杰、赵振振、张亚勤、孙凯培、黄赛帅、王萍、姚行平、符晖、袁嘉、俞士洵、杨文韬、陈贻胜、赵星

本工程设计规模 950m^3/d。渗沥液设计进水水质中 COD 为 10000 mg/L,TN 为 3000mg/L。出水排放执行《生活垃圾填埋场污染控制标准》（GB16889-2008）敏感地区特别排放限值标准，其中出水 COD 小于 60mg/L。COD 去除率均达到 99.4%。

设计的主要特点有：

（1）渗沥液处理采用了双膜法（MBR+NF/RO）工艺，解决了渗沥液浓度高、降解难、标准严的问题。

（2）采用了中压纳滤 + 高压反渗透 + 低能耗机械压缩蒸发工艺处理反渗透浓缩液，可分离其中的大分子有机物及易结垢二价盐，极大地延长了蒸发器的稳定运行时间和寿命，降低了运行维护成本。

（3）设计螺旋格栅、气浮、均质池匀质组合预处理工艺，去除来水中的大颗粒物质，确保生化及深度处理设备（尤其是膜设备）长期稳定运行。对现有 MBR 系统进行进一步完善，采用二级硝化反硝化，改善了后续膜处理设备的运行条件，延长膜使用寿命，降低运行能耗。采用 NF/RO 组合工艺对 MBR 出水进行深度处理，既可确保出水的稳定达标排放，又能在出水达标前提下增加清液得率，降低运行能耗。采用两段式 RO 工艺，增加清液产量，确保出水水质及处理水量的双达标。

（4）通过对原有渗滤液处理工程及升级改造工程控制系统的有机整合，降低运营管理难度和费用。

（5）设备选择在注重可靠性及其性价比的同时，高度重视设备的可替换性，如纳滤膜和反渗透膜均采用了国际标准化的卷式膜，便于其维护和保养。设计为调节池（容积达 7 万 m^3），设置臭气处理系统，大幅削减了温室气体排放。

上海崇明北沿风力发电工程

设计单位：上海电力设计院有限公司

主要设计人：张萍、郭家宝、池钊伟、周沈杰、鲁倩、徐何君、许慎初、潘洪垚、周虹霞、陈韵超、赵睿文、陶春凤、黄磊、韩洁华、汤在勤

工程位于上海市崇明县东北部沿岸地区，其中的110kV变电站为一幢地上2层，半地下室1层的建筑物。站区占地面积2400m^2，建筑面积2496m^2。最终装机规模为160MW，本期装机规模48MW，安装24台2000kW级的风力发电机组。

工程为并网型风电场，供电范围崇明县域电网。风电场采用110kV等级，变电站最终规模为两台80MW的变压器，两回出线采用变压器线路组送至220kV陈家镇变电站。本期一台50MW变压器（一回架空输电线路），二期80MW。

主要技术特点有：

（1）风力发电机组的布置结合区域地形、协调周围农渔业生产、防潮防台、湿地保护、已建水利设施等因素，考虑风机尾流影响，充分利用风能资源，应用Wasp软件对风电场风机进行微观选址布置，基本呈东西方向二排布置，占用海堤内青坎长度约12km。

（2）风机基础特点：①根据场地地形条件设计两种细分基础形式：普通无台柱基础及有台柱过水基础。普通无台柱基础共计20台，适用于一般场地。有台柱过水基础共计4台，布置于河道边，承台上部设置3.7m高台柱，将承台埋置于河床下，留出河道通航宽度。②采用后注浆灌注桩基础，以提升桩身的承载能力。③箱变基础设置于风机基础上，解决场地问题，施工方便，同时减少电缆长度，减低工程造价。

（3）空调通风方式采用自然通风及自然进风、机械排风，空调采用地源热泵加分体风冷单元式空调系统。

上海 500kV 漕泾变电站工程

设计单位：上海电力设计院有限公司

主要设计人：何仲、蔡光宗、吕伟强、曹林放、刘稳坚、陈俊琰、许菁、黄磊、高晓华、刘轶鹏、金昀

500kV 漕泾变电站工程是华东电网的重点工程，是漕泾电厂 2×1000MW 送出输变电工程配套项目之一。远期主变规模按 6 组考虑，本期建设 2 组 1000MVA 主变。项目采用新技术、新设备、新材料，节约资源，降低建设和运行成本。

主要技术特点有：

（1）站址落点合理，进出线走廊开阔，功能分区明确，布置紧凑合理，站区围墙内占地指标仅为 6.547 万 m^2，充分体现资源节约。

（2）优化进站道路设计方案，进站道路约 325m，采用砌石路基，高差达 3.5m，取消排水沟设置。

（3）引入全寿命周期设计理念，500kV 选用 HGIS 紧凑型设备，节约占地；推荐选用铜质地网，其具有导电性好、热稳定性高、耐腐蚀性强、施工便利、寿命长的优点。全周期寿命成本低。

（4）优化 500kV 断面，方便安装、检修及运行维护。

（5）主控通信楼建筑功能分区合理，方便运行观察、操作，体现人性化设计。主控建筑面积仅为 643m^2。

（6）对主要建、构筑物采用桩基础；其余道路、电缆沟、地坪等经过专题比较论证，采用分层强夯法处理回填区域，强夯处理后承载力 >100kPa，符合要求。

（7）精心设计，注重细节，将 500kVHGIS 外露基础优化为小基础，整体美观整洁，同时避免大块平板基础平整度差、易积水及容易产生裂缝等缺陷；通过对全站二次屏柜统一外形尺寸、统一颜色，使得二次屏柜整齐、协调；统一全站接地引下线的连接、做法、朝向；屋外变电构架采用全联合构架，提高构架受力性能，节省钢材 15%，节省基础混凝土 50% 以上。

（8）就地取材，主变防火墙、站区围墙采用清水砖墙；在原有河塘范围做块石挡水墙，节省了造价，美化了环境。

（9）在确保可靠性的同时，选用低损耗主变压器、站用变压器、高效节能照明灯具等节能产品；选用烧结粉煤灰外墙砖、双层中空玻璃窗、挤塑聚苯乙烯泡沫塑料板屋面等节能材料，节能低耗。

2011 西安世界园艺博览会上海园工程

设计单位：上海市政工程设计研究总院（集团）有限公司

主要设计人员：钟律、凌跃、顾红、章俊骏、杨学懂、丁琳、卢琼、刘婧颖、马莎子、徐杨君、赵正阳、吴晓颖、汤源涛、李芳、徐云雷

西安世园会上海园占地 1126m^2。以“环保、科技、低碳象征今日上海正步入一个新的节能世纪”为设计理念。采用“行进中的体验”的设计手法合理进行空间布局以及游线组织。

材料应用融入上海特色，采用能体现上海处于长三角地区所代表的具有文化特色和环保理念的弹石路面、建筑废料、再生钢材等，结合现代科学技术运用到景观与建筑之中，体现园区的环保理念。

园内集中展示了大小乔木、灌木、宿根花卉、球根花卉、蕨类、观赏草、水生花卉、藤本植物、一年生草花等各类别新优奇特植物品种，充分表现了上海近十年来园林植物引种驯化和生物多样化行动计划的成果。

采用雾效系统营造出健康的森林氧吧，水雾与景观相结合形成独特的空间场景，在增加景观情趣的同时，又可起到降温、加湿、除尘的效果。

科技创新体现在景观小品装置“玉兰水谷”。阳光谷的自然形态体现了结构力的传递，富有张力的体型如同雕塑，丰富了世博轴地下地上空间效果，营造出和谐的空间气氛。整个园区利用阳光谷收集的雨水作为水上花园的景观和灌溉用水，通过阳光蒸发以及植物吸收将雨水返回自然，结合阳光谷形成完整的水体自然循环系统。

上海康健园改造工程

设计单位：上海市园林设计院有限公司

主要设计人员：庄伟、钱成裕、吴小兰、黄慈一、江东敏、程文启、刘妍彤、陆健、张毅、周乐燕、周蝉跃、杜安、戚锰彪

康健园有 70 多年的建园历史，蕴涵了宝贵而丰富的人文资源和显著的自然景观优势，它们是公园历史文化的见证，是公园特色的体现，总面积 9.57hm^2，其中绿化面积 5.9hm^2。本项目改造以公园的历史、现状为基础，以对游客使用情况调查与分析的结果为依据，其主要设计特点如下：

现状资源的合理利用，公园内紫藤花架的建造时期较长，部分混凝土风化、钢筋裸露，亟需改造。采用改造保留紫藤架，对其进行结构加固和外立面整修，用塑木进行外装饰的方案。这样既保留了数百年的紫藤桩，又延续了这个紫藤架结构的使用寿命。

在改造工程中注重挖掘和保护以芙蓉厅、“六间头”（茶室）为代表的，体现康健园日式建筑风格的文化内涵。在茶室的改造中，大量采用具有日式风格代表性的建筑元素和色调，使建筑的日式风格得以延续，既保证了园内建筑风格统一，又传承了康健园的历史文化，体现公园的价值。

注重低碳环保理念的落实硬质小品改造中大量采用天然材料、原有石材，同时推广应用新型再生材料“塑木”。在铺装面层改造中，以透气、透水的生态环保材料为首选，局部区域采用废弃轮胎再生橡胶铺成的渗水型路面，兼顾美观性，发挥最佳的生态效应。

注重强化公园的个性特色。在主入口景观调整中，选择园内长势和树形较好的红枫、罗汉松等观赏性高的植物，配以景石及各色开花地被形成特色日式景观，使之与公园整体风格相协调。

第八届中国（重庆）国际园林博览会——上海园

设计单位：上海市园林设计院有限公司

主要设计人员：秦启宪、刘星、王姗姗、韩莱平、陈惠君、周乐燕、李娟、周艺雯、王晓黎

上海园位于重庆市北部新区龙景路 1 号，依山临湖，景观视线良好，占地面积约 7346m^2，绿化面积 5780 m^2，设计特色如下：

借鉴中国古典园林中的造园手法，构建“绿岛”环绕的功能布局形式。主要展示空间建在中心区域，使之独立成景。环绕四周的绿化景观对周边城市展园进行了遮挡和修饰，同时借用园外美景（如：园博会中心塔）。使上海园融入整个山地园林景观之中。

为了构建良好的景观生态格局，加强绿地的碳汇功能。运用现代生态景观学的概念，力求做到“立足生态、体现自然、合理布局、突出主题”的生态绿化设计原则，形成层次丰富，植物多样化的绿化空间。针对水土流失，采用雨水收集、净化技术、透水铺装。

特色花园设计：

岩石花园以岩生植物和特色岩石展示为主题，选择抗旱性强的岩生植物对山体起到护坡、固土的作用。同时就地取材，采用当地特色岩石来重塑地形，营造独具地域特色的岩石台地花园景观。

观赏草花园以观赏草植物展示为主题，观赏草植物景观独特，养护成本低，发展前景广阔。同时结合锈钢板艺术景墙展现沪上人文历史风情。

花之谷以花卉植物展示为主题，结合自然地形，因地制宜的营造出连续、绵延的花海景观。

雨水花园以雨水收集及循环利用为主题，雨水经过屋面及地表径流汇入旱溪，通过沉淀——过滤——净化对植物进行灌溉并形成溪流景观，塑造生态节水示范性雨水花园。

能源植物园以观赏性强、可提供能源原料的植物展示为主题，特别是展示含油率高的生物能源植物，诠释可再生、可替代型能源的新概念。

上海方塔园局部改造工程

设计单位：上海市园林设计院有限公司

主要设计人员：施林翊、李婧、秦芳芳、白燕凌、刘妍彤、周乐燕、尤德劭、李雯、陆健、李金福

方塔园位于上海市松江区中山东路 235 号，占地规模 11.6hm^2。是集宋、明、清朝文物建筑的经典园林。园中有宋方塔、明照壁、陈公祠、天妃宫、兰瑞堂等各级文物，又有北大门、东大门等著名建筑；文物建筑是方塔园主要的景点，也是其灵魂的组成部分。局部改造主要特点有：

（1）“尊重历史，细心维护其灵魂与精髓，修旧如旧”，使它重新焕发出独有的魅力。

改造保持了公园风骨、特色及基本格局，效果注重公园风格的整体协调、统一，做到“尊重现状、最小干预、因地制宜、补缺拾遗”。

大胆采用现代的修缮方法和材料，喷洒化学除草剂除杂草防漏雨。添加现代的三元乙丙防水沥青卷材。用环氧树脂治理柱子裂缝。弃用旧式广红漆，采用现代聚氨酯类 685 漆。轻钢结构选择红棕色系哑光漆。拆除观演台、碰碰车游乐场增加绿地及休憩设置。混凝土预制板路面改为青石园路。做到：“轻轻抖去历史的尘埃，还方塔园原本清新俊朗的面貌。”使其成为上海及外地游客旅游、休憩的首选之所。

（2）创新性地引入“生态与景观并重”现代科学理念进行绿化整改。

尊重植物配置的隽永意味、简练风格，保持整体景观格局不变，注重保护古树名木及现有乔木等绿化主体植物，注重生态与景观并重，重点改造下层植物造景。

（3）景观绿化强调生态协调及可持续发展。

维护公园 33 年来形成的绿化植物平衡格局，强调绿化植物是一个开放性的生态体系。其健康维持与发展要注意整体生态协调及可持续发展。效法自然，淘汰应淘汰的，用适应局部小生境的林下植物重新造景。用当地原生植物及适应性强的新品种，做到环境、景观自然融合。

无锡锡惠名胜区入口公园工程

设计单位：上海市园林工程有限公司

主要设计人员：吕志华、何翔宇、虞良、张丽伟、洪绿姣、潘怡宁、吴佳妮、尹豪俊、万林旺、陈志毅、张楠、徐金花、刘效韬、王鼎文、李靓

锡惠名胜区入口公园，与锡惠名胜区内部的杜鹃园、九龙壁相连，同时与锡山大桥东侧的盆景园——吟园相接，占地约 $10hm^2$。

公园因年代久远，基础设施不完善，设备设施老化，入口广场面积小、出入口少等问题日益突出。本次公园建设遵循尊重自然、延续历史的指导原则，在满足公园需求和出入口配套设施提升的基础上，对入口公园的功能分区、交通组织、水系分布、绿化种植、服务设施等诸多方面进行合理规划布局、改造和提升。建成后的公园，引入多个植物新品种，使名胜区内外的生态群落更具多样性；梳理原有地被、保留大型乔木尤其是对三根古树名木的保护措施，使植物生长空间更为合理，由此营造良好植被环境。在设计中运用地形进行排水、排入河道、对原有景观水域清淤疏浚、增加循环水泵等措施，以提升公园内水系统的循环自净能力，由此创造良好的生态环境。公园小品设计凸显锡惠文化元素，形成统一风格，为游客营造舒适的视觉环境。

锡惠名胜区入口公园工程作为一个公益性项目带来社会效益经济、环境效益，其优美的植物造景、完善的基础设施、周全的便民措施，使锡惠公园入口区域成为一处特色鲜明、环境优美、背山面水的集休闲、观光、游览、活动为一体的大型开敞空间，并肩负着作为无锡旅游城市的重要节点和标志性景观的重任。

太原湖滨广场综合项目岩土工程勘察及咨询

设计单位：上海岩土工程勘察设计研究院有限公司
合作设计单位：太原市建筑设计研究院

主要设计人员：顾国荣、赵榆、张会来、张银海、陈波、王力、方晋、曾军军、郑旭芹、王恺敏

项目位于山西省太原市的中心地段，为山西省建筑最高的标志性建筑，地面以上由47层的塔楼（总高度为208m）及4层的裙楼组成，下设3层地下室。结构复杂，总荷载大，主裙楼荷载差异显著；基坑开挖面积大，开挖深度深；场地地质复杂，地下管线密布，需要严格控制施工对环境的不利影响。岩土工程勘察与咨询主要技术创新如下：

（1）首次在西北地区完成72m深度的静力触探试验孔，第一次对卵石层之下的硬土层提供了双桥静力触探成果，为提供合理桩基设计参数提供技术保证。

（2）将上海地区超高层建筑勘察中常用的深孔旁压试验首次用于西北地区超高层建筑勘察中，为桩基承载力和沉降估算提供了合理参数。

（3）通过对当地水文地质试验方法的论证和调查，选择合适的施工设备、止水措施，进行了分层抽水试验和承压水观测。为基坑降水提供了较为准确的水文地质参数。

（4）对预制管桩、钻孔灌注桩、钻孔灌注桩（后注浆）以及旋挖灌注桩四种桩型的比选，建议塔楼采用旋挖钻孔灌注桩、钻孔灌注桩（桩端后注浆）。

（5）提出了基于多种原位测试成果的综合分析方法，准确估算了天然地基承载力与桩基（含后注浆灌注桩）的单桩承载力，为天然地基与桩基持力层的选择、承载力分析提供了方法和依据。

上海市虹桥机场迎宾三路隧道工程勘察

设计单位：上海市政工程设计研究总院（集团）有限公司

主要设计人员：陈亮、周黎月、高大铭、黄星、胡立明、赵冬、邢春艳、吴英、鲁俊平、苑雪冬、吴异、万鹏、李蕾、杨振雄、曹军

项目位于虹桥机场南侧，线路走向为东西向，隧道西起SN6路，沿规划迎宾三路向东并沿现有迎宾三路出地面，止于A20公路，全长约3166m。由接线道路及隧道（明挖段、盾构段）两部分组成，隧道段为双层隧道，隧道直径14.27m，隧道全长约2810m，其中明挖段隧道长约1185m，盾构段隧道长约1625m。需穿越七莘路高架、北横泾、虹桥机场滑行道、机场主跑道、机场航油管、停机坪等及101铁路、历史保护建筑物等。存在高灵敏度软土坍塌流变、饱和粉（砂）土流砂、（微）承压水突涌、盾构（顶管）软硬岩土界面施工偏移、地表变形与沉降等主要岩土工程技术难题，同时作为重大地下空间工程，对地质条件、地质参数准确性均提出了很高的要求。因此对勘察方案进行优化，勘察手段合理选用，针对性强，确保勘察测试成果准确，对影响工程建设的多层地下水，布置了现场注水试验、承压水水位观测试验。勘察报告对场地工程地质、水文地质条件分区进行评价，对构筑物地基基础方案进行分析并提出了合理化建议，对工程涉及的岩土工程技术问题进行了分析评价，建议了合理的预防、防治处理措施。地层划分正确，参数准确完整，为合理选择设计方案、施工工艺及预防处理措施提供了有力的地质依据。

浙江省宁波市象山县爵溪街道地热（温泉）资源勘察

设计单位：上海地矿工程勘察有限公司

主要设计人员：徐剑斌、孙加平、杨树彪、许锋、王万忠、李全章、姚均、何招智、顾华雄

爵溪镇位于浙江省宁波市象山县象山半岛沿海中部偏北，为花岗岩普遍分布地区，主要沟谷中分布有较薄的第四系松散层，下伏燕山期侵入的花岗岩体，岩体垂直节理多组发育，多个节理面存在岩脉充填、铁质侵染和渗水现象，岩体分布区大于 50km^2。花岗岩地区地下水相对贫乏，勘查温泉需要解决三个关键问题：一是查明储水构造的分布特征，二是判断构造的富水性，三是根据热储、热盖、热通道、热源等地热地质条件判断水温、水量。

创新点：经周密分析后，大胆推测由东侧海洋上的花岗岩侵入中心冷却塌陷所致，在勘查区形成了多条同心环形断裂和放射状断裂，即勘查区存在花岗岩侵入中心塌陷形成的“环—径向”二维构造。根据该推测，决定井位选择在南北向的径向构造，而不是老的北东向构造和新的北西向构造上。

该项目为地热（温泉）勘查工程，分为地质调查测绘、物化探可行性论证，地热（温泉）井设计及钻探，地热（温泉）井的水文年动态监测三个阶段。采用地质测绘、地温调查、可控源大地电磁测深、高精度重力勘测、高精度测氡、钻探等多种勘查方法，逐步从勘查区中划定重点靶区，在靶区中的重点区域布置勘测工作，并对重要的测线布置校核测线进行平行测试予以验证。成果表明：遥感地质解译与地质调查测绘填图和物化探成果相互印证，高精度重力测试成果、高精度测氡成果和可控源大地测深成果基本吻合，凿井钻探揭示的地层和构造与物化探成果、实际出水温度和测温估算目标基本一致，体现出勘查工作及其成果的严密性。经测定，该井出水量 20 m^3/h（合 480 m^3/d）、出水温度 54℃，水质有 2 项达到了地热规范规定的理疗热矿水标准。勘查成果达到了预定的目标，质量达到了优良等级，地热温泉资源等级达到浙江省的四星级。

上海市 A8 公路拓宽改建工程勘察

设计单位：上海市政工程设计研究总院（集团）有限公司

主要设计人员：杨雷、胡立明、高大铭、林杰豹、黄星、周黎月、陈亮、印文东、丁国洪、田丽霞、崔琪、费翔、曹军、欧清波、苑雪冬

项目西起松江立交，东至 A20 莘庄立交，全长约 18km。对原 A8 高速公路进行拓宽改造，工程涉及高架、地面道路、地面桥梁、通道、涵洞、收费站、河岸防汛墙、泵房、排水及地道等。道路性质为高填土全封闭高速公路，计算行车速度 120km/h。

精心设计勘察方案，采用综合勘探手段，以合理的勘探工作量详细查明了沿线场地的地层分布，编制了详细完整全面的岩土工程勘察报告。采用钻探、标贯、静力触探等多种勘探手段。对勘探孔的钻探工艺、取样、原位测试及土工试验项目均进行了详细分析、研究，制定了实施方案。如在钻探过程中重点加强了对桩基持力层分层界面的研判，精确划分持力层；对持力层工程性质研究有针对性地加强了原位测试工作，如本工程中的砂土层，取样易受扰动，重点加强了静力触探试验工作及标准贯入试验工作。在性质变化较大地段，适当增加试验次数，为持力层均匀性判别和力学性质确定提供依据。土工试验适当增加了固结系数、高压固结试验、三轴不固结不排水剪切试验等。

K1+060 ~ K11+760 段：区段沉积环境分为 A、B 两个地质区段，其中 A 全部为古河道沉积，并根据地层组合情况分 A1、A2 子分区；B 以正常沉积为主，局部为小古河道沉积。桥梁及通道基础建议选择分布稳定、厚度较大、沉降相对较小的⑦$_2$层粉细砂作为桩基持力层，桩型宜选择钻孔灌注桩。

K11+760 ~ K19+130 段：区段沉积环境分为 B、C、D、E、F、G、H 七个地质区段，其中 B、D、F、H 为正常沉积，C、E、G 为古河道沉积。

高架、桥梁及通道基础建议选择⑦$_2$层粉细砂作为桩基持力层，桩型宜选择钻孔灌注桩。同时对沉桩可能性，设计、施工中应注意的问题进行了分析。

上海金虹桥国际中心项目勘察及基坑围护设计

设计单位：上海申元岩土工程有限公司

主要设计人员：梁志荣、张刚、王翠玲、赵军、李伟、凌海、万延阳、王建君、林卫星、陈颍、廖斌、魏诚寅

项目位于娄山关路455弄以北。该项目总用地面积为35494m²，总建筑面积约为263380m²，由1幢高度144m、29层的超高层写字楼及1～4层的商业裙楼组成，下设有4层地下室。基坑面积30400m²，基坑开挖深度20～25m。工作内容包括岩土工程勘察、岩土工程基坑围护设计、承压水专项水文地质勘察。主要技术先进性和创新性如下：

（1）除采用常规钻探手段外，还采用了承压水、潜水水位观测等。室内试验除常规物理力学性试验外，还进行浅部地基土回弹试验、共振柱试验、波速试验等。

（2）地下水分析评价详尽，对场地内地下水情况进行了细致分析。

（3）桩基分析详细，推荐的桩基设计参数经试桩成果检验正确；建议桩基设计参数合理，灌注桩后注浆等建议切实有效、可行。

（4）基坑围护方案、基坑围护设计参数等内容详细，具有针对性。

（5）基坑围护设计特点：

①大面积、超深、多开挖面基坑的创新设计与复核。

②环境复杂基坑的创新性环境保护设计技术。

③地下承压水控制的创新性设计。单井与多井的抽水试验，为基坑围护结构设计提供了重要依据，既安全又节约了造价。

④创新性的栈桥设计，为多点作业提供了良好的基础，缩短了建材塔吊吊运的工作量，提升了现场管理与组织的效率。

杭州地铁 2 号线一期工程（东南段）控制测量及施工控制测量检测

设计单位：上海岩土工程勘察设计研究院有限公司

主要设计人员：郭春生、胡雷鸣、张晓沪、顾国荣、马健、吴灿鑫、熊剑飞、周理含、谢海燕、周金全、袁钊、李文明、王维、任大巍

项目南起萧山蜀山车辆段，向北下穿钱塘江至江北岸的钱江路站，线路全长约 19.1km，全部为地下线路。周边环境复杂，地质变化大，整个场区存在不均匀沉降，给控制测量及施工测量检测工作带来了诸多困难。通过测量工作，为有关方提供了可靠的测量数据，为车站结构的顺利施作、地铁隧道的贯通创造了条件。

主要技术创新如下：

（1）对原有控制网的整体联测和改善。对接收的前期控制网进行了客观分析，对稳定性较差的控制点，在施工前进行了补设，满足全线开工对控制测量的要求。

（2）实现了大跨度、高精度的跨河水准测量。本项目采用两台 TCA2003 型测量机器人，布设大地四边形网，严格同步对向观测，完成了视线长度达 1.6km 的跨河水准测量，区间隧道贯通后经联测，跨河水准测量精度优良。

（3）多种联系测量方法保证全部区间的贯通。针对距离较短的区间隧道，采用导线直接传递的方法进行联系测量；对于部分条件较差的工点，采用了钢丝定向的方法进行联系测量；对于有 2 个以上的吊装工作井的车站，采用了两井钢丝定向的方法。经过建设期内大量细致的测量工作，全线盾构均精确贯通。

（4）超长区间的精确贯通。过江段钱江世纪城站—钱江路站区间长度达 3102m，采用常规的导线直传或是一井钢丝定向，测量精度很难满足推进要求。测量过程中积极利用江南、江北两座深达 25m 的风井，采用直接导线、垂直投点、联合平差等多种测量方法相结合，尽可能提高地下起算控制边的精度，实现了最终贯通误差约 1cm 左右。

江苏省宜兴市油车水库工程勘察

设计单位：上海勘测设计研究院

主要设计人员：刘计山、刘爱实、裴晓东、徐文元、杨国平、曹云、张杰、赵之举、霍玉仁、王浩、范胜华、罗玉华、黄中平、陆胜军、刘望生

水库为一座中型水库，坝长1591m，地处宜溧南部山区东部，属近东西向延伸的低山丘陵地形，山岭之间多为盆地或河溪沟谷发育，水库工程所在的伏溪涧河，即为其中之一。

构造以近东西向、北东向及北西向为主，多以大致平行的背斜、向斜或断层形式展布。近场区山岭主体部分由志留系和泥盆系的砂页岩组成，可溶岩地层（灰岩）分布在南北侧山体之间的中间部位，在可溶岩地层的上、下层位，均有非岩溶地层（主要为砂岩夹页岩）分隔，加之断层切割，地层的缺失、重复，岩溶发育，水文地质条件复杂。

技术创新：采用先进技术，包括“三位一体多维化”的立体勘察、红外探水技术、电磁波CT探测技术、多路径连通示踪试验技术、高密度电法勘探等，并辅以传统勘察方案进行综合技术论证，查明了整个库区包括两岸山体在内，呈现4个岩溶分区：①非岩溶发育区（右岸山体）；②弱岩溶发育区（主河道及右岸阶地）；③强岩溶发育区（左岸缓坡）；④非岩溶发育区（左岸山体）。库坝区及周边区域发育6条岩溶暗河，其中最大暗河出口老龙洞水底高程-26.43m，钻孔揭露最深溶洞底高程-41.06m，最深防渗帷幕底高程-45m（灌浆最深位置）。

项目包括主坝、副坝、溢洪道、溢流堰、引水放空管、左岸防渗帷幕等，其中主坝和左岸防渗帷幕为主体建筑物，主坝坝体采用黏土防渗心墙，下部坝基采用混凝土防渗墙和防渗帷幕；左岸防渗工程结构同

样为上下结构，即覆盖层部分采用防渗墙，基岩部分采用防渗帷幕，其帷幕灌浆深度按岩溶最大揭露深度之下再加深5～10m安全余度控制。

2012年7月进行了水库蓄水安全鉴定，并经历了一夏一冬的安全蓄水考验。监测数据显示，主体建筑物和防渗帷幕施工质量优良，水库处于正常运行。

上海沪闵路—沪杭公路地方交通越江工程勘察

设计单位：上海市城市建设设计研究总院

主要设计人员：徐敏生、施广焕、项培林、沈日庚、储岳虎、蒋燕、陈伟宏、汪孝炯、蒋益平、赵玉花、夏晓莉、张正发、沈文苑、李民、李平

项目为沪闵路—沪杭公路跨黄浦江特大桥节点，是上海首座公路Ⅰ级＋轨道双层两用高架桥梁，属特大型桥梁，道路全长为4893m，其中桥梁总长度为3234m，黄浦江两端采用高架桥形式，地面道路宽度为45～60m。项目涉及桥梁、道路、顶管和基坑（槽）工程，具有桥梁跨径大、桩基承载力要求高、地质条件复杂、黄浦江水域钻探难度大、勘探孔定位难度大等特点。采用综合勘察手段。根据各工点结构特点、基础形式、荷载和沉降等具体设计要求，布置勘探工作量（如水域主墩布置4个勘探孔，陆域主墩布置2个勘探孔），采用GPS动态RTK定位技术，钻探取土和静探采用专利技术和水上钻探技术提高工作效率和质量。

主要难点是主桥桩型选择、沉桩可能性及对环境的影响，工程临近西渡码头，交通繁忙，采用钢管桩施工速度快，灌注桩泥浆对黄浦江造成污染，故采用钢管桩较适宜。以⑦$_2$层作为桩基持力层，陆域边墩建议采用灌注桩。主要创新如下：

（1）根据桩基方案分析、设计提供的基底荷载，按等代实体深基础估算主桥桥梁的基础沉降量。根据估算结果，由于江中主墩上部结构荷载较大，沉降量较大，岸边主墩及边墩上部结构相对较小，其沉降量较小，建议先施工江中主墩，再施工岸边主墩，最后施工边墩，以减小桩基的工后差异沉降。

（2）所提供的土层分层、持力层埋深、单桩承载力设计参数等客观合理，桩基成（沉）桩顺利；提供的单桩竖向承载力估算值与桩基静载试验结果吻合。设计采纳了推荐的桩基持力层和桩型方案，沉降控制效果良好，提供的桩端土压缩性指标及桩基最终沉降量估算值，与实测资料相符。

上海外滩源 33 号项目公共绿地及地下空间利用工程勘察

设计单位：上海申元岩土工程有限公司

主要设计人员：陈颍、梁志荣、杨刘柱、赵军、陈佚梓、王超、王杰烽、李伟、王翠玲、洪昌地、林卫星、魏祥、李伟强、李成巍、王建君

项目位于上海市黄浦区外滩源地区中山东一路 33 号，处于外滩核心区域，周边历史保护建筑密集，施工难度大；项目由 3 幢历史保护建筑组成，下设统底板地下室。地下室上部荷载变化较大，对单桩承载力和沉降量均有很高要求；地下室埋深深、面积大，并存多层（微）承压含水层，对围护设计及施工的要求高。总占地面积约 2.26 万 m^2 左右，主要包括：（1）优秀历史建筑——原英国领事馆主楼、原英国领事馆官邸楼、南苏州路 79 号的修缮工程；（2）原联合教堂落架大修；（3）基地西侧新建南、北两块地下 3 层的车库；（4）南、北两地下车库之间的地下连接通道；（5）北区地下车库与原英国领事馆主楼之间的地下连接通道。周围环境特别复杂，施工场地限制条件多，地下车库及领事馆主楼下连通道基坑开挖安全，围护结构变形均控制在设计要求范围内，周边保护建筑均得以安全保护，基地内古树名木均存活，整个工程顺利实施。项目特点如下：

（1）勘察工作量布置合理，测试方法多种，分析评价和结论建议满足设计要求；

（2）本项目是上海地区首次在历史保护建筑物群内部增设地下空间开发工程，并综合历史保护建筑修缮与保护、桩基础托换、深基坑逆作法开挖、管幕法水平开挖、历史保护建筑下通道开挖等内容的综合性设计工作；

（3）在深基坑考虑管幕施工、历史保护建筑下通道基坑同时实施，各工序间按照设计意图合理安排项目，有效确保整体项目的顺利、安全实施；

（4）采用了一整套围护设计保护措施，保证了施工期间古树名木的全部存活；

（5）在管幕法施工中采用高精度、全自动化测量机器人进行全过程精准测量的项目；

（6）实施证明，在历史保护建筑群内的深基坑设计和施工基坑的变形和周边建筑的沉降均在可控范围内。

连云港港徐圩港区防波堤工程海上物探

设计单位：上海岩土工程勘察设计研究院有限公司

主要设计人员：胡绕、马文亮、卢秋芽、王水强、陆礼训

连云港港徐圩港区是连云港30万级航道核心港区，为江苏省重点建设项目。徐圩港区防波堤工程，采用抛石斜坡、爆破挤淤及桶式直立式结构，桶式直立式结构穿透淤泥层，进入下伏粉质黏土层约1.5m。根据勘察报告，在该海域海底淤泥层底部或淤泥与下伏粉质黏土层间见硬度很大的钙质结核物，对施工会产生很大影响。工程物探根据工作目的、拟解决问题的性质及测区基本地质情况，选择了浅

地层剖面法、水域高分辨率浅层地震反射波法和双频测深三种方法。双频测深主要了解海底地形的起伏变化情况，浅地层剖面法主要解决海底以下15m深度以内的地质、土层性质的横向及纵向变化情况，水域高分辨率浅层地震反射波法主要解决海底50m深度以内的地层分布情况。各物探手段，自上而下各有侧重，查清了海底不均匀体的分布情况。主要技术创新如下：

（1）采用高精度GPS RTK技术对船只进行实时导航和定位，工作船体和仪器设备各自连接，提高了定位精度。

（2）接收探头（传感器）采用半潜式安装，即让接收探头位于水面以下2m左右的深度，既可以提高信号强度，又可以减少干扰噪声。

（3）将同一物探方法采集的数据按照不同处理方法得到的结果进行对比，同时将不同物探方法的探测结果进行比较，做到综合解释，相互印证，准确可靠。

（4）查明了测区范围内钙质结核物的分布、海底异常物的分布（沉船）、海底地形的起伏等。经第三方钻探验证，探测结果准确，符合要求。

（5）采用水域综合物探方法对我国沿海普遍存在的海底钙质结核物进行探测，并取得成功，探测成果具有推广价值。

上海洋山深水港区水下地形测量

设计单位：中交第三航务工程勘察设计院有限公司

主要设计人员：钮建定、虞祖培、吴卫平、张发栋、李江、朱宁、何斌、陈捷、胡建平

洋山深水港一期、二期、三期工程的建成投产，使洋山岛周边的水动力发生了变化，了解该区域水下地形冲淤变化特征，并为后续工程的科研、设计积累资料，自 2011 年 3 月至 5 月对洋山港区规划水域进行了大面积的水深测量。范围为洋山深水港区大、小洋山岛链周边水域，测区面积为 106km^2，测图比例尺为 1 ： 10000。测区东西向长 16km，南北向宽约 10km，大、小洋山等岛屿近 20 余个。项目运用多项新技术：

（1）现代数字化测量新技术

采用双频 GPS-RTK 接收机系统按实时动态差分模式定位，双频测深仪测量深度；测船导航、数据采集、文件记录、信息输出均实现数字化处理。多船配备同型号的双频 GPS-RTK 接收机，实施同步作业，不仅合理应用现有资源，而且保证了定位的精度，从而确保了数字化测绘成果的质量，提高效率。

（2）GPS RTK 无验潮测量模式

采用 GPS RTK 无验潮测深的方法确定泥面高程；GPS 实时动态相位差分技术（RTK）是一种直接应用 L1 和 L2 载波（波长分别为 19cm 和 24cm）相位的 GPS 定位技术，它在三维坐标上可以提供厘米级的精度，在水下地形测量中无需通过验潮而确定泥面标高。RTK 技术所确定的高程精度优于潮位观测精度，另外该方法自动克服了动态吃水的影响。采用 GPS 无验潮测深时，整个作业过程实现计算机全程控制，提高工作效率和成果质量，降低作业强度。

（3）研制开发软件进行测量成图和冲淤分析

针对洋山港区大面积水下地形冲淤变化复杂性，研制开发软件“中交三航院工程测绘自动化成图软件（SHSIS V1.0）”进行测量成图和冲淤分析。

上海人民路越江隧道工程岩土工程勘察与专题研究

设计单位：上海市隧道工程轨道交通设计研究院

主要设计人员：石长礼、熊卫兵、季军、周新权、杨子良、曾洪飞、王旭东、李定友、曹晖、杨斌娟、陈艳

隧道主线浦西起自人民路、福建南路路口，浦东接东昌路、银城东路交叉口，设双向四车道，采用盾构法施工。工程全长2.471km，其中盾构隧道段长度为1.030km，隧道直径约为11m。

技术创新如下：

（1）采用综合勘察手段，包括钻探、静探、标准贯入、注水试验、承压水观测等。

（2）水上钻探作业使用水上泥浆回收利用处理技术，减少污水排放。

（3）采用钢块堆荷配合套管自锚的新工艺进行静探试验，其最大深度达70m。

（4）为了详细掌握人民路隧道明挖基坑对下卧轨道交通10号线区间隧道产生的影响，针对人民路隧道基坑开挖引起的回弹变形对已建地铁隧道的影响，对其进行了专题研究。分别采用土工模型和数值模拟进行回弹变形分析，计算由于基坑开挖引起的区间隧道结构顶板处的最大回弹变形量、外壁最大附加应力及区间隧道纵向相对弯曲，并与轨道交通工程保护控制标准进行比较分析，提出了采取地基加固处理措施的建议，然后对加固处理后的工况分别进行了土工模型和数值模拟计算，为基坑设计参数的进一步优化提供参考依据和建议，以确保轨道交通10号线工程的结构和运营安全。

2012—2013上海优秀勘察设计

三等奖

浙江南浔农村合作银行新建营业大楼

设计单位：上海建筑设计研究院有限公司

主要设计人员：苏昶、唐小辉、陈杰甫、张晓波、周亮、谭春晖、施从伟、赵郁、包虹、袁建平、李佳、吴建虹、李靓、汪泠红、何佳音

本项目位于湖州南浔镇，作为银行总部，具有金库、银行家会所等多个功能。主楼设置于基地中央，裙房包围在主体塔楼的西北面，建筑平面由古器物如意的形态衍生抽象而来，此形态取型于中国传统如意的造型，被人赋予了“回头即如意”的吉祥寓意。主楼塔楼立面采用具有韵律感的肌理效果，层层节节由底层向顶层变密；南面裙房立面在延续了塔楼的做法后，在办公楼入口处设计了大面积竖向通透玻璃幕墙。沿街角成宽阔而丰富的城市空间和绿化景观；室内空间一改以往银行建筑冷峻的室内效果，将使用及访问人群的舒适感受放在首位，建立多个宁静的休息空间及同室外自然交流的公共场所。

上海新凯家园三期 A 块配套幼儿园

设计单位：同济大学建筑设计研究院（集团）有限公司

主要设计人员：王文胜、陆秀丽、徐桓、冯明哲、赵晖、周峻、白鑫、沈闻、杨木和、蒋炜栋、周致芬

项目位于松江区，由幼儿用房、共用活动用房、办公辅助用房和生活用房四部分组成，以红、黄、蓝、绿、白五种颜色的体块相互穿插，排列构成幼儿园丰富的室外色彩空间，充满了童趣。考虑幼儿活泼好动的特点和天性，结合风雨走廊设置了庭院和天井；所有的幼儿活动单元布置在基地南侧，单元间相互错落，阳光充足；单项活动室布置在东向，保证了良好的采光通风，同时增添了室内空间趣味，达到功能自然过渡、动静分离的良好效果。庭院里布置了大沙坑和儿童游戏区，既方便幼儿就近玩耍又方便照看。天井极大地改善了采光和通风，并为走廊增添了活跃的气氛。

上海国际设计中心（国康路 50 号办公楼）

设计单位：同济大学建筑设计研究院（集团）有限公司
合作设计单位：安藤忠雄建筑研究事务所

主要设计人员：丁洁民、曾群、陈康诠、张艳、周亚军、丰雷、万月荣、朱圣妤、杜文华、施锦岳、刘毅、张心刚、蔡玲妹、唐平、武攀

本项目是同济大学产业园区的一部分，总建筑面积 47055m^2，由主塔楼、副塔楼和 6 层商业办公楼组成。塔楼位于基地的西侧，有一个令人印象深刻的标志性形体。两幢建筑中间有一个庭院，用作开放的公共活动中心，高层建筑与低层建筑有机地结合，构成错落有致的建筑形体。建筑造型简洁明快，形体简单但表情丰富，从不同角度观察，会有视觉冲击，尤其从高架道路上可以看到一个简洁但非常有力度的形体，效果极强。

上海同济晶度大厦（逸仙路 25 号地块）

设计单位：同济大学建筑设计研究院（集团）有限公司

主要设计人员：王文胜、周峻、丁洁民、陆秀丽、居炜、孔庆宇、冯玮、李伟、王坚、廖述龙、徐桓、刘云祥、戚纯

本项目位于杨浦区大柏树地区，总建筑面积 90439m^2，由两幢高层办公楼组成。塔楼采用网状钢结构外筒—钢筋混凝土筒体的混合筒中筒结构体系，将钢结构框架外露，内部空间无柱，可根据功能要求灵活划分；钢框架组合成受力合理的“蜂窝状”结构，每个单元一层通高，内嵌正 6 边形单元式幕墙，可有效减少幕墙耗材，更能预制定做、现场拼装，减少施工时间。高层顶部为设备机房及空调室外机摆放地，立面上以铝合金百叶隔栅饰面，作为主楼顶部收头，平实中富于变化。另外在裙房屋面中部设计一外侧有幕墙围护、顶部开敞的屋顶绿化庭院，使办公人员在办公、科研之余可以怡目养情、登高远眺。

苏州晋合洲际酒店

设计单位：华东建筑设计研究院有限公司
合作设计单位：SRSS 美国建筑师事务所

主要设计人员：刘敏华、张凤新、王学良、毛信伟、李萌、王小安、史宇丰、温泉、许瑾、安永利、束瑜、姚彪、印明田、王浩、肖暾

本项目位于苏州工业园区文化水廊区旺敦路以北，西临风景优美的金鸡湖畔。采用酒店、湖滨步行道和金鸡湖完美结合的手法。建筑高度控制在与湖面夹角45° 范围内。把主要入口放在南面可以看到最美湖景的地方，伴随着阳光的照射进入酒店。主楼开放式布局使酒店客房、露台、室内廊道及底层花园都拥有朝湖景观。主楼弧度大的一面放在南侧，力求有更多的客房朝南，尽量减少场地的阴影面，绿化空间以供静态与动态的休闲康乐活动，层层跌落的绿化及景观休闲平台与湖滨、河滨的休闲步行大道和谐相融。创造典雅而又充满魅力的建筑风格，为金鸡湖周围的景观锦上添花。

沈阳星摩尔购物广场

设计单位：中国建筑上海设计研究院有限公司
合作设计单位：爱勒建筑设计咨询（北京）有限公司

主要设计人员：孟强、苏兴时、肇姝、邓世雄、赵燕潞、李振国、邓倩茹、周志丹、贾三军、寇红晓、王健、尹龙、刘海波、罗智强、姚一昉

本项目由商业、办公、购物超市、美食城、电影院、餐厅等多个岛状单体组成；地上部分由 23 层办公及 3 层（局部 4 层）商场组成，地下部分为一层近 10 万m²停车库；各岛之间通过连廊相接。玻璃和石材墙面形成虚实对比，广告、橱窗、灯光烘托商业氛围；辅以弧形带状商业内街，通过多样的绿化、局部的带状水景、滑冰场、公共小品等丰富内部空间，营造欢快轻松的城市公共客厅形象；室外场地设置充裕舒适的休憩设施，各种尺度宜人的公共设施和街头艺术品，为购物人流以至城市提供可进行各种街头艺术活动及休闲生活的空间和场所。

解放日报新闻中心

设计单位：华东建筑设计研究院有限公司
合作设计单位：美国 KMD 建筑设计公司

主要设计人员：张俊杰、陈红、张雁、陈立宏、王 晔、盛安风、张磊、岑佩娣、韩丹、王荣华、邹正瑜、张富强、郑均、冯诣、董春波

项目地处黄浦区河南路九江路闹市，场地狭小，西面与解放日报老楼毗邻；总建筑面积 21272m²，屋面高度 97m，地上 17 层，地下 2 层，新楼设计既保证基地内新老两幢塔楼的自身高度，最大限度地同时享有周围开阔的城市景观，又减少了相互之间不必要的景观遮挡和视线干扰。让同一基地上的两幢塔楼无论从远处还是近处看都互为依托，相得益彰。利用底部楼层在河南路一侧的巧妙退让和空间穿插，加强了建筑主要入口面的重要性，缓解了人流车流对河南路的压力。同时也沟通了人与建筑、建筑与建筑、城市与建筑之间的相互关系，给城市创造了一个新的都市花园。

上海宝地广场

设计单位：上海建筑设计研究院有限公司

主要设计人员：陈钢、樊荣、朱正方、陆余年、夏谨成、沈磊、徐雪芳、芮强、钱锋、冯杰、郦业、卢毓斌、李剑、汪海良、周小梅

本项目位于上海市杨浦区，是集商业、办公、休闲娱乐为一体的综合服务社区。建筑面积 156400m²，两栋 21 层高层办公楼和两栋 4 层商业、娱乐综合楼，设 2 层地下室，用作超市、机动车库、设备用房。其简洁、明快的总体布局和建筑形态，立体城市空间，为项目基地内和整个城市区域提供了尺度丰富的公共广场和活动空间；极高可塑性的平面设计，提供了丰富的空间使用可能性；利用较为经济的手段，解决消防、防水、日照和光污染等设计难点。

上海市工业技术学校

设计单位：上海建科建筑设计院有限公司

主要设计人员：何孙毅、孙鹏程、孔红、黄强、郑华、朱李慧、陈翔、薛嵩、钱震江、王安庆

本项目位于上海市喜泰支路。教学区在西南侧；生活区在北部沿河地带，与北面的河道景观相呼应，是交流学习空间的延伸与发展；运动区在东侧，此布局使教学区、运动区和生活区联系便捷。立面按一定规律交织、穿插，各设计元素互相制约，一隐一现，表现出一种有组织的变化。借助交错韵律的设计语言，既加强了不同体量建筑的整体统一性，又丰富了建筑立面的变化。采用了外墙外保温的建筑节能做法，以自然通风采光的被动式节能建筑设计理念，布置了教学楼及宿舍楼的功能房间。塑造了一个朴实、适用和易维护的整体统一的校园教学文化场所。

铁路上海站北站房改造工程

设计单位：华东建筑设计研究院有限公司
合作设计单位：上海市城市建设设计研究总院

主要设计人员：郑刚、黄金甲、章菊新、李萌、金大算、郭宏、郑利、张中杰、钱承中、王小安、梁锋、张亮、黄晓明、田芳

该项目位于上海市天目西路和恒丰路交界处的上海火车站北广场内，属于上海站北广场综合交通枢纽综合改造的一部分，改建后北站房向东西两侧各延伸 60m，向北延伸 25m，建筑同南广场站房宽度一致，东西两侧加建廊道与既有高架候车厅相连，形成北广场铁路、公路、地铁、公交综合有序的交通枢纽，方便地上、地下使用不同载体的旅客无缝换乘，同时创造北广场人性化的城市空间。北站房建筑面积约 1.5 万 m^2，建筑高度 22.5m，与南立面最高点齐平。建筑共分两层，首层自东往西为售票厅、换乘厅和候车厅，二层东西各布置一个候车厅。通过三个进站通道与南部高架候车廊道连接，为提升北广场地区的城市品质起到了积极的引导作用。

上海浦东高东福利院

设计单位：上海浦东建筑设计研究院有限公司

主要设计人员：施丁平、畅印、张燕、黄彬辉、强国平、孙丰、盛棋楸、尧桂龙、周宏、鲍玉华、李永谷、申青松、刘龄书、王力文、黄季芳

本项目位于上海市浦东高东镇，以“园—林—廊”为主题特色；基地为“Δ”形。主楼在西北侧，与辅楼成“人”字形，通过一条宽廊将前后楼连接，有机的空间围合，创造出良好的建筑形态与优越的景观环境，使得居住的氛围依然惬意、怡人，并自然形成建筑主入口；次出入口供厨房、洗衣房、垃圾房等使用；4m 的消防环路，将两个出入口环通。房间设计低窗台，坐轮椅也有良好的视线，巧妙利用公共空间营造温馨居家氛围，设有隐私空间、室内活动空间等；居住用房贴近护理站，增加心理安全感，有家庭拜访交流空间，设计各种活动康复室等。

崇明电信培训园区

设计单位：上海现代建筑设计（集团）有限公司

主要设计人员：戎武杰、丁蓉、李斌、朱江、申南生、王宇、沈小红、薛秀娟、张云斌、朱洪山、刘小丽、凌岚、肖喆、张正明、郑戎

本项目位于崇明岛，由 12 个建筑单体及多个室外活动休闲场地组成，总建筑面积为 19229m^2。分为四部分：学员宿舍区、专家会议区、餐饮活动区和后勤服务区。在基地中部开挖具有生态效应的人工湖泊，引入北侧森林公园中的活水，形成开敞的水面，塑造出一片背靠林场的湖畔黄金用地，营造出一种有别于都市气氛的田园野趣，展示着与自然共生的魅力。运用屋顶平坡结合、“镂空”墙、柱廊、亲水平台、自然堤岸、景观天窗等等手法，使建筑很好地融入自然。灰色陶瓦屋面与金属檐口搭配，米色石材与深灰色石材搭配，深灰色玻璃与木色百叶搭配，创造出既舒适典雅又有乡村气息的建筑形象。

苏中江都民用机场航站楼

设计单位：华东建筑设计研究院有限公司

主要设计人员：郭建祥、张建华、付小飞、张宏波、纪晨、申世明、周健、张耀康、蒋本卫、沈列丞、徐扬、王伟宏、叶晓翠、龚伟、李艳华

本项目位于江都市丁沟镇，总建筑面积约 3 万 m^2。主楼的屋面造型设计，形象鲜明，突出简洁完整的支线机场特点；整个造型如同漂泊荡漾的运河之水，形态柔美，独具一格。波浪屋面造型简洁大气，屋面从两侧由低到高逐渐上升，屋面最高处位于规划中轴线，形成了新的中轴对称的富有动感的建筑造型。主楼出挑深远的大屋面，有效地遮挡了西向阳光的直射，幕墙和屋面天窗设置通风开启扇促进空气流动，将热量带走。还采用节能幕墙技术配合幕墙外遮阳系统有效地降低了建筑能耗。

上海长风主题商业娱乐中心

设计单位：上海建筑设计研究院有限公司
合作设计单位：新加坡 PJAR 亚洲集团私人有限公司

主要设计人员：包子翰、包佐、施辛建、周晓海、杨明、魏玮、赵晨、程静洁、康凯、束庆、葛春生、刘毅

本项目位于上海市普陀区南部，总建筑面积 36691m^2。地面建筑被 T 字形内街、中央广场划分成三个独立单体，主要功能为商业、娱乐、餐饮等。内街内悬挑廊街上架设架空天桥，天桥、悬挑廊街等半室外空间将三个建筑连成一体，漫步于内街如同在城市步行街散步，南北向和东西向弯曲内街构成丰富景观视线，通过室外空间能方便到达各自想到达的区域；为避免人流拥挤，空间狭小，地下预留了地铁联通口，使空间有了缓冲和过度，使建筑空间和城市空间融为一体。

上海海上海新城 8 号、9 号、10 号办公楼

设计单位：上海中星志成建筑设计有限公司

主要设计人员：成翊、吴志远、孙慧英、邵宇炜、赖剑明、孔晶、顾铭、林国成、吴蕊

本项目位于大连路以东、辽源路以南、飞虹路以北，总建筑面积 231044m^2，3 栋 21 层高层为 LOFT 办公楼，由底部两层商业裙房相连通。办公楼 1 ~ 2 层为商业裙房；3 ~ 5 层为大平层空间，层高 3.4m，经济实用；6 ~ 20 层为错层空间，每三层为一组，其中北侧为 3 层 3.3m 层高，而南侧为 4.6m、5.3m 的两层挑高空间，与北三层空间形成错层的布局，极大地丰富了 LOFT 的创意空间；21 层为两层挑空的布局；几种不同的平面空间格局，满足了不同的客户需求。办公楼与商业街之间的步行空间是一条不受任何车辆干扰的、绿色的通行空间，且它通过高层商业裙房底部的开敞空间，使人流及环境上有更好的延续和穿插，极大地活跃了建筑的空间及商业街的氛围。

无锡市公安消防指挥中心用房及消防一中队用房

设计单位：同济大学建筑设计研究院（集团）有限公司
合作设计单位：江苏泛亚联合建筑设计有限公司

主要设计人员：任为民、郭珩、雷永玉、贡坚、阮林旺、王海燕、包海峰、冯玮、蒋一锋、袁成、徐桓、许烨、冯明哲、王松筠、黄华兵

本项目位于江苏省无锡市滨湖区，总建筑面积 25447m^2，建筑高度 74.1m 。18 层高的主塔楼紧邻南侧高浪路的城市绿化带，视线开阔，形象突出；可容纳整个无锡市的总体消防指挥的办公及相关业务用房，通过金属竖向百叶，体现主楼挺拔高耸的地标形象；银灰色百叶的竖向韵律与深色石材的质朴衬托建筑的雕塑感和庄严威武的气势，强化了建筑的挺拔和刚性之美。通过场地的高差设计，形成相对幽静的空间，使室外空间产生了一种流动与变化。

上海徐汇区百花街中学

设计单位：上海高等教育建筑设计研究院

主要设计人员：史文睿、蒋梅珍、王勇、黄莉莉、武葆英、朱琴鹤、黄卫月、李瑛、侯立新

本项目位于徐汇区，总建筑面积 16921m^2，地上 5 层，地下 1 层，由教学、实验、行政、餐厅、体育馆等组成。教学楼位于校园的中部，方便与各功能区的联系；实验行政楼位于东北角，安静并便于对外联系；食堂、体育馆位于西北角，靠近次入口，减少对教学区的干扰。运动场位于基地的南端，利用运动场的下部空间建造地下机动车与非机动车库，满足了日益增长的停车需求，也保证了地面景观用地，为营造绿色校园创造了条件。室内外空间有序组合、疏密有致，既为学生提供舒适的校园学习生活环境，又方便学校管理。

常熟世茂 3-04 地块 A 楼

设计单位：上海中房建筑设计有限公司

主要设计人员：龚革非、王皓、蔡震宇、周安、单纯勇、卫青、吴洁、李刚、姚健

本项目由北向南依次为三幢逐渐升高的超高层塔式办公楼，A 楼为其中最北侧的一幢，由高约 129m 的 29 层办公楼与裙房组成，总建筑面积 55115m^2。A 楼结合地块形状，平面为一个梯形四边形，裙房布置在基地东侧；整体三座塔楼与裙房形成两个面向西侧世纪广场的入口广场；该广场通过裙房底层架空与东侧办公区中心绿化形成视觉通廊，空间流畅而相互渗透。外立面以强化竖向线条为主，通过透明的玻璃幕墙和干挂石材铝板实幕墙相互契合，形成强烈的虚实对比的效果，以简洁、大气的形体关系塑造高品质的现代办公楼形象。

济南省府前街红尚坊

设计单位：上海三益建筑设计有限公司

主要设计人员：高栋、张丽莉、陈雪英、信辉、李歆、虞晓文、熊竞峰、杨辉、忻洁颖、徐冉、刘松、陶晓娟、王竞辉、姜莉

本项目位于济南市，东邻芙蓉街历史文化风貌保护区，西邻将军庙街历史文化风貌保护区，一并规划为济南市“泉城特色风貌区”，总建筑面积 41028m^2。设计延续原有风貌，主打怀旧风情与时尚娱乐并重的休闲方式。从形态来看，采用街区式理念，仿古建筑，“独立门店式”体现传统建筑弄堂的格局；9 栋不同形体的单体建筑，形成一个个四合院，采用逐层退台形式，铺面空间极富变化，室内外空间流向顺畅，建筑屋顶强调层次关系，构成错落有致、高低变幻的整体效果，形成不同的天际线。

无锡中国微纳国际创新园一期启动区

设计单位：上海中森建筑与工程设计顾问有限公司

主要设计人员：徐颖璐、于庆平、王建伟、高春、王黎、谢晨晨、傅浩飞、王曰挺、赵志刚、秦莹、庞志泉、路文丽、刘鹏程

本项目由 A、B、C 区组成，总建筑面积 9.1 万m^2。A 区为“一”字形平面，室外有连廊与 B 区相连，三层挑空大堂，建筑内部的休息空间等形成空间节奏的变化，并带来全新的空间体验；B 区围合的院落空间，二层外围的灰空间，错落的屋顶花园，结合内部功能的变化，加入不同材质构成的体量，形成各具特色的使用空间、入口空间、休闲空间；C 区倒“U”形体量鲜明清晰而又富于变化，既丰富了建筑群的天际线，又有效地塑造了面向城市方向人流的区域标志物。建筑群整体采用玻璃幕墙、面砖、石材、仿石涂料组合拼接，形成既丰富又统一的整体形象。

昆明南亚风情第一城（B1 地块）

设计单位：同济大学建筑设计研究院（集团）有限公司

主要设计人员：任力之、丁洁民、虞终军、朱政涛、徐国彦、顾勇、王建峰、杨俊、谢春、严志峰、郑毅敏、毛华雄、韦华、秦立为、彭岩

本项目位于昆明市西山区，北临滇池路，总建筑面积 210321m²，建筑高度 156.05m；由 36 层的超高层办公楼、23 层的高层酒店和 7 层的高层商业裙房组成，办公楼置于基地西北端，宾馆置于基地南侧。点式办公楼与板式宾馆在形体上相互呼应又形成鲜明对比，两幢主楼一高一低，有点有面，既呼应，又对比。面对滇池路形成了富于变化的天际轮廓线。整个建筑体主楼均以玻璃幕墙为主，裙楼商业部分采用了石材，散发着简洁明快又极富时代性的独特气质。白天，人们从透明的建筑表皮看见内部人们活动的景象——安静而忙碌；夜晚，梦幻般的立面斑斓剔透，熠熠生辉。它与城市景观绿地乃至天空形成了一个整体。

无锡市公安局交巡警支队、车管所及交通指挥中心业务用房

设计单位：同济大学建筑设计研究院（集团）有限公司
合作设计单位：江苏泛亚联合建筑设计有限公司

主要设计人员：任为民、车学娅、贡坚、郭珩、陈小祥、阮林旺、陈军红、张莉、冯玮、蒋一锋、徐桓、陆平、冯明哲、陆桦、薛嵘

本项目位于无锡市高浪路，总建筑面积 3850m²，建筑高度 92.4m；地下 1 层，裙房为地上 4 层；整个布局分为东、中、西三大部分，依次为办公业务主楼、敞开式汽车库和检测用房，战时地下室局部为 6B 级甲类防空地下室。三个出入口都与基地内部的道路相连，形成简洁便捷的交通组织模式；室外停车均掩映在绿化之中，立体停车库屋顶的植物，形成生态立体的景观；屋顶和墙身上那一条条错动的线条具有强烈的韵律，在白天是透明的玻璃，在夜晚是耀眼的光带，为城市注入了无限活力。同时具备了 32 个智能交通系统，突出指挥中心的综合服务和决策指挥功能，成为目前全国同类项目中具有先进性和典型性的重要代表项目之一。

无锡天一实验学校

设计单位：同济大学建筑设计研究院（集团）有限公司

主要设计人员：王文胜、黄俊、白鑫、陆秀丽、陈军红、王海燕、张莉、冯玮、黄倍蓉、徐桓、陆平、程青、陆桦、黄华兵、周致芬

本项目位于江苏省无锡市，总建筑面积 62198m²，地上 6 层，地下 1 层，由教学办公区、生活后勤区和体育运动区三大功能区域组成。教学办公区位于基地南侧，生活后勤区位于基地北侧，体育运动区位于校园东侧。为了突出交流空间的重要性，为师生们构建一种灵活多变、开放交流、整体有序的特色校园，把三者通过南北向交流长廊有机联系成一体，建筑内部设置多个内庭院、景观广场和屋顶绿化平台，既能体现江南水乡风格，又能体现现代精神的建筑与校园环境，营造健康、轻松、愉悦的氛围，为师生们构建一种灵活多变、开放交流、整体有序的特色校园。

沪杭铁路客运专线松江南站

设计单位：上海联创建筑设计有限公司

主要设计人员：周松、刘嘉、顾豪、陈丽雯、丁胜浩、徐小玉、贾建坡、钟晓燕、黄艳玲

本项目位于上海市松江区车墩镇，以平展的屋檐和流畅的立面为特征，檐口、玻璃幕墙、石材幕墙以完整的形态相互搭配，形成鲜明的建筑个性，营造出简洁有致的风格。站房一层中间为通高的集散厅与候车大厅，两侧为两层布置，一层为进站层，右侧为售票大厅，左侧为出站通道，二层为设备用房。广场布局合理，流线短捷流畅不交叉，公交车停车场在广场的西侧，靠近站房，方便旅客出行；出租车可以直接驶入落客平台落客，空车进入出租车停车场蓄车，再载客离站；进站的社会车辆在落客区下客后进入社会车停车场蓄车，或直接离开站前广场。T 字形步行广场保障了旅客换乘的便利性。

上海不夜城 406 地块项目

设计单位：上海天华建筑设计有限公司

合作设计单位：上海新华建筑设计有限公司

主要设计人员：陈易、冷传伟、刘军、黄先岳、卫鹏晋、卢静、马剑锋、吴伟、符宇欣、陈鹏、徐永芊、曾繁郑、张际锋、姚利利、马小淼

本项目位于上海市闸北区恒丰路 299 号，由 1 栋 25 层 97.8m 高的办公楼、1 栋 10 层 50m 高的的高层商业、1 栋 5 层的多层商业及地下 3 层的地下车库组成，总建筑面积为 123582m^2，是办公、商业综合体。因客户以及区域生活品质的需求，减少各部分人流的交叉，达到了人流、物流、后勤等交通流线清晰、便捷，互不干扰。核心筒布局紧凑，动静分区明确，管理方便；办公楼底层设三层通高大堂、商务办公用房和辅助用房等，室外设有出租车位和临时停车位，办公楼偏西侧的南北方向是办公楼主要进出口，商业用房直接通室外的出入口。大面积的屋顶绿化和休闲平台，以及商业单体延伸至步行系统的露天吧座，营造舒适环境。

南京第十四研究所电子科技产业大楼

设计单位：上海联创建筑设计有限公司

主要设计人员：孙敏捷、黄浩哲、李佳、娄永春、陈浩、杨杨、徐小玉、赵凤华

本项目位于江苏省南京市江东中路，总建筑面积 86748m^2，建筑高度 119.6m，由主楼、次楼、裙房及两层地下室组成；沿东西北三面围合，在人流进入的南面，留出较大的空间形成中心广场，有最好的视觉通廊及展示面。车辆流线与人流路线合理分割，互不干扰。立面采用灰蓝色双层中空玻璃幕墙，主楼波浪形立面与裙房波浪形的屋顶巧妙连接，使整个建筑群浑然一体；次楼采用条窗并设外遮阳；屋顶花园、空中花园为建筑融入了浪漫情调。

上海新国际博览中心 P1 停车库

设计单位：上海市建工设计研究院有限公司

主要设计人员：顾檣国、徐兢晶、马新华、闫越、顾辉军、童桂飞、陈卫东、张忆、栗新、顾正友、王红兵、范舟强、徐今、易杰、姚海鹏

本项目总建筑面积 77757m^2，总停车数 2520 辆，是具有潮汐式车流特点的立体停车库。平面车道与内部车库每层一一对应，没有交叉和内部穿越，避免一层拥睹，层层瘫痪；直线坡道的专层专用、灵活运用的进出车模式，车库室外有 8 根车道，对应室内的 8 根坡道，分别为地下室专用坡道、一至五层专用坡道、屋顶专用坡道，还有一根各层共用坡道，确保在潮汐时段车辆快速进出；能承受各类大型展览活动的考验；独特的潮汐式车流特点和先进的管理系统，成为展览亮点，也解决了大型交通停车问题。

上海北蔡社区文化中心

设计单位：上海市建工设计研究院有限公司

合作设计单位：夏肯尼曦（上海）建筑设计事务所有限公司

主要设计人员：石成、李秀真、成华、邹琪、何小兵、刘浩文、王丹、栗新、陈铮、陈煜、宋轶夫、顾正友、常建众、徐约明、张忆

本项目位于浦东新区北蔡镇鹏海路，南北长 135m，东西 65m，建筑面积 15367m^2，高度 19.70m，为一幢地下 1 层、地上 4 层的单体建筑，是休闲锻炼、儿童教育、社区健康、图书阅览和观看演出等活动场所，彼此之间以中庭、外廊、内廊和过厅等有机衔接，各自独立又紧密联系。各功能区域分别以大跨度大层高、小空间和大空间三种类型分类组合，四层通高的中庭形成内庭院。夜景照明采用彩色 LED 灯饰。基地南侧布置集中绿地花园，在绿化设计中通过疏密相间的绿化布置，色彩丰富的植物景观，为居民创造出亲切的绿色空间形态。

上海平高世茂中心

设计单位：华东建筑设计研究院有限公司

主要设计人员：金瓯、丁生根、吴玲红、王斌、梁葆春、高玉岭、钱翠雯、费曙青、张星彦、陆文妹、张艳梅、王玮

本项目位于上海市松江区的核心地带，东西长约 135m，南北长约 77m。采用一个大的过街楼形式衔接东、西塔楼，也是通道主入口，在狭小的基地中融入百货商场、餐饮设施、假日酒店、品牌专卖店、写字楼等多种业态，是集商务办公、会议接洽、酒店、大型商场于一体的综合性建筑。A 塔楼为超高层办公楼，109.2m 的高度成为当地第一高楼；B 塔楼为酒店，为取得最好的景观又用足基地，整个假日酒店楼设计为三角形，每隔三层设中庭，优化内部空间感受；C 地块为 6 层裙房，下部采用局部过街楼既连通东、西塔楼，是内部空间的外延。

上海兴江海景园 3 号房

设计单位：上海中房建筑设计有限公司

主要设计人员：李理、孟晓军、王皓、柳英、徐文炜、邵建平、卫青、王莹、陈建新、杨光、姚健

本项目位于上海浦东新区塘桥地区，总建筑面积 98250m^2，以三座近 100m 高、外形相近的短板式高层呈序列式布置；北侧两座高档商品住宅楼，本次申报南侧一座公寓式办公楼（3 号房），是集住宅、办公及商业于一体的城市综合体。因办公楼使用的独立性，在南侧设主要出入口，办公楼的地下车库与住宅部分共用出入口坡道，车辆在地下进行分流管理。为减小对地铁变形的影响，采用 ϕ850 钻孔灌注桩，基础承台采用厚板，混凝土强度等级 C30；为使底层大堂有足够的空间，底部 2 层大堂挑空，采用钢筋混凝土劲性柱加强。

乌兹别克斯坦外科治疗中心

设计单位：上海建筑设计研究院有限公司

主要设计人员：杨鸿庆、李楠、张钰磬、周雪雁、潘其健、徐雪芳、周海山、芮强、蒋明、高晓明、徐杰、寿炜炜、干红、陈叶青

本项目系商务部的援外工程，建设用地 5247m^2，规模为 5499m^2，地上 4 层；包含了急诊、抢救室、检验室、中心供应室、CT 室、手术室、重症监护室、病房等。基地呈三角形，较为狭小。为了方便病员、缩短病员就医流程，创造流畅的就医环境，为医务人员创造高效、简捷的工作条件，严格组织各种洁净和污物流线，各行其道，不产生交叉干扰。各类医疗用房可直接采光通风，以节约能源并使室内环境保持通透明亮。主楼为四层现浇钢筋混凝土框架结构，基础采用交叉梁条形基础形式。

昆山世茂小学幼儿园

设计单位：上海中房建筑设计有限公司

主要设计人员：张继红、杨仲华、罗永谊、蒋宜翔、柏培峰、单纯勇、王兆强、吴忠林

本项目位于江苏省昆山新区，总建筑面积 14941.61m^2，其中小学 11511.84 m^2，幼儿园 3429.77m^2，分别在地块的西侧和东侧。小学幼儿园主入口位于南侧，由于地块沿街面较窄，两个地块之间设应急通道口。小学建筑由教学区、活动区组成，教学区通过一条主要交通廊连接三幢专用教学楼，围合出两个绿化庭院，安静优美；操场、食堂近活动区，与教学区主入口门廊相连；主入口广场、入口门廊、小庭院形成了空间序列轴线，自然分隔各个功能区。幼儿园的教室空间与院落空间的灵活组合也是通过一条纵向的廊道贯穿多个空间，结合错落有致的立面细部色块划分犹如一个个绚丽的魔盒洒落在绿毯上，充满了童真和童趣。

上海世纪公园七号门餐厅扩建工程

设计单位：上海浦东建筑设计研究院有限公司

主要设计人员：孙毓华、陆雄、单锋、万智全、李铭、徐建、凌奕枫、祖国庆

本项目采用方形规则柱网，分厨房、外卖快餐部与餐厅，各功能之间既相互独立，又彼此联系。几何化的简洁外形，与公园入口景观和谐共生，立面风格是公园内建筑的延续，并与其相互融洽组合。室内简洁明快，东南西北各朝向皆设置大面积露台，使世纪公园优良的景观充分渗透进餐厅内部，结合餐厅的景观中庭，使之成为名副其实的园林景观餐厅，同时也保证了餐厅良好的自然采光和通风性。改建后餐厅入口设于南侧和东侧，近 7 号门出口，方便就餐者出入。

合肥利港喜来登酒店（尚公馆）3 号楼

设计单位：中国建筑上海设计研究院有限公司

主要设计人员：黎志向、张小欧、钟璐、谢宏伟、宋启旭、房永、于春红、李伟明、周海燕、沈菊萍

本项目位于安徽省合肥市，总建筑面积 72935m^2，高度 52.4m；地上 12 层，地下 2 层，客房 411 间，是个布局合理、功能齐备、交通便捷、绿意盎然、生活方便、具有文化内涵的五星级酒店。主楼平面呈“L”形，采用梁板式筏形基础，平面凹凸不规则，扭转不规则，为了避免竖向造成第三项不规则，在四层之上的设备层采用了与主体脱开的弱框架结构；裙房采用柱下独基加防水底板，屋顶有 17m 跨度游泳池；地下两层均为核六级人防地下室，为解决地下二层层高问题，地下一层采用无梁楼盖设计。开放空间和疏密有序、错落有致的功能空间，创造出自然风貌的优美环境。

上海外高桥港区六期工程管理区

设计单位：上海原构设计咨询有限公司

主要设计人员：劳汜荻、曹思维、熊小飞、朱张磊、王为宏、李庆松、史柯、汤先里、李林、严明达、兰红军、刘春华、王新云、吴婷婷、敖辉

本项目整个地块分为管理区和生活区；管理区由 3 栋办公楼、1 栋综合楼和 1 个地下车库组成，总建筑面积 54913m^2。建筑单体间为“外封闭，内开放”；四座建筑围合布置，内部功能相互联系，共享中庭或内庭院，极大地改善了建筑的采光和通风，为打造环保节能的绿色生态建筑及现代低碳办公空间创造了条件。管理人员的办公楼和生产辅助楼完全分开，不同单位的办公具有相对独立的安静空间，通过内庭院空间进行紧密联系；把对外服务功能的办公楼尽可能放在管理区的南侧，方便来往办事人员进出港区；采用具有工业化特征的现代环保材料——真石漆，展现了具有港口风格的现代办公建筑（群）的建筑语言。

云南师范大学呈贡校区游泳馆

设计单位：同济大学建筑设计研究院（集团）有限公司

主要设计人员：王文胜、车学娅、王沐、陆秀丽、金刚、徐桓、冯明哲、赵晖、曾刚

本项目是一座为高校提供日常健身、训练、比赛等功能的游泳馆，分为室内室外两座标准池，总席位数 860 座，总建筑面积 7607m^2，可满足国内一流比赛的要求，同时又能达到日常运营、节能高效的要求。为了整合大空间和辅助空间的建筑高度不同，以行云流水般的屋面穿插串联二者，银灰色直立锁边的波浪形铝锰镁板既是屋顶又是正立面，形成了建筑的基本形态语言。鲜亮的橙色竖向波纹板与沉稳的灰色铝锰镁板形成互补，避免了大体量的沉闷感，也展示了高校学子的活力与动感，体现了体育建筑力与美的本质。

上海海上 SOHO 商务中心、SOHO 购物中心

设计单位：上海中星志成建筑设计有限公司

主要设计人员：贾冰卉、黄千、杨伊甸、赖剑明、张为民、张敏、王浩峰、康莉、王梦晓、林国成、余再峰、曲东阳、过英姿、严军、杨阳

本项目位于上海市杨浦区，总建筑面积为 162600 m²，分 SOHO 休闲中心、SOHO 购物中心和 SOHO 商务中心三大分区板块。休闲中心通过几何形体的组合与交错产生变化，利用金属、石材、涂料等不同饰面材料，形成丰富、统一、协调的组群建筑。建筑材料上采用石材与玻璃不同材质组合，强调横向线条，稳重而大气；同时利用梁、柱形成方格网式的骨架，结合整片的橱窗玻璃面，最终实现简约而庄重的建筑风格。商务中心采用“L”形平面形状与基地走向紧密结合。

上海赢华国际广场

设计单位：上海建筑设计研究院有限公司
合作设计单位：Gensler 晋思建筑咨询（上海）有限公司

主要设计人员：夏军、李晓梅、刘浩江、盛小超、王文霄、张坚、曹国峰、刘艺萍、张洮、任家龙、陆文慷、倪志钦、倪轶炯、朱文、段后卫

本项目总建筑面积 108180m²，由 3 栋多层综合商业办公楼和 3 栋高层综合商业办公楼组成。平面呈“V”字形，办公楼之间是下沉式广场，周边有规模相当的餐饮服务、娱乐和文化设施，营造了自然健康、有野趣、有艺术感的工作氛围。建筑与广场间的相互烘托体现特有的场所特质；建筑形体使用相互咬合叠加的体块，形体交接的局部使用幕墙系统来清晰地表达几何型之间的相互关系，与相对较为厚重的实墙板构成虚实对比。立面设计，材质选择上通过玻璃、石材和金属，赋予办公建筑沉稳、大方、精致的外观。

上海建科院莘庄综合楼

设计单位：上海建科建筑设计院有限公司

主要设计人员：张宏儒、范国刚、郑迪、赵骁、邓良和、章绚文、徐怀钊、倪雪卿、郑华、刘立华、钟建军、徐青

本项目位于莘庄园区东南角，是集多功能为一体的公共建筑。主副楼均由一些不同大小、质感和色彩的扁长“盒子”构成，仿佛来自不同的建筑，看似随机地叠放在一起，然而又围绕结合处无形的竖向轴，形成一种旋转上升的整体动势。主楼采用混凝土空心楼盖、板柱剪力墙结构体系，主要办公空间无吊顶，保证 2.7~2.8m 净高的同时实现 24m 建筑控高内 7 层的多层建筑；采用下沉式庭院、采光槽和天窗等措施，使大部分地下室拥有自然通风和自然采光；采取楼层间保温隔热层以及双层窗等措施，提高围护结构的热工性能；门厅外设置钢构架供落叶植物紫藤攀爬生长，提供夏季的遮阳。

上海卢湾区（05 地块街坊）开平路 70 号地块办公楼

设计单位：上海现代建筑设计（集团）有限公司

主要设计人员：戎武杰、傅正伟、朱华军、彭冲、申南生、汪立敏、李海军、窦术、李刚、王戎、张云斌、刘韵梅、史凌杰、吴和平

本项目位于卢浦大桥以西滨江地区，总建筑面积 86274m²。公寓式办公楼、甲级写字楼分别在基地东西两侧，一个是菱形，一个为矩形；商业裙房呈 C 字形环抱公寓办公楼，并形成东侧及西侧的商业入口及下沉式广场。由于两栋塔楼体量相差较大，写字楼立面采用竖向和横向线条的玻璃幕墙，两种表皮处理方式用质感的对比削弱建筑体量，使之与公寓式办公楼的体量关系更趋于协调与匀称。两种幕墙的表面处理形成了质感上的对比关系，从视觉上弱化了多边形建筑的体积感，完成了建筑形态上的和谐互动关系。

京西宾馆东楼维修工程

设计单位：华东建筑设计研究院有限公司

主要设计人员：崔中芳、方超、吴仰平、朱莹、袁雅光、多建祥、梁韬、田钢柱、田建强、王斌、华炜

本项目位于北京市海淀区，北临复兴路，东接羊坊店路，西靠羊坊店西路。由于受当时技术条件的局限，东楼启用至今，在功能设置、整体配套、技术管控等方面的缺陷和不足逐渐显现，此次维护修缮分成：裙房的拆除重建和塔楼的改扩建。秉承可持续发展理念，延续和继承原京西宾馆的整体设计，改建后提高了会议接待能力、服务效能、节能与智能化的程度，使建筑外观风格和室内风格融为一体；裙房内部设计采用现代装饰的简洁元素，通过提升空间的塑造手法和装饰语言的细化等手法，融合古典厚重的装饰，将两者结合，形成庄重而典雅的风格。

上海圣和圣广场二期

设计单位：上海建科建筑设计院有限公司

主要设计人员：孙鹏程、何孙毅、陈由伟、郑华、朱李慧、戴旻、陈翔、钱震江

本项目位于闸北区的东南部，总建筑面积 47886m^2，是集餐饮娱乐、办公于一体的 5A 甲级综合性写字楼。采取高、中、低层错落有致的有机组合，形成疏密相间、聚散相宜、收放自如的空间形态，丰富了城市天际轮廓线。挺拔高耸，个性彰显，更具识别性和标志性。顶部造型构成穿插咬合，起伏多变，使商务办公与居住建筑自然天成地相融，不但丰富了沿街景观，汇聚了商业人流，也为市民提供了休闲、娱乐、交流的空间，体现了与周边已有建筑群和谐、互动的关系。

上海浦江镇 127-1 号地块配套用房

设计单位：中国建筑上海设计研究院有限公司

主要设计人员：程朝红、梁怀伟、刘洁、陈斐、陆健荣、孙元、徐彬、黄均亮、程鹏、陈丹阳、杜慧丽、何锋、雷成安、齐旭东、王德胜

本项目由 3 栋 5 层的综合办公楼、23 栋 3 至 4 层的小型办公楼组成。综合办公主楼在芦恒路和浦锦路侧，小型独栋办公置于内部，主楼建筑形象作为标识，是内部独栋小型办公楼与外界喧嚣的最好屏障，营造了良好的环境，提升了品质。小型办公楼前后，有属于各自的独立绿化景观穿插其间，采用错位退台的手法，把绿化、活动场地等景观元素在竖向形成生长和延续，形成丰富的立体景观网络，并经过玻璃砖墙体和玻璃幕墙的反射和折射，形成了互动，由此成为景观的一部分。

南通航运职业技术学院天星湖校区图文信息中心 B 楼

设计单位：同济大学建筑设计研究院（集团）有限公司

主要设计人员：王文胜、李鼎、刘志强、黄婉馨、周汉杰、韩杨、幸晓珂、周莹、赵晖、朱明杰

本项目位于南通航运职业技术学院内，即大礼堂，主要以大型会议使用为主，兼顾歌舞、话剧、戏剧演出。大礼堂由前厅、休息厅、观众厅、舞台，技术用房以及后台区域等五个主要部分构成，建筑轮廓采用矩形。主入口通过 24 级大台阶，直接通向礼堂前厅；休息厅位于观众厅南侧，其平面为折线型，与图文信息中心 A 楼群房的折线型立面相呼应；礼堂做到了观众、演员、贵宾之间的流线不交叉，达到疏散规范要求，整个建筑均采用花岗岩干挂与陶土面砖相结合的方式，局部设置玻璃幕墙，使整个建筑显得大气、端庄的同时，又具有超强的现代感。

上海共康商业中心（风尚天地广场）

设计单位：上海三益建筑设计有限公司

主要设计人员：林钧、祝宇梅、王芳、赵斌、胡文喆、高善杰、李歆、彭宁、虞晓文、杨辉、孙杨才、许轶博、毛娅倩、张杰飞、浦江

本项目位于上海市宝山区庙行镇。总建筑面积 123296m²，由一幢 20 层公寓式办公楼、一幢 18 层准甲办公楼和 3-4 层商业街三个单体组成。采用入口广场联系内广场的方式，将人流引导至各建筑单体，每个建筑单体之间均用连廊的方式加强联系，既考虑与周边道路的自然衔接，又考虑各功能模块的有机组合，使商业动线在整个建筑群中顺畅环通，成为一个有机整体。商业建筑外立面为石材与玻璃幕墙，不同材质的对比、拼接，虚、实空间的变化，体现活泼、生动有趣空间；办公主楼立面为玻璃与铝板幕墙相结合，体现简洁、明快的风格，使其充分发挥办公、休闲商业优势的同时，也保持城市整体风貌的连续。

上海杨浦区绿地汇创国际广场

设计单位：上海工程勘察设计有限公司

主要设计人员：陈磊、项炯、李欢、孙慧珠、孙小龙、缪光宇、苏震刚、肖继东、魏宏源、顾青、施和平

本项目位于上海市国定东路，总建筑面积 86902m²，由一栋 14 层 LOFT 办公楼、一栋 19 层准甲办公楼及多栋 2 ~ 3 层商业组成。甲级办公楼采用双核心筒，为客户提供最方便的选择；底层的双大堂空间架空设置绿化美化环境，对上下班高峰的人流疏散可起到很好的分流作用和提供休闲场所。LOFT 办公楼采用围合式布置，平面紧凑，得房率高。所有房型均有自然通风和采光，视野开阔。敞开式大中庭豪华气派，形成产品的唯一性和独特性。多个 2 ~ 3 层独立单体通过架空走廊连接，形成水平向的商业互动，与两端的办公楼分别形成小型商业广场，商业单体群内部连接两端广场形成一条步行街，提升了商业的空间品质。

上海核工院核电研发设计中心

设计单位：上海核工程研究设计院

主要设计人员：杨鸣、李彦锋、顾俊康、李韶平、余克勤、唐登广、郝建春、曹迪、王政、王明胜、俞平、顾翔、史红卿

本项目正南北朝向，采光通风好；平面布局合理，功能分区明确。一、二层是会议层，三至十二层是标准办公层，十三至十五层是管理办公层。在会议楼层设置了多处休憩区，为会议期间提供了适宜的茶歇交流空间。在每一个办公楼层均设置了咔吧区，充分体现以人为本的理念。平面呈矩形，交通核在东西侧，形成很好的结构受力体系；东西端的凹进部位设计空调外设备平台，并用铝合金格栅做装饰维护，解决了空调外机易破坏建筑外立面的难题。外立面采用干挂陶土板幕墙，具有自重轻、无辐射、保温隔热性好、自洁性好且可回收再利用等诸多优点，满足了环保节能的要求。

南京世茂 HILTON 酒店

设计单位：华东建筑设计研究院有限公司
合作设计单位：日本设计株式会社

主要设计人员：傅海聪、陆道渊、钱涛、王晔、张雁、陈立宏、陈小玲、郑君浩、常谦翔、韩雁君

本项目位于南京市下关区，总建筑面积 77297m²，是一幢五星级酒店；呈弧形立于扬子江畔主入口，面向长江，客房、餐厅、多功能宴会厅等均沿面向江景的滨水侧布置，并选择周边住宅不进入视线的建筑形状。酒店建筑与住宅相邻区域设置了环绕形水面、沙滩和绿地，沿江侧则为大型市民广场和绿地。酒店入口两侧的体量基本对称，与绿化广场呼应，形成总体布局的主轴线。市民广场和绿地用人工造坡，高低错落，层次丰富。设计采用水景和阶梯形绿化的处理手法将自然景观和阳光空气引入酒店大堂和花园餐厅，并与小区中央绿地融为一体。

上海南洋模范高级中学

设计单位：上海建科建筑设计院有限公司

主要设计人员：黄春强、刘圣龙、葛培培、张宏儒、孙鹏程、戴旻、黄强、郑华、阮雷杰、朱李慧、张昀燕、章绚文、孔红、倪雪卿、陈由伟

本项目是上海市实验性示范性高级中学，由 8 个建筑单体构成，自然形成了五大区域：教学办公区、生活服务区、运动场及与之对应的文体区、行政办公区、保留综合区。校园内道路环通，并经主次入口与外部道路联系。结构设计类型包括框架、剪力墙筒体、型钢混凝土、预应力、纯地库、抗震加固改建等多种形式。文体楼有图书馆、音乐厅以及体育中心的功能要求，用超常规的复杂大空间体系，综合了多种功能和较大空间的要求，做到建筑、结构巧妙的一体化；满足日照、采光、通风要求，教学楼远离城市道路，避开噪声和灰尘。

上海张江集电港 B 区 4-8 地块项目

设计单位：大地建筑事务所（国际）上海分公司
合作设计单位：美国 JWDA 建筑设计事务所

主要设计人员：王占文、信瑞斌、武文、冯云祥、王燕、侯彦平、王晓东、陈强胜、程四喜

本项目位于张江高科技园区中区，总建筑面积 53795m^2，由 A ~ F 六栋楼组成，沿河为三幢不连续的小体量三层研发楼 A、B、C，沿道路是高层建筑 D、E 及商业裙房 F，两幢高层南北向平行布置，地块内为中心景观绿地，供人们活动和休憩。沿街面为配套商业，塑造人性化的步行尺度空间。在地下汽车库南侧和北侧分别设置双车道的出入口。步行道路由东、北、南三处通向中心庭院及办公入口，人车分流满足了各功能流线的要求。外墙采用涂料、透明玻璃、U 形玻璃、铝合金百叶相结合的方式，创造出企业港区的简洁精致、内蕴深厚的社区气质。

萨摩亚独立国政府综合办公楼

设计单位：上海现代建筑设计（集团）有限公司

主要设计人员：邢同和、金鹏、郑沁宇、王剑峰、蒋彦、陈新宇、沈旻煌、肖凡、张瑞红

本项目位于萨摩亚独立国（SAMOA）的首都阿皮亚（Apia），分 A 区、B 区办公楼和会议中心三栋建筑单体。“L”形办公楼远观简洁而有力度，近观柔和而亲切；八角形的会议中心则是运用现代建筑材料搭建出富有传统萨摩亚建筑特色——“法垒(fale)”感觉的现代建筑；两者通过中央庭院的有机结合，内部采用木色装饰板，营造了富有当地特色的办公共享空间，同时也为办公楼内部带来了足够的天然采光。米白色外遮阳板及竖向遮阳装饰柱与模数化分割的木色外墙及玻璃幕墙相互配合，体现出具有萨摩亚地域文化特色的国家政府办公楼形象，得到了当地市民和使用者的广泛认可。

上海绿地嘉创国际商务广场

设计单位：上海工程勘察设计有限公司

主要设计人员：罗华、王海平、朱丽莉、魏宏源、李勇、李照、陈静、沈元章、施和平、董文庭

本项目位于嘉定区，总建筑面积 65917m^2，建筑高度 97.95m，是一幢高星级酒店。裙房五层为商业，地下一层为叠两层存放车辆的复式汽车库及辅助用房，汽车库区域战时为六级二等人员掩蔽所。采用围合、半围合的布局形式形成各功能分区；结合竖向条窗，突出主塔楼的标志性。裙房、商业部分串联南面入口广场及西北面车行广场，通过室内中庭及放大的室外公共广场营造出舒适而丰富的空间变化；结合立面广告，营造一种现代、休闲、热闹的商业气氛。便捷的竖向交通体系将商业人流向各层引导，增加了商业面及商业的价值。

青岛乐客城（夏庄路 7 号改造工程 伟东·城市广场二期商业区）

设计单位：中国建筑上海设计研究院有限公司
合作设计单位：美国 Mix Studioworks

主要设计人员：黎志向、李辰、刘先平、游海东、任宇、冉学政、房永、韩康康、于春红、刘坡、周海燕、王相峰

本项目位于青岛市李沧区，总建筑面积 20 万 m^2，建筑高度 55m，集百货、影院、购物、休闲、娱乐、住宅、酒店等 12 个单体于一体，以崂山峡谷为自然生态蓝本，打破传统购物中心“封闭盒子”的布局，将河流、峡谷、阳光、植物等六大自然生态元素融入购物环境之中，是个以水景为主题的体验式购物公园。水系景观带、高喷、水幕、涌泉、自动感应式水幕等贯穿整个项目；绿化面积占 20% 以上，生态景观成为本项目的最大视觉特色；公共休闲区域共设 4 个大型活动休闲场地，最大的一块用于儿童活动场地。

新疆莎车县综合福利中心

设计单位：上海浦东建筑设计研究院有限公司

主要设计人员：黄晓燕、张红蕾、吴亚杰、张燕、吴剑、王真、李铭、黄锋、郑建昌、董文虎、凌奕枫、祖国庆、朱然、徐军、李兴

本工程为上海市援建项目，采用局部对称的手法，以综合服务楼为核心，向东西两侧延伸，西侧为儿童福利楼，东南侧布置老年人宿舍与残障人宿舍，基地中部为食堂，方便老人与儿童的共同使用，并有相对独立的室外活动场地空间。基地在南北两侧各设置一个出入口，连通内部环道，满足使用与疏散的需要；人车分流，沿基地周边设置环形车道，机动车位均沿车道设置，人流在基地中部出入，使人流车流互不干扰，以充分保证基地内老人、残障人与儿童的出入及活动安全，杜绝隐患，为基地内提供一个安静、安全、宜人的生活空间。

上海万宝国际广场

设计单位：中船第九设计研究院工程有限公司
合作设计单位：加拿大 P&H 国际建筑师事务所

主要设计人员：陈云琪、林莉瓔、阚非凡、陈祎、林海蓓、张晓明、邢朝霞、郝维炜、张宇红、游永椿、张国斌、臧昱佼、杨毅萌、邓辉、徐纬

本项目位于上海市镇宁路与延安路交汇处，总建筑面积 107095m^2（烂尾楼），现由一栋超高层、一栋超豪华五星级宾馆、二栋高级公寓及二层裙房购物中心和豪华会所组成；半圆弧形的宾馆平面及方形办公楼圆弧墙面，使整体建筑融汇在“圆”的旋律之中，显现出完整、和谐和统一。根据“闹”与“静”，商业与居住分隔的原则，结合现状在西南部对原有的结构加以利用；东南部转角处布置高低错落层，对周边建筑日照影响降至最低；在二层、四层和十二层的屋顶布置花园，使垂直绿化与平面绿化形成多层次、多视角的主体景观；4000m^2 中心绿地和休闲广场，改善了中心区的环境和生态条件。

安徽省政务服务中心大厦及综合办公楼

设计单位：同济大学建筑设计研究院（集团）有限公司

主要设计人员：张洛先、江立敏、姜都、罗志远、陈旭辉、夏林、钱必华、徐国彦、严志峰、王钰、顾玉辉、周致芬、高健、徐钟骏、舒晖

本项目位于安徽省合肥市，基地呈 L 形，分综合办公楼（21 层）、政务服务中心（5 层）、人才交流中心（5 层）三个建筑单体；综合办公楼布置在 L 形转角处，长边朝南，便于展示其标志性，在道路转角处塑造鲜明的建筑形象，同时也有利于主要办公机构与其余两部分办事机构之间的联系，并且对西北面居住用地的日照影响最小；政务服务中心沿马鞍山路布置，与塔楼基本分开，可形成完整的城市界面，同时方便大量人流的进出；人才交流中心沿太湖路布置，与塔楼连为一体，形成沿太湖路的城市界面，同时使人才交流中心的出入相对独立。

安徽大众大厦

设计单位：中国建筑上海设计研究院有限公司

主要设计人员：张越、李鑫、谢洪伟、游海东、范水华、于春红、周海燕、朱昌礼、房永

本项目位于合肥市站西路与昌盛路交口东南角，层数 20 层，建筑高度 99 m。入口采取退让的姿态，自然形成绿化广场，面向交通枢纽；从入口到大堂、办公空间，都可欣赏到对面的城市景观，这种内外的交融，升华了建筑本身的内涵—交流融通；沿站西路立面采用“实”的立面处理方式，有效降低了高速干道对建筑的影响；而街角部位，则采用“虚”的立面处理方式，作为边庭空间，起到良好的城市景观效应。两层通高的观景平台，既可欣赏城市美景，又使建筑自身成为城市美景的一部分；地下车库采用机械停车形式，汽车出入口也采用机械升降机形式。

启东环球大厦（启东博圣广场）

设计单位：中船第九设计研究院工程有限公司
合作设计单位：加拿大 P&H 国际建筑师事务所

主要设计人员：吴文、曾志坚、熊杰、丁淑芳、张国斌、刘春香、周宏、王宏亮、陆萍、陈丹琳、陈禕、吴瑛、吴德珍、慕遂峰、季诚

本项目位于启东市江海路与人民中路交汇处黄金地段，总建筑面积 10.2 万 m^2，由 39 层主体建筑和 4 层的商业裙房组成，高 158.2m，是集宾馆、商业、办公及公寓式酒店为一体的商业建筑组合群。整个地块呈“L”形，四层的商业裙房形成了一个较大的屋顶景观花园空间，为人们提供了一个舒适而优美的城市休闲活动空间；裙房地下一层为汽车库及设备用房，汽车库范围兼做人防；各自设置独立的出入口，避免人流交叉混杂；沿建筑周边布局形成绿地、花坛绿化、中央喷泉等景观，在有限的用地条件下，营造了与市民共享的公共空间。

上海罗店新镇 C3-3.4.5 地块

设计单位：上海天华建筑设计有限公司

主要设计人员：童琳琳、卫鹏晋、叶笛、曹祯、张健、王灵艳、陈慧、刘彦娜、董文君、岳敏、陈海涛、胡启明、孙麟

项目位于宝山区抚远路，总建筑面积约 15.26 万 m^2，容积率 1.02，绿化率 35%，为多层住宅。1、2 层复式房型约 190m^2，明亮大气，南北通透，地下室设计下沉式庭院，采光通风好，中西厨及南北院设计打造别墅感受。3 ~ 5 层平层房型约 150m^2，入户花园及过渡玄关设计，南向面宽充足，横厅的设计，尽享南向景观及阳光。立面采用对称造型，通过坡屋顶、老虎窗、檐托、铁艺花饰、线脚及柱式等充满法式风情的元素勾勒出建筑严谨又高贵的特点。框架结构，住宅的地下室与地下车库连成一体，地库的底板、顶板与住宅单体的底板、顶板交接面结构较复杂，各存在 1.5~2.0m 左右的高差。

上海南汇区航头基地四号地块经济适用房

设计单位：上海中房建筑设计有限公司
合作设计单位：上海结建民防建筑设计有限公司

主要设计人员：濮慧娟、徐文炜、吴忠林、卫青、周春琦

本工程东至鹤韵路，南至鹤雷路，西至航瑞路，北至鹤驰路，总建筑面积约 14.6 万 m^2，容积率 1.82，绿化率 35.0% 。针对中低收入家庭的客户群体，房型设计上力求科学、合理、细致、经济，房型设计小而精，多层采用 2+1、2+2、2+3 的组合，高层则采用 2+1、2+2 的灵活组合。将 18 层高层住宅布置在基地中部及北侧，与 3 号地块高层住宅相融。小区中部空出的大片绿化下布置全埋式地下汽车库（兼人防），并在中心位置安排社区中心、商业和行政管理用房。通过 U 形主干道将多、高层住宅及社区中心、车库串联起来，景观绿化穿插延伸，形成清晰合理的组团和空间体系。

上海绿地云峰名邸

设计单位：上海中建建筑设计院有限公司

主要设计人员：韩春燕、韩红云、张永昱、李晓方、陈涛、王溥、徐军政、刘萦棣、林胜娟、金阳、蒲晓峰、王照淞

本项目位于松江新城文宇路 88 弄，建筑面积 12.65 万 m^2，容积率 0.9，绿化率 36.5%。以 10、11 层公寓、低层住宅为主，主路采用人车混行方式。沿路结合景观步行道，成为住区重要的景观资源和室外公共活动场所。停车采用地面、地下相结合的方式。户型的安排相得益彰，平面紧凑，功能合理，追求简洁大方的立面风格，结构高层住宅采用剪力墙结构，低层住宅采用异形柱框架结构，楼板均采用现浇钢筋混凝土楼板。利用太阳能热水系统，太阳能景观灯和地源热泵等形成可持续的生态调节系统，小区利用纵横棋布的景观水系作为景观用水，同时作为道路清洁、车辆清洁用水，节能环保。

上海五月花生活广场 1 幢（1 号、2 号、3 号楼）

设计单位：上海市建工设计研究院有限公司
合作设计单位：何显毅（中国）建筑师楼有限公司

主要设计人员：石成、李玉倩、徐萍、成华、何小兵、刘浩文、乔旭海

该项目位于闸北区芷江西路 368 号，建筑面积 41957m^2，建筑高度 98.75m，地上 33 层，为集居住、办公、商贸为一体的中高档建筑社区。花园式居家环境，人性化人车分流。通过疏密相间的绿化布置，为住户创造一种亲切、灵动的绿色空间形态。户型设计规整实用，除少数主卧卫生间外，其余房间都能自然采光、通风，并在北侧每三层特设空中花园，供业主使用，提升使用品质。结构采用桩筏基础，桩基持力层为 8-2 层灰色粉质黏土层，上部为框支剪力墙结构。立面设计强调建筑群体的和谐和天际线的高低起伏，注重建筑外观的整齐、洁净。

上海新江湾城 C5-4 地块加州水郡

设计单位：上海建筑设计研究院有限公司
合作设计单位：凯里森建筑咨询（上海）有限公司

主要设计人员：袁建平、潘智、陈犁、蔡兹红、刘宏欣、万阳、张晓波、殷春蕾、李军、陈杰甫、邵雪珍、吴建虹、李佳、郑彦、邬佳佳

本工程位于整个新江湾城总体规划的中心位置，东至政和路，南至殷行路，西至淞沪路，北到国秀路，小区北面紧临新江湾城公园，用地面积 62415m^2，由 6 栋不超过 60m 的小高层住宅和地下一层车库组成，总建筑面积 10.7 万 m^2，容积率 1.8，绿化率 39.4%。户型设计注重内部住宅空间的实用性、舒适性，注重空间景观效果的内外交融，充分利用阳台、凸窗、转角窗的设计。造型设计以海派风格为依托，加以整合和变化组合，高度错落有致，创造简洁、流畅的建筑形象，结构采用钢筋混凝土剪力墙结构体系。

上海怡佳公寓

设计单位：上海中房建筑设计有限公司
合作设计单位：上海新华建筑设计院

主要设计人员：蔡震宇、虞梭、吴桐斌、张文进、谢强、黄海文、孙抒宇、施丹炜

本项目位于上海市普陀区祁安路连亮路，为普通商品房，地上总建筑面积 77650m^2，容积率 1.67，绿化率 37.16%，包括 6 幢 12 层高层住宅和 6 幢 7~8 层中高层住宅，以及一个地下机动车库 5300 m^2。7~8 层建筑于地块中央偏南侧，12 层建筑于地块西北侧，住宅采用错列式布置的方式，加强中央绿化的开放性和沿河景观的渗透性。外立面设计以竖线条为主，通过外墙壁柱和长条形窗的设置，强调建筑的挺拔感。结构上在 12 层房中采用长短墙肢结合，在 8 层房中采用框架 – 剪力墙结构，在一些房间分隔墙处避免布置剪力墙，采用半砖隔墙或缩短剪力墙长度，给日后户型改造带来可能性。

上海同润车亭公路四号地块（一期）

设计单位：上海市建工设计研究院有限公司
合作设计单位：RIA 国际都市建筑设计研究所

主要设计人员：马新华、曹炜、陈洁、顾辉军、常建众、李矱宓、何光彪、高婧、陈剑峰、郎卫国、徐益东、顾正友、陈萱、郑建文、吴乐宁

该项目位于松江区车墩镇，西至规划路，东至车峰路，南至西上海高尔夫乡村俱乐部，北至影佳路，总建筑面积 91064m^2，容积率 1.0，绿化率 40%。住宅多层采用直线形，低层采用流线形的排列方式，通过景观设计，构建浪漫、自然、温馨的户外交流与互动空间。住宅平面布局灵活地处理各建筑单体之间的关系，使每户都能取得最佳的采光、通风与视野效果，基本做到户户有景，立面设计借鉴老上海英式建筑风格，给人怀旧的感觉。

上海市普陀区金光地块配套商品房二期住宅工程 10 号楼

设计单位：华东建筑设计研究院有限公司

主要设计人员：宋雷、李一、陈春晖、丁生根 、刘华、韩倩雯、崔岚

本项目是普陀区政府为推进本区旧城改造而推出的配套商品房建设三期工程中的二期住宅设计工程。10 号楼为保障性住房，建筑面积 16412.4m^2，板式住宅，层高 28 层。每层有 10 户住户，立面塑造简洁、端庄和稳重的造型特点，基座、墙身、檐口，色彩由重到轻。结构上采用桩筏基础，PHC 预应力高强混凝土管桩，钢筋混凝土剪力墙结构体系。10 号楼总长超过剪力墙结构设置伸缩缝的最大间距 45m，于该楼中部设置一道施工后浇带，待两侧混凝土浇筑完毕 60 天后用强度等级高一级的补偿收缩混凝土浇筑。

上海罗店新镇住宅项目 C4-2 地块

设计单位：上海中房建筑设计有限公司

主要设计人员：虞卫、张立、卫青、吴忠林、焦满勇、张炜钦、白芳、柏培峰、周延阳、王兆强、黄玮、张洛玲、王春、李旭东、钱伟

本工程坐落于罗芬路以西，慈沟河以南，沪太路以东。整个项目地处罗店北欧新镇，相邻不远还有美兰湖和高尔夫生态区，为 4 层叠加公寓和 6 ~ 7 层电梯公寓，还配有一个配套公建和南北两个地下车库，总建筑面积 9.9 万 m^2，容积率 1.2，绿化率 36% 。建筑单体错落有致，注意山墙的不同处理。呈现疏密有致、曲直相生、南低北高的多层次空间形态。住宅平面分区明确，布局经济合理，强调明厅、明厨、明卫的自然采光和通风的原则。造型以简洁的形式、精致的细部及现代而鲜明的色彩体现北欧住宅建筑风格。

成都卡斯摩广场一期 1 号楼

设计单位：上海中星志成建筑设计有限公司

主要设计人员：仇俊华、吴浩东、李婕、邵宇炜、赵向阳、陈玉龙、杨阳

本工程位于成都市城南中和镇，集住宅、办公、商业于一体。1 号楼为高层住宅，高 99.6m，地上 33 层，地下 1 层，建筑面积 30930m^2。户型设计合理，有较好的自然采光和通风。顶层设置屋顶花园，通过绿化组合，优化建筑第五立面。沿规划道路侧设有专用的车行出入口，地下车库基础采用柱下独立基础，埋深 5.6m，住宅上部结构为剪力墙结构体系。所有单元的空调器都设置在阳台跳板上，外面为整齐的彩色打孔金属板。立面以中国传统的灰色为主基调，全玻璃阳台，显现出独特的时代感。

上海市瑞虹新城第三期四号地块

设计单位：上海诚建建筑规划设计有限公司

主要设计人员：余启超、赵永伦、胡松涛、王清华、周康乐、朱鹤年、唐维新、陈大群、宋瑞绮、许小兵、梅俊阳、刘军、刘淑晓

本项目位于上海市虹口区临平路 333 号，建筑面积 106855m^2，容积率 4.14，绿化率 31.50% 。共有 4 座 33 层住宅，636 个单元，沿瑞虹路设置商场及车库。所有高层建筑均沿基地南北错开布置，有利于日照及通风，中央为集中绿化大庭园，令各户享有广阔的景观。每座住宅楼平面布局紧凑，标准层有五户，单元实用率高，设有两部客用电梯，一部剪刀电梯，下接四层（地下两层，地上两层）商业裙房。33 层高层住宅采用钢筋混凝土剪力墙结构体系（局部采用框支剪力墙结构）；地库：地下二层为车库，地下一层为商铺；裙房：地上一层及二层为住宅大堂及设备用房。

江苏中海苏州独墅湖项目（中海独墅岛）

设计单位：上海原构设计咨询有限公司

主要设计人员：高虹、王为宏、刘春华、汪久峰、陈琦、汤先里、陈刚、钱智杰、帅德枝

项目位于江苏省苏州市吴中区郭巷镇墅蒲塘东、独墅湖南，总用地面积 70234m^2，总建筑面积 4.63 万 m^2，容积率 0.5，绿化率 39.47 %，由 33 栋双拼、联排别墅组成。设计中充分利用沿湖 50m 绿带，将建筑布置与绿带结合起来，体现苏州水乡的特色。户型设计 190m^2 两层通高餐厅；210m^2 设计有中间内庭院以解决大进深带来的内部采光通风不足，同时也可增加空间的流动性。立面设计为地中海风格。多层别墅采用异形柱框架结构形式，结构方案、构件布置在满足建筑要求的同时尽量使室内空间“少梁无柱”，提高空间利用率。

上海春江美庐 / 杨行 F 地块新建商品房

设计单位：华东建筑设计研究院有限公司

主要设计人员：徐博文、姚广宜、游志雄、张雪峰、李娜、徐霄月、徐亚明、陈未、史宇丰、鲁志锋、沈元、周婉文、唐中鹰、陈耀贵、蒋莹

项目位于上海市宝山区杨行地区，北临水产路，东靠江杨北路，西侧为松兰路，建筑面积约 12.9 万 m^2，容积率 1.3，绿化率 40%，是由共 42 幢高层、低层、社区配套商业与服务设施等组成的高品质居住小区，主要行车出入口设在松兰路上。设计依据居民生活习惯和物业管理需要，采用开放共享的公共环境与相对封闭的居住组团相结合的模式，规划布置各具特色的两个高层住宅组团和一个低层住宅组团，以及一条东西向景观轴线。营造社区健身休闲公园。结构设计采用框架结构体系和剪力墙结构，工程桩均采用高强度预应力混凝土管桩。

大连市生辉第一城 15 号楼

设计单位：华东建筑设计研究院有限公司

主要设计人员：谭毅杰、张创、杨守江、马志勇、简鹏、毛英杰、张智广

项目位于大连市金州区民杨路南端，15 号楼为 16 层的小高层，高度 47.9m，建筑面积 7500m^2。房型有三房二厅、二房二厅等，一梯两户或三户。根据北方居民的生活习惯和气候特点，力求布局紧凑，提高使用率，将起居室和卧室尽量布置在南向，餐厨等布置在入户门附近。立面简洁大方。结构采用钢筋混凝土框架 – 剪力墙结构，普通现浇钢筋混凝土梁板体系。住宅附近设置了宅前绿地，并巧妙地与景观步道相连，方便居民到达中心绿地休闲活动。

上海金鼎香樟苑（嘉定区真新街道建华小区 A 地块）

设计单位：汉嘉设计集团股份有限公司

主要设计人员：茅红年、赵刚、商承志、任伟、乐捷、赵四辈、蒋宁清、万波、梁颖、穆立新、梁全才、张学超、王昊、熊延兵、张军杰

项目位于嘉定区真新街道，北侧紧邻真建住宅小区，基地西侧及南侧有 220kV 的高压线，共建有 15 幢 15 ~ 18 层的普通商品房，总建筑面积 16.47 万 m2，容积率 2.32，绿化率 35.3% 。设计在沿高压线及 S20 外环高速一侧尽量减小开窗面积，以及在基地周边种植大密度香樟树，最大限度地减少噪声和电磁辐射的干扰。小区以 $90m^2$ 以下房型为主，房型设计上合理运用平面的凹凸，控制房间的开间进深。住宅错落有致，立面处理采用仿石面砖涂料，简洁明快。结构上基础形式为墙下承台梁 + 桩基 + 筏板，上部采用钢筋混凝土剪力墙结构。

上海慧芝湖花园三期

设计单位：上海现代建筑设计（集团）有限公司

主要设计人员：张旭峰、李剑平、朱江、王宇、吴英菁、张科杰、梅沁、王恒光、刘小丽、张瑞红、郑沁宇、姚鉴清、钱彦敏

项目南临广中路，北临灵石路，东为平型关路，由 4 栋高层住宅、1 栋酒店式公寓及商业裙房、地下车库等组成，总建筑面积 132134 ㎡，容积率 2.54，绿化率 40% 。主出入口设在平型关路的中段，次出入口设在灵石路及平型关路的南段。住宅采用一梯三户、一梯四户的形式，做到户户朝南、户户有景。部分户型引用了空中花园的设计概念，大大提升了居住的空间质量，为简约、时尚、独具个性的新现代主义建筑风格。结构为桩 + 筏板基础，桩型采用预应力空心方桩。高层住宅采用剪力墙结构，因单体长度较长，拟在适当位置设置抗震缝。地下车库采用抗拔桩、梁板结构。

上海馨宁公寓（徐汇华泾地块经济适用房及配套商品房项目）

设计单位：中国海诚工程科技股份有限公司

主要设计人员：瞿洁、胡贤忠、张颖、姜丽红、蒋超、咸真珍、侯鑫、刘文江、杨凡、王晓芬、顾建飞、莫志刚、殷亚芬、单津嵘、龚 巍

项目位于上海徐汇区，东邻华发小区，西至长华路，南临华发路，北靠淀浦河，建筑面积 $353562m^2$，容积率 2.5，绿化率 36.9%。建筑由内向外发射状扩散分布，板式房为其主力房型，框剪 / 剪力墙结构，每户前留贯通的天井，以入户阳台连接凹廊，解决南北通风和采光问题。立面设计色调清新淡雅，风格明快活泼。景观互透，做到“户户见景”。配套公建沿华发路布置，形成住宅用地、公建辅助用地不同功能层面的地块划分，满足区内居民生活的需要。

安徽池州新时代花园一期 11 号楼

设计单位：上海城乡建筑设计院有限公司

主要设计人员：李文博、陈波、张维、朱贝宝、吴斌华、盛以军、叶宏斌

该项目南北向较长，东西向较短，11 号楼为 6 层、砖混结构的大面宽情境洋房，房型层层退台，做到间间全明，南北通透，同时提供房型的自由改造度，为室内空间的二次塑造留有余地。建筑造型采用浓郁的英伦风格，利用一些特殊的细节处理，形成变化丰富的有倾向性的地域建筑。景观设计突出“海派情境洋房”空间的构成形式，构建户户有景的建筑布局，为居民提供多重的交流活动空间。

上海杨浦 366 街坊地块配套商品房

设计单位：上海城乡建筑设计院有限公司

主要设计人员：兰开锋、齐孝伟、蒋万年、林甄莹、霍毅明、陈小荣、沈子卿、曹烨秋、何权、施惠周、孙静、朱昊文、叶宏斌

本工程位于杨浦区，由五幢 33 ~ 34 层高层住宅和社区用房及地下车库及配套会所等组成，总建筑面积 12.35 万 m^2，容积率 3.88，绿化率 35%。整个基地的规划是由中央景观带分割而成的几个边界清晰的高层住宅构成，一条简洁的外环路将几个单体相互串联，住宅与住宅间互为景观。建筑布局因地制宜，临水设置不同的景观绿化主题，增强了通向各处的景观平台的视觉走廊和基地内的景观层次。人车分流、共存为辅的交通组织方式，外环走车，内环行人。住宅均为板式高层的形式。结构采用整体桩筏基础，变刚度调平布桩；剪力墙结构，地下室顶板为上部结构嵌固层。

江苏大丰市金润嘉园 1 号楼

设计单位：上海建科建筑设计院有限公司

主要设计人员：孙鹏程、黄春强、葛培培、戴旻、郑华、阮雷杰、朱李慧

本项目规划用地总面积为 85200m^2，1 号楼为最南侧的一栋，异形柱框架剪力墙结构，东南角靠近两侧的城市公共绿地，东单元设计大户型，充分利用良好的景观。主要出入口设置在飞达西路上，又是小区中心配套设施的集散广场，也是视觉景观通廊；次要出入口设置在万青街上。小区机动车以小区中心绿地地下停车方式为主。户型平面设计合理组织套内功能空间，做到动静分区，洁污分区。立面处理精致而不烦琐，采用新古典的建筑手法处理，以匀称的体量，丰富的细节和悦目的色彩使该建筑群显得简洁、典雅和清新。

上海宝山罗泾“海上御景苑”一期 5 号楼

设计单位：上海中星志成建筑设计有限公司

主要设计人员：贾冰卉、赖剑明、赵向阳、董梅、孔晶、余再峰

小区 5 号住宅建筑面积 4960.84m^2，为六跃七层单元式多层住宅，为一梯二户住宅，每单元配有一部电梯，建筑形态呈向上退台式设计手法，户型有：三房二厅二卫、一房二厅一卫。建筑造型体现新古典主义风格，以沉着稳重的色调，厚重大气的形态，结合砖石材质来营造典雅高贵的气质。采用异形柱框架 – 剪力墙结构。生活给水采用集中水泵房变频供水。室内排水立管均采用螺旋消音硬聚氯乙烯排水管，室外排水管采用 UPVC 加筋管，公共楼梯间采用声光自熄节能装置，室外景观照明采用时间和光控相结合的方式，有效减少了用电能耗。

上海嘉定新城 B 地块一期

设计单位：上海中森建筑与设计顾问有限公司
合作设计单位：上海联创建筑设计有限公司

主要设计人员：李昕、聂满玲、郗锋、吴定、连娜、刘鹏程、王黎、钱少康、陈中浩、庞志泉、王曰挺、张兢、钟联华、赵志刚、高春

本工程用地规模 3.2171hm^2，建筑面积 5.61 万 m^2，容积率 1.32，绿化率 35%。分成两块：一块以高层的体量构成，另一块以五层的情景花园洋房构成。高层住宅剪力墙结构，多层住宅框架结构。居室或主卧室朝南，采光通风良好，每套均设有生活阳台，方便实用。造型简洁，细部丰富且精致，砖红色、灰白色为住宅的色彩基调，营造温暖的宜居氛围。一、二层市政供水，多层三层以上采用变频供水；高层三层以上采用屋顶水箱重力分区供水。室内污废分流，室外雨污分流。以两条主要的景观带构成了小区的景观主线，合理搭配树种与小品等，形成优美整体的居住环境。

南京龙池翠洲花园二组团07栋

设计单位：上海林同炎李国豪土建工程咨询有限公司

主要设计人员：王非、王伟、柳晓慧、郭晨、杨翼涛、陈援村、尤健

龙池翠洲花园位于南京市六合区龙池湖畔，07栋为6+1的多层，建筑面积4475m^2，桩筏基础，砌体结构。房型平面构成和空间组合适用性强，自然通风良好。每户设门厅（玄关），有一个户内外的过渡空间，可设置摆衣帽、雨具、鞋柜处，方便主、客人，保持室内清洁。立面设计注重建筑风格的协调，色彩运用上以素雅的色调为主。空调机组设置与整体立面细部一并设计处理。采用分体壁挂式太阳能热水器和太阳能路灯、庭院灯，充分利用可再生能源，节能环保。

上海嘉定中星海上名豪苑（一期）

设计单位：上海中星志成建筑设计有限公司

主要设计人员：成翊、李婕、吴浩东、邵宇炜、余再峰、赵向阳、刘秀平、孔晶

项目位于嘉定江桥新镇，地块为不规则倒梯形，东西向300多米，南北向200多米，总建筑面积12.35万m^2，容积率1.8，绿化率35.5%。为高层住宅，剪力墙结构，栋距40～60m，在3万多平方米的集中绿地下，设一个独立的地下机动车库。住宅设计做到“栋栋无遮挡、户户无对望、家家有景观”。公摊面积合理而紧凑。每户皆附送宽大的凸窗及入户花园，“宽面宽、窄进深”。在户型上极力体现高品质、前瞻性、实用性。立面汲取中西文化精髓，发扬海派风格特色，强调温馨和谐，造型细部丰富精致，打造典雅、明快的现代新古典建筑形象。

上海罗店新镇美兰湖花园

设计单位：泛华建设集团有限公司

主要设计人员：李宏、张琬若、沈蓓迪、冯俊杨、胡廷元、杨延、黄英敏、史长安、魏海义、薛燕、张越男、唐晓勇

项目位于上海市宝山区罗店新镇A3-2地块，总建筑面积13.8万m^2，绿化率40%，容积率为0.86。以多层住宅为主，异形柱框架结构，沿河布置少量联排低层住宅。入口空间—景观轴线—组团绿地—庭院，渐进的空间感保障小区居民的安全感和私密性，营造出美好的居家氛围。底层住宅南北皆设计有入户花园，并附设采光地下庭院。2～4层结合退台、露台、阳台设计。立面借鉴上海老洋房设计元素，将北欧风情与洋房的风格魅力有机融合，利用坡顶的错落形成高低起伏、错落有致的外轮廓线，再结合层层迭退的露台设计，丰富了立面造型。

上海恒盛湖畔豪庭5号楼

设计单位：上海市房屋建筑设计院有限公司

主要设计人员：郭元清、魏东、姜晓红、陈小明、许荣巧、肖昀、马盛斌

项目总建筑面积为28.61万m^2，5号楼地上18层，地下1层，建筑面积12383m^2，布置在基地北侧，桩基筏板基础，短肢剪力墙结构。一梯两户，每户均有良好的通风采光条件，动静、洁污分区明确，户型内部空间简约、流畅，保证了较高的得房率。以环形主干道环绕贯穿整个小区，交通便捷，大片中心绿地及活动场地，丰富的亲水空间，创造出空间的开放性和参与性，为每一住户提供了开阔的景观视野。

上海天歌华庭（一期二期三期）

设计单位：上海三益建筑设计有限公司

主要设计人员：王晓红、严红樱、周琪、管玉国、忻洁颖、祝惠敏、张杰飞

本小区位于上海市浦东新区川沙，总建筑面积 22.7 万 m^2，容积率 1.50，绿化率 35%，由 48 栋 11 层小高层、3 ~ 6 层多层住宅及 1 栋 3 层商业、1 栋 2 层售楼处及 2 个地下汽车库组成。户型主要以二室二厅为主，南北通透，视野开阔，观景阳台、转角窗的设计，扩大了视野。立面设计简洁、细致，以褐色为基调，形体错落有致。基础均采用预应力管桩加上平板基础，11 层采用剪力墙结构形式，4 层采用异形柱框架结构。设置 2 个车行出入口，与城市道路相接，住户可以从地下汽车库直达住宅门厅，以达到人车有效分离的效果。景观绿化以南北方向为主轴线，结合地形自然展开。

上海市浦江镇原选址基地七号地块（博雅苑）

设计单位：中船第九设计研究院工程有限公司

主要设计人员：林丽智、俞劭晨、黄晶、武奕文、黄延、袁姗姗、冯雪松、王利娟、陈颖、李怀宁、王辉俊、刘丽广、金松、余丙星 、李哲峰

项目位于上海市配套商品房浦江基地的东北部，总建筑面积 199048m2，绿化率 35.2%，综合容积率 1.64，由 23 栋 11 ~ 17 层的高层住宅组成，集中绿化区域设有地下机动车库，兼作平战结合人防工程。建筑布局的形态为北高南低，以相互错落的形态布置，获得最好的采光、日照、通风和景观感受，在建筑之间形成连续而流动的大面积绿化景观空间。建筑的朝向考虑绿地和河流的方向，景观视线不受遮挡，最大限度地共享现有水景。房型采用大面宽、小进深的布局方式，一梯四户或二梯四户。基础形式为桩筏基础，上部结构形式为剪力墙结构。

上海恒盛鼎城（西城）

设计单位：上海工程勘察设计有限公司

主要设计人员：李立兴、丁玲、范永娣、裴敬、余洲、李伟敏、肖芊、邵海龙、姚亮、何磊、徐全峰

项目位于上海市普陀区武威东路北侧，张泾河道以东。基地呈长方形，用地范围内有少量水塘和湿地。总建筑面积为 14.1 万 m^2，容积率 2.1，绿化率 40.21%，26 幢包括 12 ~ 16 层高层及配套服务用房，基础采用筏板 + 桩形式，剪力墙结构。将水景最大限度引入并结合住宅楼的设计，使每户都有良好的景观。南北通透的户型有良好的朝向和自然通风。立面造型在二层以下采用干挂石材装饰面，提升住宅楼房的高雅品位，二层以上采用米黄色石材，并且在墙面、附壁柱上进行细致的装修，充分表现建筑精美的品质。

广东肇庆上海城

设计单位：上海海天建筑设计有限公司

主要设计人员：王坚、张兆兵、王俊伟、杨彦彬、周之凡、吴蓉蓉、黄香妃、田进武、汪洋、陈春明

本工程位于肇庆市端州七路、桥北路交叉口，总建筑面积 6.15 万 m^2，容积率 2.69，绿化率 30%。包括 2 幢 18 层高层住宅楼、2 幢 11 层商住楼底部 3 层商业用房、1 条 3 层内街商业、1 个地下汽车库等配套用房。房型以经济实用的两室两厅为主力房。建筑立面一、二层以深褐色石材为主，二层以上采用红色系三色面砖，突出建筑高雅气派的欧式风格。18 层住宅采用剪力墙结构，11 层住宅的底部三层为商业，采用异形柱框架 – 剪力墙结构。商业主要停车方式采用地面和地下车库相结合，住宅内的停车以地下车库为主；小区机动车出入口设置在次干道上。

上海市打浦路隧道复线工程

设计单位：上海市城市建设设计研究总院

主要设计人员：徐正良、宁佐利、王宝辉、张中杰、赵斌、彭基敏、余斌、王卓瑛、戴孙放、陈元、柴昕一、黄爱军、齐明山、高忭、梁正

隧道主线总长约为 2.97km（含地面段），其中浦西明挖段长约 396m，江中盾构段长约 1472m，浦东明挖段长约 535m。国内首条采用国产大直径泥水平衡盾构实施的越江隧道。通过管片优化设计，首次实现大直径隧道 380m 超小半径施工。利用既有河道填浜建设隧道暗埋段，分阶段改造排水箱涵，实现排水泵站不间断排水要求。利用越江隧道覆土层建设社会公益设施，有效提高土地利用率。在单向单孔矩形段隧道的消防设计中引入避难走道概念，解决单孔隧道安全疏散问题。利用既有隧道风塔改造实现新隧道排风排烟。建设节约、环境友好型越江交通设施。

浦东张江有轨电车项目一期工程

设计单位：上海市城市建设设计研究总院

主要设计人员：徐一峰、苗彩霞、王蓓、唐贯言、汤晓燕、姚幸、王磊、徐莹、杜燕、陈剑明、何辉、钟建辉、杨恒声、甄凤凤、钱焕

本工程位于张江高科技园区范围内，线路全长约 9.156km, 出入段线长约 0.704km。设车站 15 座，牵引变电所 5 座，车辆段 1 座。是上海首条采用胶轮导轨 100% 低地板接触网供电系统的现代有轨电车。在上海首次应用新型地面公交系统，在轨交线网密度较小的城区开创“轨交 + 有轨电车 + 常规公交”公交系统新模式。以较小代价改造既有道路交通设施，实现公交系统升级换代。成功应用先进的有轨电车车辆技术，在地面公交系统构建集成通信、远程控制、道岔信号以及智能交通系统的综合控制管理系统。

天津市国泰桥工程

设计单位：同济大学建筑设计研究院（集团）有限公司

主要设计人员：肖汝诚、贾丽君、孙斌、庄冬利、徐利平、曾明根、陶海、滕小竹、程进、薛二乐、励晓峰、郑本辉、郭忆、王硕、雷坚

桥梁全长 396m，其中主桥 172m，引桥 224m。主桥结构采用桁式拱肋钢主梁三跨中承式拱梁组合桥形式，引桥为预应力混凝土连续梁结构。在桥型不变的前提下，替代了原国际招标竞赛中获胜的固端拱方案，实现了体系创新。用桥头建筑和边引桥为边跨压重，解决了边梁上翘的问题。在拱脚设支座，以释放水平约束，拱结构水平推力由主梁承担，解决了软土地基的水平承载力问题和地震高烈度区的减隔震问题，大大节约了基础和上部结构的造价。

深圳地铁 5 号线（环中线）塘朗车辆段工程

设计单位：上海市隧道工程轨道交通设计研究院

主要设计人员：陈海龙、朱蓓玲、宋贤林、邵周赟、金崎、李尧、贺慧兰、王怡文、劳屹东、曾毅、居炜、李丽、何永春、张鸣、王芳英

工程占地 37.82hm^2，包括停车列检库 56 列位、检修库（双周双月检）4 列位、定临修 2 列位、静调 1 列位、吹扫 1 列位、架修 1 列位。铺轨 19.8km，建筑面积 170440m^2。技术特点：整合车辆运用检修工艺设计，落实车辆工艺各项功能要求，完善车辆段工程与上盖综合开发的一体化设计。总平面依地形条件采用尽端式顺向纵列布置，紧凑合理，做到土地利用率高。工艺总图设计流线顺畅，并与列车场内作业流程相匹配，优化厂房组合，库线设备利用率高。

惠州市下角东江大桥（合生大桥）工程

设计单位：同济大学建筑设计研究院（集团）有限公司

主要设计人员：罗喜恒、徐利平、王文斌、徐弈鑫、戴英、李晓琴、曹杰桢、袁方、戴利民、吕士军、任明飞、陈勇、滕小竹、赵佳男、马向东

桥梁总长 1682m（主线桥梁约 1328m，匝道桥梁约 354m）。主桥为跨径 180+101+45m 的独塔双索面斜拉桥，堤外引桥为 35m 预制 T 梁，堤内引桥采用现浇箱梁，主桥在国内外首次采用由直塔和斜塔组成的、横桥向仿天鹅造型混凝土索塔，无上横梁，造型独特、新颖、飘逸。主梁采用混凝土双主梁断面。进行索塔锚固区局部应力分析、主桥结构抗震性能分析、抗风性能、索塔结构足尺节段模型试验的研究，以校核计算结果，并指导预应力混凝土斜拉桥塔梁同步施工，缩短了工期，节约了投资。

唐山曹妃甸工业区 1 号桥工程

设计单位：上海市政工程设计研究总院（集团）有限公司

主要设计人员：卢永成、陈亮、高洁、孙海涛、周伟翔、郃储江、宋凯、张春雷、岳贵平、姚建、方宇、韩雯、俞蓓琼、翟志轩、李进

工程长约 2.35km，桥梁工程长约 2.02km，由通航孔桥、非通航孔桥及引桥组成。双向六车道主干路，通航孔桥宽为 40m，非通航孔桥宽为 35m，引桥宽为 26m。首创船帆式桥塔造型，并采用张弦梁成套技术。索塔锚固区采用传力更为明确的外露式钢锚箱方案，主梁采用单箱三室钢－混凝土组合箱形截面，主塔基础为直径 2.5~3.2m 变截面群桩，桩长约 110m，非通航孔桥采用移动模架施工技术，节约了工程造价。以帆为设计元素，使桥梁形态宛如在渤海上遨游的一叶方舟，取得了良好的景观效果。

上海市陆家嘴中心区二层步行连廊系统一期工程

设计单位：上海市隧道工程轨道交通设计研究院

主要设计人员：陈文艳、郭建、宋振华、刘晓梅、王安宇、唐国胜、季应伟、孟静、沈蓉、傅富强、王怡文、李冬梅、陈华、陈慧林、吴凤仙

本工程由明珠环、东方浮庭以及世纪天桥组成。明珠环面积为 3230m^2，东方浮庭面积为 13685 m^2，世纪天桥面积为 4052m^2。利用二层连廊连接建筑物、广场和绿化等外部环境，实现步行系统兼顾观光与交通功能，解决中心区的交通难题。通过翔实的计算分析、严密的位移监测，控制施工中对周边既有建筑的影响，确保了工程安全。较好地解决了大跨度、小半径、宽桥面、大荷载的钢结构的设计难题。与东西通道的一体化设计，达到了资源共享的效果，并节约了工程投资 。

常州市武进西太湖生态休闲区核心区滨湖路二期桥梁工程——天鹅形斜拉桥

设计单位：上海市政工程设计研究总院（集团）有限公司

主要设计人员：邓青儿、胡欣、孙振、张伟、田晓青、汤岳飞、董友亮、詹嘉、高芳芳、庄振华

本工程为跨越规划西太湖的一座桥梁，主桥跨径布置：108+72+28=208m，全宽 22m，引桥总长 250m，标准跨径 25m。优选了斜拉桥主塔、主梁、斜拉索三者之间合适的刚度匹配，确定了合理的结构受力体系，在保证索塔受力可行的前提下，充分发挥箱梁承载能力，优化斜拉索索力。兼顾受力、养护和造型三方面的需求：塔内利用空箱结构作为检查人孔，并设置爬梯及休息平台，保证了养护维修的通道。而索塔上部由于造型需要，断面尺寸较小，设计选择合理的斜拉索锚固方式。主桥索塔顺桥向为“天鹅展翅”造型，塔顶设置景观照明，与周围环境协调，景观效果好。

上海市新建路隧道人民路隧道浦东接线工程

设计单位：上海市政工程设计研究总院（集团）有限公司

主要设计人员：俞明健、刘艺、孙巍、罗建晖、郑岐、黄晨、杨震、叶剑亮、张杰、王晟、董志周、顾雪峰、王雪东、王伟、陈伟雄

本工程在既有银城中路、银城东路下立交 2 车道基础上各自建一条下立交复线，为城市次干路，车道规模扩至双向 4 车道，设计车速 40km/h。新建银城中路下立交复线北起东园路，南至花园石桥路，全长 440m。新建银城东路下立交复线北起东城路，南至银城南路，全长 505m。采用多条隧道管理用房合建的集约化布置，将接线工程、新建路隧道、人民路隧道和延安路隧道的管理中心四房合一。银城东路下立交复线明挖上跨地铁二号线区间隧道，基坑开挖深度 8.3m，基坑底距二号线管片竖向净距仅 7m。采用基坑化大为小开挖、坑底设置抗拔桩、坑内外地基加固等有效措施，在世纪大道位置处对原银城中（东）路下立交进行拆除，与东西通道合建，形成立体交通。

南通市通宁大道快速化改造工程

设计单位：上海市政工程设计研究总院（集团）有限公司

主要设计人员：徐健、陈红缨、史春华、高原、金德、郭俊伟、钱勇、钱思琦、汤建勇、董友亮、田晓青、王培晓、于洋、陈明清、周杰

南通市通宁大道快速化改造工程南起永怡路以南，北止于宁启高速陈桥收费站，路线全长约 5.98km，红线宽度 70m。永兴大道以南段主线为双向 4 车道高架快速路，辅道为双向 6 车道城市主干路。永兴大道以北段为双向 8 车道地面快速路，改建西侧联络道。其中新建主线高架 2.22km，新建出入口 5 对，改建地面快速路 3.78km，改建地面辅道 3.09km。进行预应力混凝土斜腹板（圆弧倒角）连续箱梁设计，采用可以防止纵横向落梁的桥梁装置－组合型抗震挡块。老桥改造拼接采用一种可更换的连接装置——上部梁钢板连接，基础分离。用钻孔灌注桩，桩长为 45 ~ 68m，桩长较长，使用桩底压浆新技术。

莆田市城港大道跨木兰溪大桥工程

设计单位：上海市政工程设计研究总院（集团）有限公司

主要设计人员：李文勃、史春华、邵储江、曾进忠、陈红缨、张春雷、蒋彦征、翟志轩、曾源、孙海涛、孙晨、袁丁、陆惠丰、黄忆篝

工程全长约 850m，主桥为 2×72m 异形系杆拱桥，双向八车道，桥宽 47.5m。以全线造价最低为目标，确定了道路走向与河道斜交 20° 。采用了相应技术适应斜交条件，独桩独柱不设承台的下部结构形式和斜桥正拱技术。实行开口结合梁主梁在系杆拱桥中的设计和应用大宽跨比桥梁设计技术。选用合理拱轴线满足“江海鸥歌”造型需求，吊杆采用顺桥向斜向布置，拱肋轴线采用异形曲线——斜置抛物线，拱高沿顺桥向变化。

上海市大芦线航道整治一期（临港新城段）Y6 桥工程

设计单位：上海市政工程设计研究总院（集团）有限公司

主要设计人员：蒋彦征、张春雷、方亚非、胡欣、朱晶、李鹏、陆东辉、王利俊

Y6 桥由主桥及两侧引桥组成，总长 512.4m。主桥为叠合梁系杆拱桥，跨径 100m，桥宽 31.6m，长 102.08m。两侧引桥均为先张法空心板梁结构，标准跨径 22.84m，桥宽 24m，两侧长度均为 205.16m。桥梁设双向四车道，主桥两侧设非机动车道和人行道，引桥两侧设非机动车道。在总体计算和钢结构加劲设计等方面进行了优化，节省了钢材用量。对上下层拱肋交汇区、竖向连杆和吊点锚固构造进行了精心设计和计算，既满足了受力要求，又保证了景观效果。选用了锚管式锚固方式，满足了锚固受力和系杆张拉空间要求。

上海市中环线浦东段（上中路越江隧道—申江路）设计 6 标（罗山路立交）工程

设计单位：上海浦东建筑设计研究院有限公司

主要设计人员：张大伟、张文君、凌宏伟、谢涛、朱玉华、曹东国、张芳途、马晓刚、崔丽芳、席旭军、王兆军、覃大伟、刘茗、王桂萍、夏添

中环线罗山路立交为枢纽型全互通立交Ⅰ级，采用“单苜蓿叶 + 迂回定向匝道”组合式三层全互通立交，相交两条道路均为城市快速路，标段范围内中环线红线宽度 70m，主线长约 1.5km，采用主线（双向 8 车道）+ 地面辅路（双向 8 车道）规模。罗山路红线宽 80m，长约 1.9km，采用主线双向 8 车道规模。高架桥采用弧形连续混凝土箱梁，结构造型新颖，外形优美。主线高架全部采用透水沥青路面（OGFC），提高雨天的行车安全性。

福建省南平市闽江大桥工程

设计单位：上海林同炎李国豪土建工程咨询有限公司

主要设计人员：任国红、冯波、程志琄、李三珍、杨海涛、陆峥嵘、毛威敏、冯春莹、李超

该桥为主跨 272m 的双塔双索面大跨斜拉—连续梁协作体系桥梁，桥跨组合为 45m+160m+272m+130m=607m，桥宽 24.2m，双向四车道。采用斜拉－连续梁协作体系结构，降低工程规模及造价。采用恒载下各结构自平衡，活载作用下刚结协作。本桥为超长单坡斜拉桥，在体系转换阶段为防止过大顺桥向位移，采用 主塔横梁处阻尼器二次安装方案。

宁波市东外环—江南公路互通立交工程

设计单位：上海林同炎李国豪土建工程咨询有限公司

主要设计人员：陆峥嵘、冯波、岳光、毛威敏、冯春莹、张春霞、黄晓君、张毅、任宏业

本立交工程为双直接定向加双苜蓿叶匝道的三层全互通式立交。占地 250358m^2，其中道路面积 122226m^2，桥梁面积 48556m^2，给排水管道总长 16201m。主线相交道路东环路为城市快速路，江南公路为城市主干路，设计速度分别为 80km/h、60km/h。匝道设计速度为 45km/h。根据工程场地条件和工期的不同要求，设计中采用换填处理、素混凝土灌注桩、PTC 管桩等处理措施。跨线桥采用简支变连续结构梁以降低结构高度，通过采用旋转桥台、钢叠合梁、分体式箱涵等多种结构，以保护已建 DN500 高压天然气管道。

莆田市荔港大道木兰溪大桥工程

设计单位：上海市政工程设计研究总院（集团）有限公司

主要设计人员：李文勃、盛勇、曾进忠、曾源、史春华、孙晨、蒋彦征、诸立嘉、许世梁、庄振华、常付平、张洪金

木兰溪大桥桥梁总长 860m，主桥为 2×100m 的独塔单索面混凝土主梁自锚式悬索桥，双向六车道，桥宽 37.5m。运用了部分自锚式悬索桥概念，可以充分发挥梁体受力作用，有效减小缆索系统规模。采用大展翅斜腹板的主梁断面，与单索面悬索桥主梁横向受力相适应，改善了结构横向受力。主缆锚固体系采用了预应力前锚式锚固体系（该体系多用于地锚式悬索桥），有效降低主缆安装难度，改善锚固区受力性能，增加结构安全性并减小主缆锚固段主梁规模，有效节省了工程投资。

无锡市金城东路快速化改造工程（景椟立交—锡张高速）

设计单位：上海市政工程设计研究总院（集团）有限公司

主要设计人员：周华保、朱世峰、周兴林、谭显英、王群、王作杰、周海峰、董猛、赵建新、徐城华、王之峰、胡鹏、张瑾、朱立峰、韩旭

本项目路线全长6.62km，包括地面道路、高架桥、立交三种形式（其中新建高架主线约4.72km），路基总宽度53 ~ 70m。主线基本为全高架，为双向6车道，地面主路为双向6车道。改造景渎立交，景云立交维持现状不变。上下匝道5对。桥梁结构采用独特的弧形连续大箱梁结构形式，高架桥在梁高、外形、挑臂长度尽量保持一致，在外形上上下部外轮廓尽量形成连续的曲线，使线条优美流畅。高架主线采用独特的弧形连续箱梁以及双柱花瓶形立柱结构的形式。

上海市金昌路（嘉松北路—金迎路）新建工程

设计单位：上海市城市建设设计研究总院

主要设计人员：胡佳萍、徐一峰、陆元春、高忭、芮浩飞、沈建群、朱鹏志、陈剑明、张莺、刘燕萍、姚玲、赵军、丁佳元、戴栋超、刘佳

金昌路全线共11.4km，道路规划红线宽度50m，近期辟筑35m，车道规模为4快2慢，远期将拓宽为双向6快2慢。全线共有14座桥梁，其中新建跨河桥梁10座、主线跨线桥2座，改建已建跨河桥梁2座，新建箱涵5座，全线敷设雨水管线。以路网规划为基础，交通功能为重点，克服以往“重线路、轻结构”的设计方法，采用了多项新技术及新材料。针对不同等级的桥头填土高度，采用不同的处理方法，解决桥头跳车现象。新建道路对已建两座老桥进行利用，桥面系采用纤维增强桥面黏结防水层，使桥梁的耐久性和使用性能有大幅度提高。

天津市地下铁道二期工程2号线靖江路站

设计单位：上海市隧道工程轨道交通设计研究院

主要设计人员：陈海龙、杨孙冬、万钧、冯玲玲、吴建寅、孙建军、叶蓉、任毅、张秉佶、马立、张勇、陈华、林思思、王天翔、施晓林

该车站与地铁5号线靖江路站两线T形换乘。车站设有2个出入口及3组风亭，其中一个出入口预留与开发建筑结合条件。本站为地下2层（换乘接口为地下3层）车站，主体结构外包尺寸为484.47m× 19.3m，站台宽度12m。设有站内存车线与折返线出入口，侧墙上预留了与2、5号线联络线围合成的三角地块商业开发联通的门洞，实现车站与周边商业开发紧密结合。车站主体结构标准段围护选用厚800mm地下墙，换乘段选用厚1000mm地下墙。内部结构采用两层三跨现浇钢筋混凝土箱形结构形式，车站与通道接缝处采用双变形缝设计。

新疆莎车县站前路（米夏路—艾斯提皮尔路）新建工程

设计单位：上海浦东建筑设计研究院有限公司

主要设计人员：曹东国、李林毅、王文娟、韩秀丽、李永光、胡晨昊、曹新玉、杜勇、李园、柴春玲

本项目地处莎车县城南片区启动区内，城南启动区是上海浦东新区援建莎车县规划的重点区域。站前路是莎车城南启动区道路交通系统重要的道路，站前路为规划主干路，红线宽度60m，长约2780m，排水管道长度约为2429.755m，是联系莎车火车站的主要交通干线。道路设计充分考虑地区交通特性进行横断面设计。人行道采用当地有特色的花砖。道路的平面、纵断面、横断面相互协调。道路标高与地面排水、地下管线及两侧建筑物相配合。

上海市外高桥经四路（航津路—纬十五路）道路新建工程

设计单位：上海市城市建设设计研究总院

主要设计人员：王伟兰、王晓明、徐一峰、钟小军、刘晓苹、周小溪 、俞志杰、徐莹、卢兴、朱波、唐群、俞珏瑾、丁佳元

道路全长 5km。道路规划红线宽度 30m，布置为双向 4 快 2 慢的断面形式。含上跨五洲大道跨线桥和莲心河桥、椿树浦桥、人工湖桥、北咸塘港桥、规划三河桥、高行横浜人非桥，全路段设置雨污水管道。道路绿化、附属设施有创意，与周围环境较好地协调。椿树浦桥和人工湖桥位于商务中心地块，结合周边的建筑特色，以求与周边环境景观呼应。五洲大道跨线桥，在不中断五洲大道交通的前提下优化设计、施工方案，降低施工难度，节省工程造价。

乌鲁木齐市头屯河区工业大道道路新建工程王家沟大桥

设计单位：上海浦东建筑设计研究院有限公司

主要设计人员：曹东国、柴春峰、张国栋、耿文学、杭英杰、马蔚、黄声涛、

桥梁处于地震设防烈度 8 度区域，由于墩身较高，抗震较为不利，经过验算后支座采用特殊的双曲球面抗震支座。主桥为预应力混凝土连续刚构，跨径布置为 90m+160m+90m，由两个 170m “T”对称结构组成，主桥总长为 340m。主桥（单幅）按单向三车道设计，并考虑 3m 宽人行道。引桥上部采用 40m 预应力混凝土先简支后连续小箱梁结构，两侧引桥分别为 4 跨、3 跨一联。引桥（单幅）下部结构结合地质、地形地貌及受控因素，采用变截面实心薄壁墩，墩盖梁采用预应力混凝土盖梁。

南阳市光武大桥

设计单位：同济大学建筑设计研究院（集团）有限公司

主要设计人员：任明飞、徐利平、戴利民、曹建枫、游军、李松、吴佳璞、张彦、滕小竹、李晓琴、唐春霞、任春、曲慧、蒋维刚、马向东

工程全长 2163m，其中桥梁长度 320m，桥梁分西引桥、西主桥、中间引桥、东主桥、东引桥。大桥选择了矮塔斜拉桥作为桥型方案，斜拉桥主塔造型以代表南阳地域历史特色的汉代阙塔为雏形，同时塔身以凸凹、圆角线条勾勒，体现出斜拉桥主塔挺拔圆润的现代风格，塔梁为固结体系和基础结构构造，选择了穿腹板锚固于箱梁底板的方案，斜拉索采用平行环氧钢绞线拉索体系。

上海市西乐路（下盐公路—浦东区界）新建工程

设计单位：上海市政交通设计研究院有限公司

主要设计人员：廖彩凤、唐国荣、张金富、李伟杰、陈剑锋、王玮瑶、李彤、丁荣

道路全长约 6.86km，规划红线宽度 32m。工程按红线宽度一次实施，横断面按“四快二慢”布置。全线新建桥梁共计 11 座（其中 1 座 S32 高速公路跨线桥，全长 628m），箱涵 6 座。桥台采用水泥搅拌桩进行加固，并用 SMW 工法围护顶管坑，最大顶力 3800kN。充分考虑南汇并入浦东新区的发展，污水管径进行预留。

贵阳市西二环道路工程（甲秀中路、甲秀北路）

设计单位：上海浦东建筑设计研究院有限公司

主要设计人员：刘云飞、张大伟、谢涛、李明、黄飞、吴鸿洁、马晓刚、曹东国、杨超、何崇宇、陈锐、王磊、张芳途、黄声涛、王宇顺

主线道路全长6.42km，标准路幅宽度40 ~ 60m，双向6 ~ 8车道，大型全互通枢纽立交3座，菱形立交3座，中小桥20座、人行天桥及地道10座。另含排水大沟、雨污管道、综合通信、交通工程等项目。高填深挖路段比重大，采用强夯置换和合理的挡墙结构形式进行处理。主线高架桥结构形式新颖，采用独柱墩、大悬臂桥梁结构。

宁波市世纪大道北延一期工程Ⅰ标段

设计单位：上海市城市建设设计研究总院

主要设计人员：陈奇甦、龚静、何筱进、陈雪枫、季洪金、徐平、陈新、刘玉喆、杜文革、赵磊、曹胤、彭丽、蒋以勇、杜祎、应俊

该工程全长8.3km，主干路。实施红线宽度标准段为44.0m，双向6快2慢，设计速度60km/h，以及设计Ⅰ标施工图（3.87km）。结合高架的地面道路平、纵、横总体布置，解决了绕城高速入城通道的交通急需。提出了合理的三层互通立交，近、远期实施的设计方案，对桥后填土高度≥ 2.5m路段，采用了真空－堆载联合预压处理。针对超软弱地基，对桥头填土高度＜ 2.5m路段，采用双向水泥搅拌桩处理。这两项新技术采用，进一步有效缓解了桥头沉降。提出了路基宕渣填筑厚度不小于80cm的设计要求，使路床顶面的顶面回弹模量不小于25MPa。沿线浜塘填筑采用了粉煤灰轻质材料填筑的设计。

济南市鹊华水厂改造工程

设计单位：上海市政工程设计研究总院（集团）有限公司

主要设计人员：邬亦俊、吴国荣、卢辰、王纬宜、王永鑫、徐鑫、曹玉萍、袁丁、沙玉平

该改造工程设计规模20万m^3/d，是国内首座基于溴酸盐控制的臭氧生物活性炭示范工程水厂。结合本院多项专利技术，包括中置式高密度沉淀池、上向流活性炭滤池等，在工艺流程上和单体设计中均进行了优化，水处理工艺的流程为高锰酸盐预处理＋中置式高密度沉淀池＋臭氧接触池＋上向流生物活性炭滤池＋V形滤池，并在臭氧接触池内预留设置臭氧催化氧化用的固体催化剂填料，减少和控制溴酸盐的产生，同时设置臭氧前H2O2投加点，保障出水溴酸盐达标。采用集约化的中置式高密度沉淀池，取消原管道静态混合器，节约了水头。

重庆市鸡冠石污水处理厂三期扩建工程

设计单位：上海市政工程设计研究总院（集团）有限公司

主要设计人员：羊寿生、王锡清、金彪、杜炯、王瑾、彭春强、王敏、陆继诚、贺伟萍、李滨、袁弘、俞皓、成侃、王蓓、李迎根

该厂设计总规模为80万m^3/d，已建规模为60万m^3/d，扩建规模为20万m^3/d，出水达到国家一级A排放标准（SS=18）。污水处理采用多点进水倒置A/A/O工艺。该工艺充分利用进水碳源，强化了脱氮，有较强的抗冲击负荷能力。针对初沉污泥和剩余污泥不同的特性分别采用了不同的工艺，初沉污泥采用重力浓缩，剩余污泥采用机械浓缩。反应池设计中采用增加连通孔方式有效减少了池内水头损失，构筑物之间采用箱涵连接，并采用长堰板配水等，总水头可降低约1.0m。

苏州市城市防洪胥江泵站工程

设计单位：上海勘测设计研究院

主要设计人员：胡德义、王凌宇、陈能玉、黄毅、田军、肖佳华、谢丽生、李继生、张政伟、陈岳定、金勇、潘汇、徐亮、孙嘉华、王锜鋆

泵站规模为双向 20m^3/s，布置为堤身式，泵房采用块基型整体式结构。泵站内安装 4 台平面"S"形卧式轴伸泵，单泵设计流量 5m^3/s，配套高压电机为 250kW。经过泵型结构调研分析，将主泵组配套的电机布置在流道外，延长了电机的使用寿命，改善了水流条件。水泵导轴承采用了新型加拿大塞龙水润滑轴承材料，提高水导轴承的使用寿命。采用齿轮减速箱传动方式，降低工程投资。将传统的风冷改为水冷方式以及提高加工精度，有效控制水泵运行噪声和温升。合理设计排水系统，提高运行管理效率。吊物井和楼梯间采用悬挑结构，减少开挖基坑。

济南市玉清水厂改造工程

设计单位：上海市政工程设计研究总院（集团）有限公司

主要设计人员：邬亦俊、吴国荣、卢辰、王纬宜、王伟、徐鑫、曹玉萍、高志强、沙玉平

该改造工程规模为 20 万 m^3/d，应用总院专利技术浮沉池，增设 20 万 m^3/d 大规模的紫外消毒。设有多级跌落曝气，为兼具截污过滤和有机物吸附功能的炭滤池进水充氧，提高生物再生效果。在现有工艺构筑物基础上实施技术改造，增加高锰酸盐预处理以强化混凝，增加粉炭投加，提高水质并应对突发污染，改建原平流沉淀池为浮沉池，改砂滤为生物活性炭工艺，出水采用紫外消毒工艺，有效地杀灭在强氧化剂类消毒剂作用下难以灭除的微生物和细菌等。工程适应低温低浊，高溴化物的微污染水源处理效果好。

上海市西干线改造工程

设计单位：上海市政工程设计研究总院（集团）有限公司

主要设计人员：俞士静、胡嘉娣、何贵堂、韩亮、徐国锋、徐文征、朱建勋、陈萍、王萍、汤建勇、吴悦、张亚勤、陈虹、袁嘉、徐靓慧

该干线累计输送的总污水量为 100 万 m^3/d，其中，转至竹园第一污水处理厂的流量为 35 万 m^3/d，至石洞口污水处理厂的流量为 40 万 m^3/d，至待建的泰和污水处理厂的污水量为 25 万 m^3/d。新建总管 ϕ2000 ~ ϕ3000，管道总长 25.6km。改建泵站 1 座，新建泵站 2 座，支管改建管道总长 15.12km。处置老西干线管道 23km，拆除 4 座原有泵站，消除安全隐患。针对目前存在的雨污混接及将来的初期雨水污染问题，将调蓄处理池运用于污水工程。新干线总管采用长距离多曲线顶管、深埋方式，减少泵站及倒虹管数量，减低了输送能耗。

兰州市西固污水处理厂工程

设计单位：上海市政工程设计研究总院（集团）有限公司

主要设计人员：顾建嗣、彭弘、乔勇、徐震、曹志杰、方宇、袁嘉、汤建勇、谢奎、刘劼、符晖、俞士洵、周磊、熊建英、毛红华

该工程设计总规模为 20 万 m^3/d，近期规模为 10 万 m^3/d，出水达到国家一级 A 排放标准。采用多模式 AAO 处理工艺，生物反应池可多种模式运行，以适应不同季节和不同水质的需要，达到调节控制灵活简便，处理效果稳定可靠。设置上清液除磷设施，有效地降低磷的释放对处理工艺和环境的影响。污水厂处理尾水拟作为兰州市西固南河道及南河道湿地补水源，执行《城镇污水处理厂污染物排放标准》（GB18918-2002）一级 A 标准，大大改善了周边的生态环境。

杭州市四堡污水转输泵站工程

设计单位：上海市政工程设计研究总院（集团）有限公司

主要设计人员：俞士静、彭弘、龚晓露、徐国锋、徐震、曹志杰、江肖容、陈萍、徐昊旻、江丽丽、陈虹、俞士洵、周磊、胡兰、袁嘉

本工程为特大型全地下式污水泵站，设计总规模为 96 万 m^3/d，包括正常输送规模 76 万 m^3/d 和反向输送规模 20 万 m^3/d。工程配套管道包括进水的 2 根 ϕ2400 京杭运河倒虹顶管，以及 1 根 ϕ1800 三污连通管和 1 根 ϕ1000 五污进水管。在满足所有使用功能的基础上，将机械、电气、暖通、除臭等设备均紧凑布置在地下泵房内，采用高效率、紧凑型的潜水混流泵和潜水轴流泵，及先进的粉碎性格栅。除臭采用生物法与离子法结合，与通风系统协调一致，解决地下空间的设备防腐和人员操作安全问题。

上海市杨思东块雨水泵站新建工程

设计单位：上海浦东建筑设计研究院有限公司

主要设计人员：覃大伟、崔丽芳、许红兵、赵巍、黄季芳

该工程为新建一座排水能力为 22.82m^3/s 雨水泵站，主要包括进水井、进水箱涵、泵井、出水箱涵及河道驳岸、旱流污水截流设施、辅助房屋等。采用可抽心式雨水轴流泵。沉井下沉前采用预先在底板标高处注浆，防止超沉。合理布局进水和出水箱涵，最大限度利用水泵能效。起重机采用双钩形式，主钩起重量 10t，副钩起重量 3t，便于检修和安装。

上海市横沙东滩促淤圈围（三期）调整工程

设计单位：上海市水利工程设计研究院有限公司
合作设计单位：中交上海航道勘察设计研究院有限公司

主要设计人员：康晓华、季岚、欧海燕、王月华、唐臣、张丽芬、张建锋、谢先坤、龚霞、欧阳礼捷、陈喆、黄建华、黄伟、顾晓凯、朱晓丹

工程内容包括围区 2.6 万亩（1733.3hm^2）范围内吹填和 1 座 12m 宽的水闸，利用航道疏浚弃土进行围区吹填，既解决围区吹填砂土资源相对较少的矛盾，又减少疏浚弃土在航道附近设置抛泥区后回淤量大造成对航道及环境的不利影响，实现资源与环境的“双赢”。围区吹填采用艏吹工艺，提高了疏浚弃土的利用率。使用先进的河网水量水质数学模型对围区雨水和吹填水进行科学计算，合理确定水闸规模。对堤身式、堤内式水闸布置从施工期和运行期工程风险和工程投资等开展研究，应用引堤与内围堰结合和闸室底板外挑等新颖结构，节省了工程投资。

上海市华泾北地区排水系统工程

设计单位：上海市政交通设计研究院有限公司

主要设计人员：石红、方琦、陈剑锋、邬海峰、陈翔、王侃文、戎佳红

本工程包括流量 6.83m^3/s 雨水泵站一座，ϕ2000 进水总管约 300m。泵站内设置污水截流设施，将截流污水纳入外环线总管，经处理后统一排放。对泵站的平面布置进行多方案的比选，除充分考虑风向等因素外，合理分隔泵站的空间，臭气源远离住宅小区，噪声源与小区之间用辅助设施用房予以分隔，确保泵站建成后运营期间对周边居民无影响。优化设备选型，进出水总管布置上选用维修更为方便、节省的干式泵作为推荐方案，并采取了相应的隔声除噪措施，满足环境影响评价要求。合理化选择施工工艺，对不同构筑物分别采用围护结构 + 明挖施工及沉井法进行施工。

上海市金海水厂工程

设计单位：上海市政工程设计研究总院（集团）有限公司

主要设计人员：王育、欧阳剑、沈晔、赵晖、祁峰、李秀华、陈振海、柳健、周勤、李静毅、王荣文、王海英、蔡报祥、叶新、刘澄波

总体规模 80 万 m^3/d，一期规模 $40m^3/d$。混凝沉淀工艺采用高效沉淀池，它是将混凝、絮凝、沉淀和浓缩集为一体的紧凑型工艺。过滤工艺采用了高速厚床粗粒滤池，应用了"高速 + 深层过滤"技术，使滤池的过滤速度超过常规指标 100%，滤池滤床厚度达到了 2m，保证出水水质安全和运行稳定。沉淀池的生产废水浓度较高，使排泥水水量大大减少，节约了运行的电能和水耗。至今，其平均出水单耗仅为 332kWh/（km^3· MPa）。水厂设计上全方位考虑应急处置方案，以提高水厂供水的安全性。

上海杭州湾工业开发区有限公司游艇产业基地水闸工程

设计单位：长江勘测规划设计研究有限责任公司上海分公司

主要设计人员：吴睿、徐向阳、华新春、王谊、陈邱云、王宏俊、陆健辉、周汉、陈能成 赵晖、徐良

该工程防洪（潮）标准为 200 年一遇高潮位（6.47m）加 12 级风下限（32.7m/s）。水闸规模为单孔，闸室净宽 12.5m。主闸门采用下卧式平面钢闸门，外形尺寸为 14.9m × 7.3m，双向挡水。大跨度下卧式平面钢闸门水闸，采用水下冲淤系统解决下卧式平面钢闸门淤积难题，采用合理同步控制技术保障闸门安全运行。利用下卧式闸门顶梁设置人行平台，并在闸底板内部设置廊道，廊道既作为控制设备室，又与门顶人行平台互为备用。结合工程区地形条件及本闸的结构方案采用双排桩围堰。机电设计实现了闸门的现地控制和远方遥控控制。

上海市商飞总装基地海塘达标工程

设计单位：上海市水利工程设计研究院有限公司

主要设计人员：王侃睿、卢永金、张赛生、康晓华、欧阳礼捷、朱晓丹、赵楠、原晓明、胡婵

该工程加固南汇东滩促淤圈围五期工程顺坝约 3890m，新建隔堤 2125m。原南汇东滩促淤圈围五期工程顺堤及南侧堤累计总长约 17.2km，商飞总装基地相对应岸线长约为 3.9km，经过综合性的对比分析，确定了原有大堤局部加固达标和新建隔堤达标相结合的方式。采用了外坡加糙的顺堤达标方案。外坡加糙方案是在原大堤外侧增加消浪块体，以增加整个大堤的防汛能力。隔堤按顺堤溃决进行设防，通过详尽周密的分析和计算后，提出在新建隔堤南侧已有 50 年一遇防汛能力的海堤遭遇达到 200 年一遇，新建隔堤按 50 年一遇的防汛标准设防仍然是非常安全的。

常州市江边污水处理厂三期工程

设计单位：上海市政工程设计研究总院（集团）有限公司
合作设计单位：常州市市政工程设计研究院

主要设计人员：高陆令、戴罗平、赵越、孟元龙、梁荣欣、贺伟萍、张丹、袁弘、王敏、居凯艳、黄浩华、耿锋

工程设计处理规模 10 万 m^3/d，包括 DN3000 尾水管 2.4km 及配套管网、泵站，出水达一级 A 标准。采用水解酸化工艺，水解酸化池对 CODcr 的去除率达 40%。对进水泵房及中沉池进行流态计算机数值模拟（CFD）优化技术研究，泵站流速分布均匀度由 49% 提高至 67%，周进周出中沉池水头差由 0.41m 降低至 0.09m，达到节能降耗。采用回转式氧化沟池型 A/A/O 工艺，生化池能耗降低约 10%。尾水回用至常州国电电厂及厂内绿化、二氧化氯消毒动力水等，污泥经浓缩脱水后外运至电厂焚烧发电，实现了污水和污泥的资源化。

苏州宏晟锻造有限公司新建生产用房项目（一期）

设计单位：上海绿地建设设计研究院有限公司

主要设计人：黄耀平、黄涛、王炯杰、周盛、王豪、李瑾、杨兴军、刘瑾、施剑炯、孙磊

项目建筑面积为27659m²，产品为轴类、饼类、法兰、模块、环形类锻件。分成厂前区、电液锤生产区域、空气锤生产区域、2500t水压机生产区域。主要工艺特点：①锻锤设备同侧布置；锻锤装取料机两台锻锤合用，提高设备利用率。②锻锤设备选型正确，减少能源消耗，无生产用水。③锻锤基础采用弹簧隔振装置，减少锻造时产生振动和噪声。④电机均采用变频控制，燃气燃烧采用蓄热式烧嘴，减少废气的排放，经检测废气排放满足环保要求。

上海市轨交11号线北段110kV隆德路主变电所

设计单位：上海电力设计院有限公司

主要设计人：刘鸿、吕伟强、曹林放、龚华、张跃、黄海毅、秦皓、汪筝、王宇卫、毛姝旻、韩洁华、金昀、袁智强、谈红

项目与白玉变电站相邻，总建筑面积5107m²。地面部分为进出风口和人行出入口，建筑高度控制在4.8m以下。技术特点：采用地下结构，设备安装于地下，将主变压器设置在封闭的钢筋混凝土结构房内；采用低噪声风机、设减振基座、隔振吊架及消声器等；墙面使用吸声材料，满足要求。主变电所顶板埋深为0.9m，基坑开挖深度18.7m，采用0.8m厚地下连续墙、四道钢筋混凝土支撑作围护结构，地下连续墙深36m，基坑开挖采用顺作法。

上海梅山钢铁股份有限公司炼钢厂3号RH精炼设施

设计单位：上海梅山工业民用工程设计研究院有限公司

主要设计人：顾经伟、王桂平、张小林、张晓爽、平萍、蔡光华、范敏、邸小娟、张伟、纪爽、孟亭、刘双荣、殷小璐、方文新、许大鹏

RH本体位于炼钢主厂房内，高度50.25m，为10层钢结构平台。首层是钢水车行走通道，在钢水车运行区域的梁底、柱侧等部位设计了隔热防护。上部结构采用钢框架中心支撑结构形式，立面局部有收缩，采用人字形、V形支撑交替布置，减小了支撑受压屈曲后在框架梁与支撑连接处产生的不平衡集中力。节能措施：采用节能型设备；提高钢水的环流量来降低处理时间及能耗；采用五级真空泵喷射系统提高蒸汽的效率；设备冷却水系统和浊环水系统采用循环水系统，降低水耗；真空泵外壳进行保温，减少热量损失。

上海张衡公园景观工程

设计单位：上海浦东建筑设计研究院有限公司

主要设计人员：韩璐芸、梁潇、陈红、俞凡力、潘巍、祖国庆、凌奕枫、黄彬辉、王海军、黄锋、金欢、施丁平、贺中琪、王骏峰

张衡公园位于上海浦东新区张江镇，绿地面积7.3hm²，突出科技人文的主题特色，反映张江地区独特的民俗文化与高科技产业特征，尊重基地当前的生态基底，有效调节现状的不利因素，在保护的基础上，利用乔木林、草坡、自然的水系营造生态优美的绿色环境，园路设计优先选用节能环保，可回收的新型材料，使绿地服务于大众。呈现一个融生态性、知识性、艺术性为一体，集科普娱乐、抗灾减灾、参观游览、强身健体为功能的居住区配套公园。

徐州高铁站区西广场景观工程

设计单位：上海园林工程设计有限公司

主要设计人员：金一鸣、胡蔚、李嫔、钟香斌、衣官平、王丹、娄勇义、王书英、张捷

徐州高铁站区西广场景观总规划面积为 10.16hm^2，其中 6.8hm^2 的景观位于地下车库顶板上。采用传统文化与创新设计相结合，以“时空之纽、四季之带”为设计理念，将传统的中国文化与现代的站前广场相交融。创新亮点主要体现在两方面：一是太阳能光伏板的应用，结合人行出入口的景观艺术化处理，利用太阳能发电来供景观用电；二是雨水回收系统的设置，将雨水收集到雨水收集池里，通过专业设备，供绿化区浇灌。

上海嘉定新城中心区环城林带工程(2 标)

设计单位：上海市园林设计院有限公司

主要设计人员：方尉元、刘晓嫣、缪珊珊、王冬冬、张春华、李珺玉、李娟、陆健、张毅

项目位于嘉定新城西北侧，该标绿化面积 78000m^2，总体景观在空间组织上强调成片、成块、成林，形成与其功能相对应的景观和生态效果。强调三个“有别”：“内外有别”，即外侧空间上强调植物所起的防护作用，内侧则突出了防护林与景观林的结合，满足市民日常简单的休闲、健身等需求；“上下有别”，即在绿化空间的形态上考虑高架“上”方往环城林带观望的景观效果和设施内道路如温泉路、城固路“下”方平视环城林带的景观效果；“轻重有别”，即林带范围内与城市周边交通、用地情况相结合，突出景观节点，“以带串点”。

上海闸北公园改造工程

设计单位：上海市园林工程有限公司

主要设计人员：吕志华、万林旺、张丽伟、洪绿姣、潘怡宁、何翔宇、虞良、吴佳妮、徐金花、张楠、尹豪俊、滕佳雯、王斌、王鼎文、崔迪

闸北公园占地 13.4hm^2，改造工程从完善规划布局、改造基础设施、提升文化内涵、营造景观特色等方面入手，保护现有乔、灌木，调整公园布局，重建道路、供电、排水系统，改造水体，增加活动场地，对各类管理服务建筑进行修缮和改建，优化植物配置，完善便民措施和无障碍设施，使公园更加符合周边居民休闲娱乐需求。改造后的公园以茶文化为主线，以钱氏宗祠为活动中心，建立公园水循环自净系统，将中式园林水景与现代风格的景观融为一体，成为公园的主要特色。整理原有绿化，突出海棠景观特色，丰富植物品种，营造丰富的视觉层次。

泰州引江河疏港公路绿化景观工程

设计单位：上海亦境建筑景观有限公司

合作设计单位：上海交通大学风景园林研究所

主要设计人员：王云、陈辉、蒋锋、池志炜、曹珺、叶俊、姚素梅、龚美雄、桂国华、杨冬彧、张亮、汤志辉、战旗、沈海峰、刘磊

该工程包括两部分：一、疏港公路道路绿化，北起江海高速公路泰州西互通，南至通江大道与高永路交叉口，全长 31.4km，面积约 50hm^2；二、引江河滨水带状公园，引江河以东，疏港公路以西，全长约 20km，宽 15 ~ 50m，面积约 130hm^2。以乡土植物为主体，重点营造出混交密林型、疏林缀花型、开敞草坡型、精致组团型等若干植物群落，构建泰州南北向的生态走廊。以林坡相得益彰充满野趣的乡土景观为基质、现代人文景观节点为斑块、线状的路与水为廊道，点与线相结合，规整与自然相结合，地方人文与生态相结合，构建简洁大气的公路绿化景观与自然生态的滨河绿带。

上海三林老街城市公园

设计单位：上海浦东建筑设计研究院有限公司

主要设计人员：张丽、靳萌、潘巍、陈莉、祖国庆、董文虎、石瑛、金欢、秦丽玲、朱海、宋雪艳、涂秋风、章怡维

三林老街城市公园是三林老街现代文化休闲绿地组团的一部分，位于三林塘港南岸（三新路—长清路），公园面积 28000m^2。景观结构关注滨河空间收放、疏密关系，通过点（入口节点和桥头广场）、线（虚实景观长廊）、面（滨河块面空间）有机结合，营造多维立体的带状岸线风景。通过沿河垂叶植物柔化驳岸，强化水际线设计；以乔灌草、建筑阳台、场地、平台错落分布，提领空间的竖向层次，强化天际线设计。建筑利用沿岸高差与环境景观自然融合；园林植物强化观赏面及近身感受；园路场地有机穿插，呼应总体景观结构，使滨河带状空间立体骨架饱满，不仅可以远观，也经得起近赏。

上海沪闵路—沪杭公路地方交通越江工程测量

设计单位：上海市城市建设设计研究总院

主要设计人员：杨欢庆、丁美、项培林、李友瑾、钱霆、陈仲琳、殷臻莹、佘祖锋、曾绍文、谢远成、李民、金发、刘永平、朱祥、沈文苑

项目全长约 4893m，其中跨越黄浦江段为公路 I 级 + 轨道双层两用高架桥梁，主桥跨径组合为 147m +251.4m。属跨黄浦江特大型桥梁工程。工程平面控制网采用 GPS 技术手段分级布网；高程控制网按照国家二等水准施测；对沪闵路两侧行道树的平面位置、树干直径、树冠直径、树高进行实测，为行道树保护提供数据；对黄浦江水下地形及渡船运营轨迹测量。采用新技术、新方法，针对存在的难题进行技术攻关，开发测量专用软件 2 项。

上海长江隧桥工程岩土工程勘察

设计单位：中船勘察设计研究院有限公司
合作设计单位：上海市隧道工程轨道交通设计研究院

主要设计人员：刘学为、高堂、刘荣毅、吕志慧、徐四一、石长礼、熊卫兵、王旭东、汪德希、季军、丁骏、祁镇廷、方家琴、李定友、杨斌娟

项目南段为上海长江隧道，盾构直径 15.0m，北段为上海长江大桥，主通航孔跨径达到 730m，超过了上海已建的任何一座大桥，线路总长约 25.5km。针对项目的性质及场区地基土的特点，运用取土、标准贯入、静力触探等钻探、原位测试，结合室内物理力学试验、水质分析等；提供的设计参数可靠合理，地基分析详细，结论建议符合设计要求。技术先进：研制水域静探平台，用于水上深孔静探并申请了专利；采用了隧道段 50m 投影间距交错布孔，GPS 全球定位系统进行测放孔，全断面取芯等。

云南弄另水电站工程安全监测

设计单位：上海勘测设计研究院

主要设计人员：陶明星、曹国福、李爱明、林立祥、宋桂华、和再良、臧光文、包伟力、潘江岩、陈刚、肖庆华、王茂胜

项目位于云南省梁河县的龙江干流上，是一座以发电为主，兼有防洪、养殖、旅游等的大型水电工程。内容包括拦河大坝、引水隧洞、高边坡等部位的监测设计观测，电站运营期监测数据分析与安全评估等内容。技术创新：全站仪坐标法在高边坡变形观测中的应用、岩石边坡预应力锚索锚固力的试验研究、新型垂线坐标仪引张线仪在大坝位移监测中的应用、一种简易的垂线管渗水导出装置等。

上海耀江城工程勘察

设计单位：上海海洋地质勘察设计有限公司

主要设计人员：何艳平、李彬勇、李治文、卓路路、秦晓敏、沈祖荣、王龙

位于上海市闸北区天目西路、恒丰路、裕通路、长安路交汇处，包括1幢48层办公楼、1幢25层酒店、1幢13层公寓及裙房，地下三层埋深16～17m，大底盘地下室。合理布置工作量，采用多种测试方法，桩基持力层选择合理；对基坑开挖围护方案进行分析并提出建议；对基坑降水以及现场监测系统提出合理建议，提供围护设计参数，基坑围护采用钢筋混凝土地下连续墙方案。

上海虹桥综合交通枢纽内道路及配套快速集散系统工程勘察 -1 标（七莘路＋地面道路）

设计单位：上海市城市建设设计研究总院

主要设计人员：沈日庚、赵玉花、李民、项培林、汪孝炯、陈洪胜、蒋益平、李平、夏晓莉、张登跃、储岳虎、李青、沈文苑、施广焕、周建文

项目范围为北翟路－七莘路－青虹路－ SN 一路－ EW 二路－ SN 二路闭合区域（不包括北翟路和青虹路），包括道路、桥梁、排水管线、泵站及附属工程，其中道路全长11.6km。线路长，包含的工程类型多，明、暗浜多，地质条件复杂；勘察提供准确的桩基参数、推荐合理的桩型及桩基持力层；对道路范围内明暗浜、生活垃圾进行准确地调查评价，提供的处理建议被设计采纳，推荐各桥梁工点合适桩型，对地道深基坑工程进行了详细分析。

上海北京西路—华夏西路电力电缆隧道工程测量

设计单位：上海市政工程设计研究总院（集团）有限公司

主要设计人员：王勇、罗永权、魏国平、曹建军、朱德禹、许素文、蒋纪新、林翔宇、周志鸿、顾汉忠、管华煜、张毅、詹武奎、高梦怡、李雄飞

项目起点位于北京西路、大田路口世博变电站内的工作井内壁，终点位于浦东三林变电站围墙外1m处，隧道全长15.33km。技术先进性：平面、高程方案优化，平面控制网采用GPS-C级标准，全部以三角形和大地四边形组合，网形强度高，并对黄浦江两岸的平面控制点位置进行了合理调整；高程控制网采用国家二等水准测量标准，选取了双过江路线路使水准路线闭合，水准网由闭合环构成，控制网精度可靠；利用先进设备和科研成果，提升能力；高程点采用深桩基础，平面点采用扩大基础的强制归心钢标架。在四年多的测量工作中，为业主及施工单位提供了可靠的测量数据，为车站结构的顺利施作、地铁隧道的贯通创造了有利的条件。

上海青草沙水库及取输水泵闸安全监测

设计单位：上海勘测设计研究院

主要设计人员：臧光文、肖庆华、包伟力、曹国福、王琦、陈刚、管利平、姚顺雨、林立祥、潘江岩、李爱明、宋桂华、徐兵、陶明星、卢骁慧

青草沙水源地水库位于长江口南支下段南北港分流口水域，由中央沙、青草沙等水域组成。处于长江口三角洲的前缘地带，第四系全新统松散堆积物厚度大，土层层位变化较大。技术创新：微电子式固定测斜仪在软土地基堤坝工程中的应用，土体位移计在软土地基堤坝工程中的应用，围堤和泵闸渗流、应力及变形监测自动化系统应用。工程安全监测与水工结构设计相结合，突出重点，应用了先进的仪器设备和技术，提高了施工效率和工程安全性。

上海闸北区 281 街坊地块工程勘察

设计单位：上海广联建设发展有限公司

主要设计人员：陈红田、董军明、谢攀、曹庆霞、王超、陈秋苑、沈国琴

项目位于中山北路 903 号，由九幢 19 ~ 33 层住宅楼、二幢 14 层住宅楼、四幢 4 层别墅、地下 1 层车库及附属商业用房组成，基础埋深 5.0m。采用多种勘察方法，对场地内地层进行分析与评价，对比选择桩基持力层并根据相关规范及规定，综合判断场地不液化，设计无需考虑地震液化；对桩型与桩长的选择提出优化建议，对桩基施工对周边环境的影响进行了分析与评价，对环境保护提供了建议，提供了可靠的基坑工程相关参数及合理的围护方案，满足设计和施工要求。

葫芦岛海擎重工机械有限公司重型煤化工设备制造厂房地基处理及基础设计

设计单位：上海申元岩土工程有限公司

主要设计人员：张文龙、水伟厚、何立军、梁永辉、魏欢、宋美娜、梁志荣、张蕾

项目为 2010 年辽宁省重点工程，一期建设的厂房建筑面 47500m^2，厂房总高 32.2m，厂房在 400t 行吊荷载运行和厂房内重型设备作用下单柱产生最大设计轴力荷载 10000kN，最大设计弯矩达 15000kN·m。场地部分为陆域，部分为海域，对地基承载力及场地不均匀沉降要求高。技术创新：（1）在陆域形成工作中采用高能级强夯法整体推进方案取代传统方法；（2）采用高能级异形锤复合平锤五遍成夯联合独立浅基础的方案；（3）对基础布置区域填土层厚度和地基承载力要求的不同，采用不同的强夯能级处理。

上海林海公路（A20—A30）工程测量

设计单位：上海市政工程设计研究总院（集团）有限公司

主要设计人员：周志鸿、罗永权、顾汉忠、张毅、林翔宇、曹建军、王勇、管华煜、许素文、徐中珏、邬逢时、杨庆丰、杨建强、张鸿飞、高梦怡

项目北起 A20 外环线，向南经 S32 终点至 A30(郊环线)立交，全长约 27km。测量的主要内容：布设一级 GPS 点控制点 82 点；测设三等水准约 53km，实测 1/1000 数字化地形 544hm^2，中线拟合约 27km，主线测量 27km，菱形立交 3 处，辅道测量 4.5km 以及全线约 27km 的工程调查统计工作。解决现有道路中线拟合、GPS 网的优化等技术难点，应用新技术和新设备，开发中线拟合 CAD 辅助程序、控制网优化处理软件、散点标注程序、纵横断面一体化软件等软件，提高了效率和测量精度。

上海电影博物馆暨电影艺术研究所业务大楼工程勘察

设计单位：上海海洋地质勘察设计有限公司

主要设计人员：何艳平、陈金辉、胡玗晗、李胜、潘观平

项目位于上海市漕溪北路 595 号，项目占地面积约 28388m^2，基坑开挖面积约为 2.14 万 m^2，深度为 10.2m；基坑开挖分为三区，地铁 11 号线从基坑中间地下方穿越；基坑东邻天钥花苑和鑫国家园居民区，西侧紧靠漕溪北路。按监测方案进行监测，为科学合理地安排施工进度及程序，确保周边建筑物和环境安全，为修正设计和施工提供参数；预估了发展趋势，为保障工程顺利完成提供实测数据。

上海长江原水过江管工程岩土工程勘察

设计单位：上海市隧道工程轨道交通设计研究院

主要设计人员：石长礼、熊卫兵、曾洪飞、季军、周新权、杨子良、张龙波、王旭东、李定友、曹晖、杨斌娟、陈艳

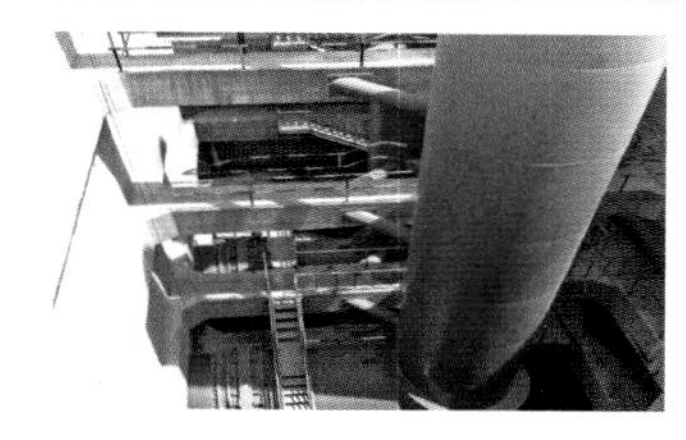

长江原水过江管工程是连接青草沙水库和陆域输水系统的重要纽带，工程包括盾构隧道段、工作井、附属建筑物等。工程全长 7.233km，其中盾构隧道段长度为 7.173km，隧道直径约为 6.8m。勘察采用了多种勘察手段，提供了全面的勘察成果；室内试验项目安排合理、齐全，提供了丰富多样的地层参数；水上钻探作业使用水上泥浆回收利用处理技术，解决了环境保护问题；水上静力触探采用多功能双桥静力触探设备的新工艺。

上海浦东新区基础测绘数据库二期工程（小陆家嘴地下管线普查）

设计单位：上海市测绘院

主要设计人员：姚文强、张黔松、惠方、冯军锋、贾蓉、康明、王传江、朱鸣、蔡巍、陈莉莉、钱小伟、张孝军、高俊潮、崔华、张磊晔

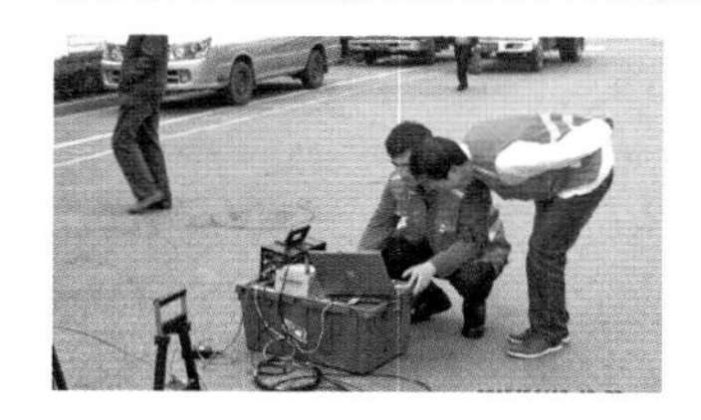

普查范围为黄浦江、浦东南路、东昌路围合区域内的市政道路及通道，总面积约 1.7km^2。普查内容为市政道路及通道下的各类地下管线。区域内管线密度高，交通流量大。制定《上海市浦东新区地下管线测绘技术标准》、普查试验区验证标准、确定数据动态维护流程、数据入库试验等，为浦东新区全面铺开地下管线普查奠定了基础和实践经验。通过在上海市政务网上发布三维管线数据和二维管线图数据，为小陆家嘴地区的管线保护和应急抢险提供保障。

铁路上海站北广场综合交通枢纽工程——地下交通枢纽工程勘察

设计单位：上海市城市建设设计研究总院

主要设计人员：储岳虎、项培林、汪孝炯、李民、蒋益平、沈日庚、赵玉花、施广焕、夏晓莉、李平、沈文苑、刘永平、张正发、刘银宝、张登跃

项目东临地铁 1 号线上海火车站，基坑占地面积约 37000m^2，结构埋深 11.8m。技术创新：钻探取土器和土样筒采用隐形轴阀式厚壁取土器、外肩内锥对开式塑料土样筒和塑料土样筒开筒扳手等新技术，静探采用泥浆灌入式扩孔器和鼠笼式热交换器专利技术，应用液压静力触探机新设备等。推荐基坑设计及桩基设计等岩土参数；在桩型选择、持力层分析选择、基坑围护结构方式的分析选择及基坑开挖注意事项等方面，提出了意见和建议。

上海曹安公路拓宽改建工程——24 号桥工程勘察（蕰藻浜桥）

设计单位：上海市城市建设设计研究总院

主要设计人：蒋益平、项培林、汪孝炯、徐敏生、蒋燕、赵玉花、李平、沈日庚、张正发、张登跃、夏晓莉、应申宁、余祖锋、陈洪胜、李青

项目为跨越蕰藻浜和轨道交通 11 号线的特大型桥梁，主桥跨径组合为 112.8m+81.8m，为系杆拱桥；引桥跨径为 18 ～ 24m，采用简支梁结构；桥梁总长度为 546m，桥梁为双幅桥，总宽度为 48.6m。具有桥梁跨径大、桩基承载力要求高、场地地下管线复杂等特点。报告收集上海区域大桥和特大桥的桩基工程经验，勘察成果中准确的桩基参数、合理的持力层和桩型选择，节约了造价。钻孔灌注桩试桩报告表明，勘察成果中提供的各土层的桩基参数与试桩结果吻合。

南京汉中门高架桥爆破段地铁结构监测

设计单位：上海岩土工程勘察设计研究院有限公司

主要设计人员：郭春生、褚平进、孙俊、张晓沪、王吉、付和宽、程胜一、杨旭、蔡干序、高永、仲子家、侯敬宗、许正文、王昊宇

南京汉中门高架桥进行爆破拆除，地铁从高架桥地下桥墩穿越。为保证地铁安全，爆破后对地铁结构进行全面监测，建立完善的自动化监测系统，将三维扫描新技术应用于地铁变形监测。采用在隧道内设置摄像头，远程监控爆破前后隧道内的表观变化；实施详细的隧道结构状态调查，判断隧道结构的完好性；配置先进的监测设备，建立完善的监测系统，实施自动化监测；为建设方及地铁相关方提供及时、可靠的信息，及时判断地铁隧道的结构安全，避免恶性事故的发生。

上海徐汇滨江公共开放空间综合环境建设（一期）物探工程

设计单位：上海市城市建设设计研究总院

主要设计人员：徐敏生、项培林、陶艳娥、谢远成、刘永平、沈日庚、丁美、杨振涛、金发、杨欢庆、沈文苑、蒋益平、蒋燕、陈仲琳、殷臻莹

项目位于黄浦江两岸综合开发核心区最南端，紧邻世博江南造船厂园址，用地面积约 77.40hm^2，岸线长度 8.4km，包含绿地景观（含配套建筑）建设、丰溪路道路（含龙华港桥）、亲水平台及码头改造和防汛墙改造四部分内容。线路长、管线复杂、非开挖过黄浦江管线探测难度大、构筑物类型多等特点；实施多种物探方法、手段，物探、勘察、测量专业相结合，开展“深埋非开挖金属管线三维定位技术”研究，解决了技术难题，经验证，物探的成果与实际基本相符。

上海军工路越江隧道工程工程勘察

设计单位：上海市隧道工程轨道交通设计研究院

主要设计人员：石长礼、季军、周新权、熊卫兵、王旭东、杨子良、曾洪飞、李定友、曹晖、杨斌娟、陈艳

项目是中环线的两个越江工程之一，起自军工路，向东南下穿长阳路、定海港运河、复兴岛、黄浦江后，沿金桥路继续下穿浦东大道后接地，包括盾构隧道段、工作井、暗埋段、敞开段、接线道路等。工程全长约 3.05km，其中盾构隧道段长度约为 1.5km，隧道直径约为 14m。技术先进性：采用了多种勘察手段，提供了准确的勘察成果；室内试验项目安排合理；水上钻探作业使用水上泥浆回收利用技术，减少了排放；水上静力触探采用多功能双桥静力触探设备的新工艺。

上海中海闸北 189/191 街坊工程勘察

设计单位：上海协力岩土工程勘察有限公司

主要设计人员：董为光、董为靖、陆顺兴、范恒龙、马静嵘、龚新华、程辉、张梓龙

项目位于永兴路以南、大统路以东。主要包括三幢办公楼及商业区，层高为 13 ～ 14 层，商业楼为 1 ～ 3 层，基坑开挖深度 5 ～ 10m。采用钻探、静探、标贯外，还采用了注水试验、十字板剪切等测试手段，室内试验增加了三轴、渗透、无侧限抗压强度试验和静止土侧压力系数测定等特殊试验，为基坑围护和降排水设计提供了计算参数，进行了桩基持力层对比，为确定持力层提供了条件；桩基计算参数、沉降量估算参数可靠，其单桩竖向承载力与静载荷试验值基本一致。

上海新场镇 20 街坊 1/3、1/4 丘商品房岩土工程勘察

设计单位：上海豪斯岩土工程技术有限公司

主要设计人员：金耀岷、秦承、段新平、魏征、郭建荣、陈强

项目位于浦东新区新场镇，包括 5 幢 20 层住宅、16 幢 3 层别墅、地下车库及配套用房等。高层建筑勘探孔深在 50 ~ 70m，多层别墅勘探孔深在 35 ~ 40m，地下车库考虑采用抗拔桩，结合高层建筑的布孔，确定勘探孔深 25m；采用钻探和静探、标贯等手段，对不同的建筑提出相应的桩基持力层选择，对基坑施工提出了较合理的围护和开挖建议。通过施工、静载荷试验，验证了报告对地层的分析和桩承载力参数的合理性，基坑施工安全，建筑物沉降稳定满足规定。

2012—2013上海优秀勘察设计

获奖项目一览表

一等奖

项目名称	设计单位（合作设计单位）	索引
上海东方体育中心综合体育馆游泳馆	上海建筑设计研究院有限公司 （德国GMP国际建筑设计公司）	2
上海同济科技园A2楼	同济大学建筑设计研究院(集团)有限公司	4
上海陆家嘴金融贸易区X2地块	华东建筑设计研究院有限公司 [Pelli Clarke Pelli Architects、巴马丹拿国际公司、茂盛结构顾问有限公司、柏诚（亚洲）有限公司]	6
武汉光谷生态艺术展示中心	华东建筑设计研究院有限公司	8
华能大厦	华东建筑设计研究院有限公司 （美国KPF建筑师事务所）	10
上海华为技术有限公司上海基地	上海建筑设计研究院有限公司 （SOM建筑师事务所）	12
上海市质子重离子医院	上海建筑设计研究院有限公司	14
上海市委党校二期工程（教学楼、学员楼）	同济大学建筑设计研究院(集团)有限公司	16
上海衡山路12号豪华精品酒店	华东建筑设计研究院有限公司 （Mario Botta建筑师设计事务所）	18
上海太平金融大厦	上海建筑设计研究院有限公司 （日本株式会社日建设计）	20
上海浦东嘉里中心(A-04地块)	同济大学建筑设计研究院(集团)有限公司 （KPF建筑设计有限公司、迈进机电工程顾问公司、科进咨询有限公司）	22
北京会议中心8号楼	华东建筑设计研究院有限公司	24
上海盛大中心	华东建筑设计研究院有限公司 （SOM建筑师事务所）	26
上海浅水湾恺悦办公商业综合体（国棉二厂地块旧区改造项目之西侧公建）	同济大学建筑设计研究院(集团)有限公司	28
上海漕河泾开发区浦江高科技园A1地块工业厂房（一期）	上海建筑设计研究院有限公司 （德国GMP国际建筑设计责任有限公司）	30
上海申都大厦改建项目	华东建筑设计研究院有限公司	32
上海青浦夏阳湖酒店	上海建筑设计研究院有限公司 （HPP建筑设计公司）	34
上海漕河泾万丽酒店（漕河泾开发区新建酒店、西区W19-1地块商品房）	同济大学建筑设计研究院(集团)有限公司	36
黄浦区第一中心小学迁建项目	同济大学建筑设计研究院(集团)有限公司	38
上海思南公馆改建、新建项目	上海江欢成建筑设计有限公司 [夏邦杰建筑设计咨询（上海）有限公司]	40
中科院上海药物研究所海科路园区	华东建筑设计研究院有限公司	42
苏州市中医医院迁建工程	上海励翔建筑设计事务所 （美国CMC建筑与规划事务所、上海源涛机电工程设计事务所、上海长福工程结构设计事务所）	44

续表

项目名称	设计单位（合作设计单位）	索引
天津师范大学体育馆	同济大学建筑设计研究院(集团)有限公司	46
上海交通大学医学院附属瑞金医院（嘉定）	上海励翔建筑设计事务所 （上海江南建筑设计有限公司）	48
上海音乐学院改扩建教学楼	同济大学建筑设计研究院（集团）有限公司	50
上海漕河泾现代服务业集聚区二期（一）工程	上海建筑设计研究院有限公司 [（株式会社）日本设计]	52
上海静安区54号地块（华敏帝豪大厦）	华东建筑设计研究院有限公司	54
中国银行上海分行大楼修缮工程	上海章明建筑设计事务所、上海建筑设计研究院有限公司	56
上海南翔镇丰翔路3109弄地块项目	上海天华建筑设计有限公司	58
上海杨浦新江湾城B3-01地块经济适用房项目	上海中房建筑设计有限公司	60
浙江富阳万科富春•泉水湾三期悦山苑	上海中房建筑设计有限公司	62
上海董家渡11号地块（一期）	华东建筑设计研究院有限公司 （美国JWDA建筑设计事务所）	64
上海经纬城市绿州B地块	同济大学建筑设计研究院（集团）有限公司	66
上海嘉定新城麦积路东侧地块(龙湖郦城)一期	中国建筑上海设计研究院有限公司	68
上海轨道交通11号线嘉定新城站401地块	中船第九设计研究院工程有限公司 [王欧阳（香港）有限公司]	70
福州世茂茶亭国际花园臻园	华东建筑设计研究院有限公司	72
重庆市金融街融城华府	华东建筑设计研究院有限公司	74
上海国棉二厂地块旧区改造项目	同济大学建筑设计研究院（集团）有限公司	76
上海浦江镇122-9号地块商品房项目	上海爱建建筑设计院有限公司	78
杭州市九堡大桥工程	上海市政工程设计研究总院（集团）有限公司	80
上海市轨道交通9号线徐家汇枢纽站	上海市城市建设设计研究总院	82
宁波市明州大桥(东外环甬江大桥)	上海市政工程设计研究总院（集团）有限公司	84
上海市上中路隧道工程	上海市隧道工程轨道交通设计研究院	86
上海通用汽车研发试验中心（广德）	上海市政工程设计研究总院（集团）有限公司	88
上海市青草沙水库原水过江管工程	上海市隧道工程轨道交通设计研究院	90
哈尔滨市三环路西线跨松花江大桥工程	上海市城市建设设计研究总院	92
重庆市轨道交通三号线一期工程	上海市隧道工程轨道交通设计研究院 [重庆市轨道交通设计研究院有限责任公司、北京城建设计研究总院有限责任公司、上海市政工程设计研究总院（集团）有限公司]	94
上海市崇明至启东长江公路通道工程（上海段）	同济大学建筑设计研究院（集团）有限公司 [上海市政工程设计研究总院（集团）有限公司]	96

续表

项目名称	设计单位（合作设计单位）	索引
宁波市外滩大桥工程	上海市政工程设计研究总院（集团）有限公司	98
北京市轨道交通房山线工程	上海市隧道工程轨道交通设计研究院（中铁第一勘察设计院集团有限公司、北京市建筑设计研究院有限公司、中铁大桥勘测设计院集团有限公司、中铁工程设计咨询集团有限公司、中铁电气化勘测设计研究院有限公司、北京城建设计研究总院有限责任公司）	100
上海市轨道交通2号线东延伸工程	上海市政工程设计研究总院（集团）有限公司[上海市城市建设设计研究总院、中铁二院工程集团有限责任公司、中铁电气化勘测设计研究院有限公司、上海市隧道工程轨道交通设计研究院、中铁上海设计院集团有限公司、铁道第三勘察设计院集团有限公司、同济大学建筑设计研究院(集团)有限公司、 上海市地下空间设计研究总院有限公司]	102
上海市白龙港城市污水处理厂污泥处理工程	上海市政工程设计研究总院（集团）有限公司	104
青草沙水库及取输水泵闸工程	上海勘测设计研究院（上海市水利工程设计研究院）	106
上海虹桥综合交通枢纽水系整治工程	上海市水利工程设计研究院	108
上海苏州河长宁环卫（市政）码头搬迁工程	上海市政工程设计研究总院（集团）有限公司	110
青草沙水源地原水工程五号沟泵站工程	上海市政工程设计研究总院（集团）有限公司	112
青草沙水源地原水工程严桥支线	上海市政工程设计研究总院（集团）有限公司	114
泉州五里桥文化公园景观设计	上海市园林设计院有限公司	116
湘江株洲段生态治理及防洪工程（园林景观）	上海市政工程设计研究总院（集团）有限公司	118
太仓市文化中心、图博中心景观工程	上海市园林设计院有限公司	120
昆山市夏驾河“水之韵”城市休闲文化公园	上海亦境建筑景观有限公司（上海交通大学风景园林研究所、上海上农园林环境建设有限公司）	122
南园滨江绿地（公园）改扩建工程	同济大学建筑设计研究院（集团）有限公司	124
张家港市城北新区三条道路景观绿化工程	上海市园林设计院有限公司	126
青草沙五号沟泵站与输水管道岩土工程勘察、咨询、监测及测试	上海岩土工程勘察设计研究院有限公司	128
杭州金沙湖绿轴下沉式广场工程基坑原位监测及地铁隧道保护监测项目	上海市政工程设计研究总院（集团）有限公司	129
上海天文台65m射电望远镜岩土工程勘察、测试及咨询	上海岩土工程勘察设计研究院有限公司	130
崇明至启东长江公路通道工程岩土工程勘察（上海段）	中船勘察设计研究院有限公司（上海市城市建设设计研究总院）	131
上海辰山植物园工程勘察与岩土工程	上海申元岩土工程有限公司	132
苏州东方之门岩土工程勘察、监测及咨询	上海岩土工程勘察设计研究院有限公司	133
郑州绿地广场岩土工程勘察及咨询	上海岩土工程勘察设计研究院有限公司（河南省建筑设计研究院有限公司）	134

续表

项目名称	设计单位（合作设计单位）	索引
上海市白龙港城市污水处理厂升级改造、扩建、污泥处理工程勘察	上海市政工程设计研究总院（集团）有限公司	135
中朝鸭绿江界河公路大桥工程测量	上海市测绘院	136
上海市轨道交通7号线工程勘察	上海市城市建设设计研究总院 [上海岩土工程勘察设计研究院有限公司、上海申元岩土工程有限公司、上海市隧道工程轨道交通设计研究院、上海市政工程设计研究总院（集团）有限公司、上海广联建设发展有限公司]	137

二等奖

项目名称	设计单位（合作设计单位）	索引
上海古北国际财富中心(二期)	上海建筑设计研究院有限公w司 [久米新生设计咨询（上海）有限公司]	140
上海城投控股大厦	同济大学建筑设计研究院（集团）有限公司 (上海市隧道工程轨道交通设计研究院)	141
上海一七八八国际大厦	华东建筑设计研究院有限公司	142
上海音乐学院改扩建排演中心	同济大学建筑设计研究院（集团）有限公司	143
上海会馆史陈列馆	同济大学建筑设计研究院（集团）有限公司	144
复旦大学附属金山医院迁建工程	华东建筑设计研究院有限公司	145
三亚市凤凰岛国际养生度假中心酒店式公寓	上海江欢成建筑设计有限公司 (MAD建筑事务所)	146
上海临港新城皇冠假日酒店	上海建筑设计研究院有限公司 [阿特金斯顾问（深圳）有限公司]	147
上海市浦东医院	同济大学建筑设计研究院（集团）有限公司	148
中国科学技术大学环境与资源楼	同济大学建筑设计研究院（集团）有限公司	149
天津津门	华东建筑设计研究院有限公司 [美国SOM建筑设计事务所、柏诚工程技术（北京）有限公司]	150
上海市宝山区人民法院	上海建筑设计研究院有限公司	151
上海外高桥中国金融大厦	上海现代建筑设计（集团）有限公司	152
上海越洋国际广场	华东建筑设计研究院有限公司 (日本株式会社久米设计)	153
济南山东省立医院东院区一期	华东建筑设计研究院有限公司 [斯构莫尼建筑设计咨询（上海有限公司）]	154

续表

项目名称	设计单位（合作设计单位）	索引
嘉兴同济大学浙江学院实验楼	同济大学建筑设计研究院（集团）有限公司	155
天津津塔	华东建筑设计研究院有限公司 [美国SOM建筑设计事务所、柏诚工程技术（北京）有限公司]	156
上海证大喜玛拉雅艺术中心	上海现代建筑设计（集团）有限公司 （矶崎新工作室）	157
哈大铁路客运专线大连北站站房工程	同济大学建筑设计研究院（集团）有限公司 （铁道第三勘察设计院集团有限公司）	158
杭州圣奥中央商务大厦	同济大学建筑设计研究院（集团）有限公司	159
上海新江湾城公建配套幼儿园（中福会幼儿园）	同济大学建筑设计研究院（集团）有限公司	160
上海嘉瑞国际广场	上海中房建筑设计有限公司 [夏邦杰建筑设计咨询（上海）有限公司]	161
上海小南国花园大酒店	华东建筑设计研究院有限公司 （PETER HAHN）	162
江苏省天目湖涵田度假村中央酒店	华东建筑设计研究院有限公司 （BBG-BBGM美国建筑事务所）	163
上海朱家角人文艺术馆新建工程	上海现代华盖建筑设计研究院有限公司 （上海山水秀建筑设计顾问有限公司）	164
无锡市人民医院二期工程	上海建筑设计研究院有限公司	165
上海十六铺地区综合改造一期工程	上海现代建筑设计（集团）有限公司	166
华东理工大学新建奉贤校区体育馆	中船第九设计研究院工程有限公司	167
杭州市浙江财富金融中心	上海建筑设计研究院有限公司 （美国约翰波特曼建筑师事务所）	168
青岛远雄国际广场	建学建筑与工程设计所有限公司 [大原建筑设计咨询（上海）有限公司(李祖原联合建筑师事务所）]	169
京沪高速铁路上海虹桥铁路客站工程	上海现代建筑设计（集团）有限公司 （铁道第三勘察设计院集团有限公司）	170
苏州金鸡湖大酒店二期（8号楼）	上海建筑设计研究院有限公司	171
无锡大剧院	上海建筑设计研究院有限公司 （芬兰PES建筑设计事务所）	172
无锡（惠山）生命科技产业园启动区一期工程	中石化上海工程有限公司	173
上海浦江双辉大厦	华东建筑设计研究院有限公司 （ARQ ARUP JRP）	174
上海市百一店修缮工程	上海章明建筑设计事务所 [上海建筑装饰（集团）有限公司、上海尊创建筑设计有限公司]	175
上海徐汇中学崇思楼保护工程	上海交大安地建筑设计有限责任公司	176

续表

项目名称	设计单位（合作设计单位）	索引
上海思南公馆保护工程	上海江欢成建筑设计有限公司 [夏邦杰建筑设计咨询（上海）有限公司]	177
苏州工业园区5号地块一期别墅区（苏州怡和花园）	中船第九设计研究院工程有限公司	178
大连市金海花园广场（双塔）	华东建筑设计研究院有限公司	179
香港新世界花园9号房	上海中房建筑设计有限公司 [龚书楷建筑师事务所有限公司（香港）]	180
上海好世皇马苑（11号线马陆站住宅、商业及办公用房项目B块）	汉嘉设计集团股份有限公司 [日宏（上海）建筑设计咨询有限公司、上海伍玛建筑设计咨询有限公司]	181
上海保利置业新江湾城项目（上海保利维拉家园）	上海联创建筑设计有限公司	182
上海顾村一号基地“馨佳园”A5-5地块	上海现代建筑设计（集团）有限公司	183
上海新凯家园三期A块经济适用房项目	上海中房建筑设计有限公司 （上海沪防建筑设计有限公司）	184
苏州龙潭嘉苑	中船第九设计研究院工程有限公司	185
无锡新区项目B地块（金科米兰花园）5号楼	上海联创建筑设计有限公司	186
苏州龙潭苑	中船第九设计研究院工程有限公司	187
上海嘉定新城马陆东方豪园东地块一期德立路东侧地块	上海江南建筑设计院有限公司 （上海日清建筑设计有限公司）	188
上海万顺水原墅一、二期	上海中房建筑设计有限公司	189
上海金山新城E-8地块30号楼	上海天华建筑设计有限公司	190
重庆市金融街彩立方	华东建筑设计研究院有限公司	191
上海上广电地块经济适用住房项目（一标段）	中国海诚工程科技股份有限公司 （上海市地下空间设计研究总院有限公司）	192
苏州东环路长风住宅项目	上海天华建筑设计有限公司	193
上海市宝山区庙行镇场北村共康二块住宅区11-1地块经济适用房项目	上海天华建筑设计有限公司	194
上海地杰国际城C街坊住宅项目C-1地块（一、二期）12号楼	上海中森建筑与设计顾问有限公司	195
上海高福坊（闸北区33号街坊旧区地块）	上海三益建筑设计有限公司	196
上海金球怡云花园	上海天华建筑设计有限公司	197
上海南桥镇2252号地块商品房住宅项目(东区)	华东建筑设计研究院有限公司	198
上海徐泾大型社区经济适用房基地项目D地块	上海中房建筑设计有限公司	199
上海嘉定白银路A11-1地块7号住宅	上海中星志成建筑设计有限公司	200
黄浦江上游航道整治工程——横潦泾大桥改造工程	上海市城市建设设计研究总院	201

续表

项目名称	设计单位（合作设计单位）	索引
上海市罗店中心镇公共交通配套工程	上海市城市建设设计研究总院 [上海市隧道工程轨道交通设计研究院、中铁上海设计院集团有限公司、中铁电气化勘测设计研究院、同济大学建筑设计研究院(集团)有限公司]	202
上海市人民路隧道工程	上海市隧道工程轨道交通设计研究院	203
乌鲁木齐市外环路东北段道路工程	上海市政工程设计研究总院（集团）有限公司	204
上海市内环线浦东段快速化改建工程（龙阳路段）	上海市城市建设设计研究总院	205
上海市申江路（华夏中路北—规划三路）新建工程	上海市城市建设设计研究总院	206
鄂尔多斯市东胜区包茂高速公路跨线桥工程	上海林同炎李国豪土建工程咨询有限公司	207
泉州市江滨北路道路拓改工程	上海市城市建设设计研究总院 （泉州市城市规划设计研究院）	208
莆田市华林经济开发区樟林大桥工程	上海市政工程设计研究总院（集团）有限公司	209
无锡市新华路（金城路—锡东大道）工程	上海市政工程设计研究总院（集团）有限公司	210
上海市内环线浦东段快速化改建工程（罗山路段）	上海市政工程设计研究总院（集团）有限公司	211
贵阳市东二环道路工程	上海市政工程设计研究总院（集团）有限公司	212
上海市嘉闵高架路（联明路—徐泾中路）工程	上海市政工程设计研究总院（集团）有限公司	213
合肥市滨湖新区塘西河再生水厂工程	上海市城市建设设计研究总院	214
嘉兴市南郊贯泾港水厂二期扩建工程	上海市政工程设计研究总院（集团）有限公司	215
青岛市海泊河污水处理厂改扩建工程	上海市政工程设计研究总院（集团）有限公司	216
上海市横沙东滩促淤圈围（四期）工程	上海市水利工程设计研究院有限公司	217
青草沙水源地原水工程——凌桥支线工程	上海市水利工程设计研究院有限公司 （中国市政工程西南设计研究院）	218
宁波市周公宅皎口水库引水及城市供水环网工程	上海市政工程设计研究总院（集团）有限公司	219
宁波市江南污水处理厂工程	上海市政工程设计研究总院（集团）有限公司	220
舟山市小干污水处理厂（一期）工程	上海市城市建设设计研究总院	221
上海市白龙港污泥预处理应急工程	上海市政工程设计研究总院（集团）有限公司 （上海环境卫生工程设计院）	222
崇明环岛运河南河中段及周边水系整治工程	上海市水利工程设计研究院有限公司	223
即墨市污水处理厂升级工程	上海市政工程设计研究总院（集团）有限公司	224
苏州市七子山垃圾填埋场渗沥液处理站升级改造	上海市政工程设计研究总院（集团）有限公司	225
上海崇明北沿风力发电工程	上海电力设计院有限公司	226
上海500kV漕泾变电站工程	上海电力设计院有限公司	227

续表

项目名称	设计单位（合作设计单位）	索引
2011西安世界园艺博览会上海园工程	上海市政工程设计研究总院（集团）有限公司	228
上海康健园改造工程	上海市园林设计院有限公司	229
第八届中国（重庆）国际园林博览会——上海园	上海市园林设计院有限公司	230
上海方塔园局部改造工程	上海市园林设计院有限公司	231
无锡锡惠名胜区入口公园工程	上海市园林工程有限公司	232
太原湖滨广场综合项目岩土工程勘察及咨询	上海岩土工程勘察设计研究院有限公司 （太原市建筑设计研究院）	233
上海市虹桥机场迎宾三路隧道工程勘察	上海市政工程设计研究总院（集团）有限公司	234
浙江省宁波市象山县爵溪街道地热(温泉)资源勘察	上海地矿工程勘察有限公司	235
上海市A8公路拓宽改建工程勘察	上海市政工程设计研究总院（集团）有限公司	236
上海金虹桥国际中心项目勘察及基坑围护设计	上海申元岩土工程有限公司	237
杭州地铁2号线一期工程（东南段）控制测量及施工控制测量检测	上海岩土工程勘察设计研究院有限公司	238
江苏省宜兴市油车水库工程勘察	上海勘测设计研究院	239
上海沪闵路—沪杭公路地方交通越江工程勘察	上海市城市建设设计研究总院	240
上海外滩源33号项目公共绿地及地下空间利用工程勘察	上海申元岩土工程有限公司	241
连云港港徐圩港区防波堤工程海上物探	上海岩土工程勘察设计研究院有限公司	242
上海洋山深水港区水下地形监测	中交第三航务工程勘察设计院有限公司	243
上海人民路越江隧道工程岩土工程勘察与专题研究	上海市隧道工程轨道交通设计研究院	244

三等奖

项目名称	设计单位（合作设计单位）	索引
浙江南浔农村合作银行新建营业大楼	上海建筑设计研究院有限公司	246
上海新凯家园三期A块配套幼儿园	同济大学建筑设计研究院（集团）有限公司	246
上海国际设计中心(国康路50号办公楼)	同济大学建筑设计研究院（集团）有限公司 （安藤忠雄建筑研究事务所）	246
上海同济晶度大厦（逸仙路25号地块）	同济大学建筑设计研究院（集团）有限公司	246
苏州晋合洲际酒店	华东建筑设计研究院有限公司 （SRSS美国建筑师事务所）	247

续表

项目名称	设计单位（合作设计单位）	索引
沈阳星摩尔购物广场	中国建筑上海设计研究院有限公司 [爱勒建筑设计咨询（北京）有限公司]	247
解放日报新闻中心	华东建筑设计研究院有限公司 （美国KMD建筑设计公司）	247
上海宝地广场	上海建筑设计研究院有限公司	247
上海市工业技术学校	上海建科建筑设计院有限公司	248
铁路上海站北站房改造工程	华东建筑设计研究院有限公司 （上海市城市建设设计研究总院）	248
上海浦东高东福利院	上海浦东建筑设计研究院有限公司	248
崇明电信培训园区	上海现代建筑设计（集团）有限公司	248
苏中江都民用机场航站楼	华东建筑设计研究院有限公司	249
上海长风主题商业娱乐中心	上海建筑设计研究院有限公司 （新加坡PJAR亚洲集团私人有限公司）	249
上海海上海新城8号、9号、10号办公楼	上海中星志成建筑设计有限公司	249
无锡市公安消防指挥中心用房及消防一中队用房	同济大学建筑设计研究院（集团）有限公司 （江苏泛亚联合建筑设计有限公司）	249
上海徐汇区百花街中学	上海高等教育建筑设计研究院	250
常熟世茂3-04地块A楼	上海中房建筑设计有限公司	250
济南省府前街红尚坊	上海三益建筑设计有限公司	250
无锡中国微纳国际创新园一期启动区	上海中森建筑与工程设计顾问有限公司	250
昆明南亚风情第一城（B1地块）	同济大学建筑设计研究院（集团）有限公司	251
无锡市公安局交巡警支队、车管所及交通指挥中心业务用房	同济大学建筑设计研究院（集团）有限公司 （江苏泛亚联合建筑设计有限公司）	251
无锡天一实验学校	同济大学建筑设计研究院（集团）有限公司	251
沪杭铁路客运专线松江南站	上海联创建筑设计有限公司	251
上海不夜城406地块项目	上海天华建筑设计有限公司 （上海新华建筑设计有限公司）	252
南京第十四研究所电子科技产业大楼	上海联创建筑设计有限公司	252
上海新国际博览中心P1停车库	上海市建工设计研究院有限公司	252
上海北蔡社区文化中心	上海市建工设计研究院有限公司 [夏肯尼曦（上海）建筑设计事务所有限公司]	252
上海平高世茂中心	华东建筑设计研究院有限公司	253
上海兴江海景园3号房	上海中房建筑设计有限公司	253

续表

项目名称	设计单位（合作设计单位）	索引
乌兹别克斯坦外科治疗中心	上海建筑设计研究院有限公司	253
昆山世茂小学幼儿园	上海中房建筑设计有限公司	253
上海世纪公园七号门餐厅扩建工程	上海浦东建筑设计研究院有限公司	254
合肥利港喜来登酒店（尚公馆）3号楼	中国建筑上海设计研究院有限公司	254
上海外高桥港区六期工程管理区	上海原构设计咨询有限公司	254
云南师范大学呈贡校区游泳馆	同济大学建筑设计研究院（集团）有限公司	254
上海海上SOHO商务中心、SOHO购物中心	上海中星志成建筑设计有限公司	255
上海赢华国际广场	上海建筑设计研究院有限公司 [Gensler晋思建筑咨询（上海）有限公司]	255
上海建科院莘庄综合楼	上海建科建筑设计院有限公司	255
上海卢湾区（05地块街坊）开平路70号地块办公楼	上海现代建筑设计（集团）有限公司	255
京西宾馆东楼维修工程	华东建筑设计研究院有限公司	256
上海圣和圣广场二期	上海建科建筑设计院有限公司	256
上海浦江镇127-1号地块配套用房	中国建筑上海设计研究院有限公司	256
南通航运职业技术学院天星湖校区图文信息中心B楼	同济大学建筑设计研究院（集团）有限公司	256
上海共康商业中心（风尚天地广场）	上海三益建筑设计有限公司	257
上海杨浦区绿地汇创国际广场	上海工程勘察设计有限公司	257
上海核工院核电研发设计中心	上海核工程研究设计院	257
南京世茂HILTON酒店	华东建筑设计研究院有限公司 （日本设计株式会社）	257
上海南洋模范高级中学	上海建科建筑设计院有限公司	258
上海张江集电港B区4-8地块项目	大地建筑事务所（国际）上海分公司 （美国JWDA建筑设计事务所）	258
萨摩亚独立国政府综合办公楼	上海现代建筑设计（集团）有限公司	258
上海绿地嘉创国际商务广场	上海工程勘察设计有限公司	258
青岛乐客城（夏庄路7号改造工程 伟东•城市广场二期商业区）	中国建筑上海设计研究院有限公司 （美国Mix Studioworks）	259
新疆莎车县综合福利中心	上海浦东建筑设计研究院有限公司	259
上海万宝国际广场	中船第九设计研究院工程有限公司 （加拿大P&H国际建筑师事务所）	259

续表

项目名称	设计单位（合作设计单位）	索引
安徽省政务服务中心大厦及综合办公楼	同济大学建筑设计研究院（集团）有限公司	259
安徽大众大厦	中国建筑上海设计研究院有限公司	260
启东环球大厦（启东博圣广场）	中船第九设计研究院工程有限公司 （加拿大P&H国际建筑师事务所）	260
上海罗店新镇C3-3.4.5地块	上海天华建筑设计有限公司	260
上海南汇区航头基地四号地块经济适用房	上海中房建筑设计有限公司 （上海结建民防建筑设计有限公司）	260
上海绿地云峰名邸	上海中建建筑设计院有限公司	261
上海五月花生活广场 1幢（1号、2号、3号楼）	上海市建工设计研究院有限公司 [何显毅（中国）建筑师楼有限公司]	261
上海新江湾城C5-4地块加州水郡	上海建筑设计研究院有限公司 [凯里森建筑咨询（上海）有限公司]	261
上海怡佳公寓	上海中房建筑设计有限公司 （上海新华建筑设计院）	261
上海同润车亭公路四号地块（一期）	上海市建工设计研究院有限公司 （RIA国际都市建筑设计研究所）	262
上海市普陀区金光地块配套商品房二期住宅工程 10号楼	华东建筑设计研究院有限公司	262
上海罗店新镇住宅项目C4-2地块	上海中房建筑设计有限公司	262
成都卡斯摩广场一期1号楼	上海中星志成建筑设计有限公司	262
上海市瑞虹新城第三期四号地块	上海诚建建筑规划设计有限公司	263
江苏中海苏州独墅湖项目(中海独墅岛)	上海原构设计咨询有限公司	263
上海春江美庐/杨行F地块新建商品房	华东建筑设计研究院有限公司	263
大连市生辉第一城15号楼	华东建筑设计研究院有限公司	263
上海金鼎香樟苑(嘉定区真新街道建华小区A地块)	汉嘉设计集团股份有限公司	264
上海慧芝湖花园三期	上海现代建筑设计（集团）有限公司	264
上海馨宁公寓 （徐汇华泾地块经济适用房及配套商品房项目）	中国海诚工程科技股份有限公司	264
安徽池州新时代花园一期 11号楼	上海城乡建筑设计院有限公司	264
上海杨浦366街坊地块配套商品房	上海城乡建筑设计院有限公司	265
江苏大丰市金润嘉园1号楼	上海建科建筑设计院有限公司	265
上海宝山罗泾“海上御景苑”一期5号楼	上海中星志成建筑设计有限公司	265
上海嘉定新城B地块一期	上海中森建筑与设计顾问有限公司 （上海联创建筑设计有限公司）	265

续表

项目名称	设计单位（合作设计单位）	索引
南京龙池翠洲花园二组团07栋	上海林同炎李国豪土建工程咨询有限公司	266
上海嘉定中星海上名豪苑（一期）	上海中星志成建筑设计有限公司	266
上海罗店新镇美兰湖花园	泛华建设集团有限公司	266
上海恒盛湖畔豪庭5号楼	上海市房屋建筑设计院有限公司	266
上海天歌华庭（一期二期三期）	上海三益建筑设计有限公司	267
上海市浦江镇原选址基地七号地块（博雅苑）	中船第九设计研究院工程有限公司	267
上海恒盛鼎城（西城）	上海工程勘察设计有限公司	267
广东肇庆上海城	上海海天建筑设计有限公司	267
上海市打浦路隧道复线工程	上海市城市建设设计研究总院	268
浦东张江有轨电车项目一期工程	上海市城市建设设计研究总院	268
天津市国泰桥工程	同济大学建筑设计研究院（集团）有限公司	268
深圳地铁5号线（环中线）塘朗车辆段工程	上海市隧道工程轨道交通设计研究院	268
惠州市下角东江大桥（合生大桥）工程	同济大学建筑设计研究院（集团）有限公司	269
唐山曹妃甸工业区1号桥工程	上海市政工程设计研究总院（集团）有限公司	269
上海市陆家嘴中心区二层步行连廊系统一期工程	上海市隧道工程轨道交通设计研究院	269
常州市武进西太湖生态休闲区核心区滨湖路二期桥梁工程——天鹅形斜拉桥	上海市政工程设计研究总院（集团）有限公司	269
上海市新建路隧道人民路隧道浦东接线工程	上海市政工程设计研究总院（集团）有限公司	270
南通市通宁大道快速化改造工程	上海市政工程设计研究总院（集团）有限公司	270
莆田市城港大道跨木兰溪大桥工程	上海市政工程设计研究总院（集团）有限公司	270
上海市大芦线航道整治一期（临港新城段）Y6桥工程	上海市政工程设计研究总院（集团）有限公司	270
上海市中环线浦东段（上中路越江隧道—申江路）设计6标(罗山路立交)工程	上海浦东建筑设计研究院有限公司	271
福建省南平市闽江大桥工程	上海林同炎李国豪土建工程咨询有限公司	271
宁波市东外环—江南公路互通立交工程	上海林同炎李国豪土建工程咨询有限公司	271
莆田市荔港大道木兰溪大桥工程	上海市政工程设计研究总院（集团）有限公司	271
无锡市金城东路快速化改造工程（景椟立交—锡张高速）	上海市政工程设计研究总院（集团）有限公司	272
上海市金昌路（嘉松北路—金迎路）新建工程	上海市城市建设设计研究总院	272
天津市地下铁道二期工程2号线靖江路站	上海市隧道工程轨道交通设计研究院	272

续表

项目名称	设计单位（合作设计单位）	索引
新疆莎车县站前路(米夏路—艾斯提皮尔路)新建工程	上海浦东建筑设计研究院有限公司	272
上海市外高桥经四路（航津路—纬十五路）道路新建工程	上海市城市建设设计研究总院	273
乌鲁木齐市头屯河区工业大道道路新建工程王家沟大桥	上海浦东建筑设计研究院有限公司	273
南阳市光武大桥	同济大学建筑设计研究院（集团）有限公司	273
上海市西乐路（下盐公路—浦东区界）新建工程	上海市政交通设计研究院有限公司	273
贵阳市西二环道路工程（甲秀中路、甲秀北路）	上海浦东建筑设计研究院有限公司	274
宁波市世纪大道北延一期工程I标段	上海市城市建设设计研究总院	274
济南市鹊华水厂改造工程	上海市政工程设计研究总院（集团）有限公司	274
重庆市鸡冠石污水处理厂三期扩建工程	上海市政工程设计研究总院（集团）有限公司	274
苏州市城市防洪胥江泵站工程	上海勘测设计研究院	275
济南市玉清水厂改造工程	上海市政工程设计研究总院（集团）有限公司	275
上海市西干线改造工程	上海市政工程设计研究总院（集团）有限公司	275
兰州市西固污水处理厂工程	上海市政工程设计研究总院（集团）有限公司	275
杭州市四堡污水转输泵站工程	上海市政工程设计研究总院（集团）有限公司	276
上海市杨思东块雨水泵站新建工程	上海浦东建筑设计研究院有限公司	276
上海市横沙东滩促淤圈围（三期）调整工程	上海市水利工程设计研究院有限公司 （中交上海航道勘察设计研究院有限公司）	276
上海市华泾北地区排水系统工程	上海市政交通设计研究院有限公司	276
上海市金海水厂工程	上海市政工程设计研究总院（集团）有限公司	277
上海杭州湾工业开发区有限公司游艇产业基地水闸工程	长江勘测规划设计研究有限责任公司上海分公司	277
上海市商飞总装基地海塘达标工程	上海市水利工程设计研究院有限公司	277
常州市江边污水处理厂三期工程	上海市政工程设计研究总院（集团）有限公司 （常州市市政工程设计研究院）	277
苏州宏晟锻造有限公司新建生产用房项目（一期）	上海绿地建设设计研究院有限公司	278
上海市轨交11号线北段110kV隆德路主变电所	上海电力设计院有限公司	278
上海梅山钢铁股份有限公司炼钢厂3号RH精炼设施	上海梅山工业民用工程设计研究院有限公司	278
上海张衡公园景观工程	上海浦东建筑设计研究院有限公司	278

续表

项目名称	设计单位（合作设计单位）	索引
徐州高铁站区西广场景观工程	上海园林工程设计有限公司	279
上海嘉定新城中心区环城林带工程(2标)	上海市园林设计院有限公司	279
上海闸北公园改造工程	上海市园林工程有限公司	279
泰州引江河疏港公路绿化景观工程	上海亦境建筑景观有限公司 （上海交通大学风景园林研究所）	279
上海三林老街城市公园	上海浦东建筑设计研究院有限公司	280
上海沪闵路—沪杭公路地方交通越江工程测量	上海市城市建设设计研究总院	280
上海长江隧桥工程岩土工程勘察	中船勘察设计研究院有限公司 （上海市隧道工程轨道交通设计研究院）	280
云南弄另水电站工程安全监测	上海勘测设计研究院	280
上海耀江城工程勘察	上海海洋地质勘察设计有限公司	281
上海虹桥综合交通枢纽内道路及配套快速集散系统工程勘察-1标（七莘路+地面道路）	上海市城市建设设计研究总院	281
上海北京西路—华夏西路电力电缆隧道工程测量	上海市政工程设计研究总院（集团）有限公司	281
上海青草沙水库及取输水泵闸安全监测	上海勘测设计研究院	281
上海闸北区281街坊地块工程勘察	上海广联建设发展有限公司	282
葫芦岛海擎重工机械有限公司重型煤化工设备制造厂房地基处理及基础设计	上海申元岩土工程有限公司	282
上海林海公路（A20—A30）工程测量	上海市政工程设计研究总院（集团）有限公司	282
上海电影博物馆暨电影艺术研究所业务大楼工程勘察	上海海洋地质勘察设计有限公司	282
上海长江原水过江管工程岩土工程勘察	上海市隧道工程轨道交通设计研究院	283
上海浦东新区基础测绘数据库二期工程（小陆家嘴地下管线普查）	上海市测绘院	283
铁路上海站北广场综合交通枢纽工程——地下交通枢纽工程勘察	上海市城市建设设计研究总院	283
上海曹安公路拓宽改建工程——24号桥工程勘察（蕰藻浜桥）	上海市城市建设设计研究总院	283
南京汉中门高架桥爆破段地铁结构监测	上海岩土工程勘察设计研究院有限公司	284
上海徐汇滨江公共开放空间综合环境建设（一期）物探工程	上海市城市建设设计研究总院	284
上海军工路越江隧道工程工程勘察	上海市隧道工程轨道交通设计研究院	284
上海中海闸北189/191街坊工程勘察	上海协力岩土工程勘察有限公司	284
上海新场镇20街坊1/3、1/4丘商品房岩土工程勘察	上海豪斯岩土工程技术有限公司	285

专业一等奖

专业	项目名称	设计单位	设计人员
结构	天津津塔	华东建筑设计研究院有限公司	汪大绥、陆道渊、黄 良、朱 俊、王 建、路海臣、韩 丹、陈雪梅
结构	上海东方体育中心综合体育馆游泳馆	上海建筑设计研究院有限公司	李亚明、徐晓明、周晓峰、李剑峰、朱保兵、张士昌、史炜洲、李 根
结构	上海华为技术有限公司上海基地	上海建筑设计研究院有限公司	李亚明、张 坚、刘艺萍、路 岗、虞 炜、冯芝粹、吴景松、杨必峰
岩土	上海虹桥综合交通枢纽基坑围护设计	华东建筑设计研究院有限公司	王卫东、翁其平、吴江斌、徐中华、宋青君、陈 畅、沈 健、黄炳德
岩土	上海陆家嘴塘东中块总部基地地块基坑围护工程设计	上海申元岩土工程有限公司	刘 征、李隽毅、刘 江、梁志荣、李 伟、冯翠霞、史海莹、梅海青
暖通	上海漕河泾现代服务业集聚区二期（一）工程	上海建筑设计研究院有限公司	高志强、寿炜炜、何 焰、朱学锦、朱南军、边志美
暖通	华能大厦	华东建筑设计研究院有限公司	蒋小易、周凌云、华 炜、苏 夺、刘 毅、马伟骏、史宇丰、尹敏慧
暖通	上海一七八八国际大厦	华东建筑设计研究院有限公司	薛 磊、孙 静、叶大法、狄玲玲、王宜玮
暖通	上海东方体育中心综合体育馆游泳馆	上海建筑设计研究院有限公司	乐照林、王耀春、江澣波、毛大可、姜怡如、魏懿
暖通	上海华为技术有限公司上海基地	上海建筑设计研究院有限公司	何 焰、寿炜炜、朱学锦、朱 喆、赵 霖、任家龙、沈彬彬、贺江波
暖通	上海嘉瑞国际广场	上海中房建筑设计有限公司	姚 健

专业二等奖

专业	项目名称	设计单位	设计人员
结构	上海临港新城皇冠假日酒店	上海建筑设计研究院有限公司	徐晓明、包 佐、张士昌、黄 怡、顾 辉、康 凯、史炜洲、李金玮
结构	上海国际设计中心（国康路50号办公楼项目）	同济大学建筑设计研究院（集团）有限公司（安藤忠雄建筑研究事务所）	万月荣、何志军、章 静、朱圣妤、李伟兴、叶芳菲、杨 杰、程 浩
结构	上海陆家嘴金融贸易区X2地块	华东建筑设计研究院有限公司（AECOM Asia Co. Ltd.艾奕康有限公司）	项玉珍、陈世昌、张富林、梁永乐、周 健、张耀康
结构	苏中江都民用机场航站楼钢屋盖结构	华东建筑设计研究院有限公司	周 健、张耀康、蒋本卫、许 静、陆 屹、王 静
结构	上海日月光商业中心	上海中房建筑设计有限公司	周海波、张 立、蒋宜翔、李旭东、钱 伟、周延阳、卫 琳、孙抒宇
结构	武汉光谷生态艺术展示中心	华东建筑设计研究院有限公司	姜文伟、穆 为、童 骏、徐小华、朱晓东、谢 冰

续表

专业	项目名称	设计单位	设计人员
岩土	天津津塔	华东建筑设计研究院有限公司	王卫东、宋青君、邸国恩、姚彪、李来宝
岩土	上海中山医院肝肿瘤及心血管病综合楼基坑围护设计	上海申元岩土工程有限公司	魏 祥、梁志荣、赵 军、李 伟、王建君、张菊连、潘 虹、陶帼雄
岩土	常州万博国际广场基坑围护设计	上海岩土工程勘察设计研究院有限公司	顾国荣、徐 枫、樊向阳、闻建军、钟 莉、董月英
暖通	上海市质子重离子医院	上海建筑设计研究院有限公司	张伟程、滕汜颖、姚 远、姚 军
电气	舟山市普陀区东港商务中心	同济大学建筑设计研究院（集团）有限公司	焦学渊、季 节、梁为鹏

专业三等奖

专业	项目名称	设计单位	设计人员
结构	上海衡山路十二号豪华精品酒店	华东建筑设计研究院有限公司	姜文伟、穆 为、陈伟煜、孙玉颐、徐小华、孙占金、施华骏、谢 冰
结构	上海嘉瑞国际广场	上海中房建筑设计有限公司	周 安、盛 磊、周海波、奚 云、归 达
结构	宁波市商会国贸中心	同济大学建筑设计研究院（集团）有限公司	刘传平、张志彬、陈寿长
结构	上海南洋模范高级中学文体馆	上海建科建筑设计院有限公司	刘圣龙、陈由伟、黄 强、张昀燕、戴 旻
结构	上海育麟广场1号楼酒店	上海城乡建筑设计院有限公司	朱贝宝、程 微、周 达
岩土	南京德基广场二期基坑围护设计	华东建筑设计研究院有限公司	王卫东、邸国恩、姚 彪、李来宝
岩土	上海东方万国企业中心基坑围护设计	上海申元岩土工程有限公司	魏祥、梁志荣、赵 军、李 伟、王建军、陈 颖、张菊连、潘 虹
岩土	天津津门大厦超深基坑井点降水工程	上海长凯岩土工程有限公司	瞿成松、王 杰、邓廷武、李宏军、张国强、黄建林、刘福林、陈如元
岩土	上海长泰国际商业广场基坑围护设计	上海岩土工程勘察设计研究院有限公司	顾国荣、魏建华、刘海滨、施水彬、王恺敏
岩土	澳门氹仔成都街地下停车场基坑工程	上海市城市建设设计研究总院	张中杰、张擎宇、徐正良、付 强、田海波、彭基敏、任有保、李文学
园林	上海长宁区天原公园绿化景观改造工程	上海亦境建筑景观有限公司（上海交通大学风景园林研究所）	汤晓敏、蒋 锋、毕晓来、龚美雄、战 旗、曹 珺、杨冬彧、桂国华
园林	海门市张謇大道绿化工程	上海市园林设计院有限公司	江 卫、朱 颖、方尉元、朱海洋、周乐燕、李 娟、缪珊珊、柴婷琳
园林	上海中环线浦东段（上中路越江隧道—大寨河桥）道路及两侧绿带景观工程	上海浦东建筑设计研究院有限公司	韩璐芸、王桂萍、李雪松、陈 红、李 兴、成 婧、潘 巍、金 欢、
暖通	上海平高世茂中心	华东建筑设计研究院有限公司	吴玲红、王 玮、刘 览、钱翠雯

续表

专业	项目名称	设计单位	设计人员
暖通	浦东新区外高桥法庭	上海海天建筑设计有限公司	张兆兵、闫焕金、陶永军、刁卫风、邹学红、田进武、崔玲珑、陈春明
暖通	上虞财富广场J9地块办公一号楼	上海思纳建筑设计有限公司	陈 红、黄劝根、贾玉红、周琪、劳嫚红、周小荣、佟长海、于海龙
暖通	南通中央商务区A-04地块（南通中南城）	上海市房屋建筑设计院有限公司	郭元清、刘 明、姜晓虹、陈小明、许荣巧、肖 昀
电气	昆山市新鼎岸商务大厦	上海申联建筑设计有限公司	梁 爽、王 胜、俞洪泉、郑汉清、詹焕鹤、黄军飞、奚红军、宫学健
电气	上海创展国际商贸中心（西区）	天津美新建筑设计有限公司上海分公司（上海凯汇建筑设计有限公司）	刘延武、田 源、孙 膑、王晓丹、曹 丽、吴云峰、王 宏、孙 艺
电气	上海市对口援建叶城县维吾尔医院项目	上海市卫生建筑设计研究院有限公司	王晓峰、陆剑华、沈建明、何生涨
给排水	上海祥腾假日风情商业广场（h-08-14东地块）1号-2、1号-3、2号-5	上海建旗建筑工程设计有限公司	张虎梅、孙志伟、熊 丹、吴忠华、李 兵、刘秀明、万根英、何立国
给排水	上海宝山西城区老年活动中心（杨行镇敬老院）	上海开艺建筑设计有限公司	阚立群、李富荣、吴云峰、汪家明、包 达、全先国、陈 星、应晓飞
给排水	上海东方汽配城综合改造一期工程	上海诚建建筑规划设计有限公司	余启超、赵永伦、胡松涛、王清华、周康乐、吴京波、刘淑晓、吴康金

标准设计奖

等级	项目名称	设计单位	设计人员
一等	国家建筑标准设计图集《建筑基坑支护结构构造》（11SG814）	华东建筑设计研究院有限公司	王卫东、翁其平、邸国恩、宋青君、戴 斌、吴江斌、沈 健、刘若彪、陈、畅、陈永才
二等	国家建筑标准设计图集《建筑给水薄壁不锈钢管道安装》（10S407-2）	同济大学建筑设计研究院（集团）有限公司	归谈纯、吴祯东、李 鹰、陈旭辉、张晓燕、李学良

计算机软件类设计奖

等级	项目名称	设计单位	设计人员
一等	三航院高桩板梁式码头设计程序V2.0	中交第三航务工程勘察设计院有限公司（上海易工工程技术服务有限公司）	程泽坤、金晓博、荣海敏、曹东坡、阮 青、汤丽燕、徐 红、李 敏、徐 俊、张 昀
二等	三航院高桩刚性墩台空间计算程序V2.0	中交第三航务工程勘察设计院有限公司（上海易工工程技术服务有限公司）	程泽坤、荣海敏、曹东坡、阮 青、徐 俊、金晓博、施 挺、张 昀、陈明关、黄 燕
二等	金慧工程设计综合管理信息系统V2.0	上海金慧软件有限公司（四川众恒建筑设计有限责任公司）	王 峥、钱则民、桂 骅、陈国忠、黄 明、姜 宁、杨 炜、戴 韬